国家林业和草原局普通高等教育"十四五"规划教材

土木工程材料实验

黄显彬 蒋先刚 安晓婵 张 可 主 编

中国林业出版社
China Forestry Publishing House

内 容 简 介

本教材主要讲述土木工程材料实验,涵盖两个工程类代表性专业(土木工程和道路桥梁与渡河工程)的常用材料实验。本教材共分8章,包括材料基本性质实验、金属材料实验、集料实验、水泥实验、普通混凝土实验、砂浆实验、沥青实验和沥青混合料实验。其中,对金属材料实验、集料实验、水泥实验、普通混凝土实验、沥青实验、沥青混合料实验作重点介绍。

本教材既可作为高等学校土木工程、道路桥梁与渡河工程、交通工程、水利水电工程、工程管理、工程造价等工程类专业及相关专业的本科实验教材,也可作为高等学校土木工程职业教育本科实验教材,还可作为自学考试、网络教育本科实验教材。本教材亦可作为生产土木工程材料的工程单位(如水泥)的实验检测教材。本教材还可供从事土木工程及相关专业工作的生产、科研、教学、勘测、设计、施工、管理、实验、检测等方面工作人士参考使用。

图书在版编目(CIP)数据

土木工程材料实验 / 黄显彬等主编 .—北京 : 中国
林业出版社,2023.8(2024.1重印)
国家林业和草原局普通高等教育"十四五"规划教材
ISBN 978-7-5219-2198-4

Ⅰ.①土… Ⅱ.①黄… Ⅲ.①土木工程-建筑材料-
实验-高等学校-教材 Ⅳ.①TU502

中国国家版本馆 CIP 数据核字(2023)第 082361 号

策划编辑:高红岩 田夏青
责任编辑:田夏青
责任校对:苏 梅
封面设计:周周设计局

出版发行 中国林业出版社
　　　　　　(100009,北京市西城区刘海胡同 7 号,电话 010-83223120)
电子邮箱:cfphzbs@163.com
网址:www.forestry.gov.cn/lycb.html
印刷 北京中科印刷有限公司
版次:2023 年 8 月第 1 版
印次:2024 年 1 月第 2 次
开本:787mm×1092mm　1/16
印张:14
字数:344 千字
定价:39.00 元

《土木工程材料实验》
编写人员

主　　编：黄显彬　蒋先刚　安晓婵　张　可
副 主 编：张笑笑　赵　宁　李　琦　陈　伟　陈　佳
编写人员：(按姓氏拼音排序)

安晓婵(四川农业大学)

陈　佳(四川农业大学)

陈　伟(四川农业大学)

陈雪梅(成都大学)

戴必辉(西南林业大学)

丁　虹(西华大学)

高喜安(四川轻化工大学)

郭　航(长春工程学院)

胡　建(四川农业大学)

胡安奎(西华大学)

黄显彬(四川农业大学)

蒋先刚(四川农业大学)

孔　洁(安徽农业大学)

李　丽(四川农业大学)

李绍先[亚洲水泥(中国)控股公司]

刘　倩(西南科技大学)

刘中华(山西农业大学)

罗　飞(四川农业大学)

李　琦(四川农业大学)

涂兴怀(西华大学)

王峻岩(黑龙江省工程质量道桥检测中心有限公司)

吴恩泽(黑龙江省工程质量道桥检测中心有限公司)

吴志勇(四川省交通勘察设计研究院有限公司)

徐　迅(西南科技大学)

许　玥(山西农业大学)

杨期柱(邵阳学院)

杨智良(安徽农业大学)

游潘丽(西昌学院)

张　涛(四川亚东水泥有限公司)

张　可(四川农业大学)

张玲玲(西南科技大学)

张青青(四川农业大学)

张笑笑(四川农业大学)

赵　宁(四川农业大学)

赵振国(黑龙江省公路勘察设计院)

前 言 Preface

本教材的编写老师们长期教学发现学生学习过程中遇到一些问题,如教材过多引用陈旧知识、理论脱离实际,学生学习后难以应用到毕业设计和实际工程中,对现行材料规范及相关规范缺乏全面梳理,等等。本教材针对以上问题进行了针对性的思考、规划、设计,试图在一定程度上解决这些问题。编写老师们开展线上线下交流讨论,集思广益;邀请水泥企业、相关设计院的专家交流并参与编写,把最新的工程材料实验写进教材;结合新规范,全面梳理不同工程材料实验的现行规范及相关规范;在水泥混凝土抗渗实验章节,自然而然引导学生进行实验创新。

本教材是《土木工程材料》(黄显彬等主编)的配套实验教材。

本教材共分8章,包括材料基本性质实验、金属材料实验、集料实验、水泥实验、普通混凝土实验、砂浆实验、沥青实验和沥青混合料实验。其中,金属材料实验、集料实验、水泥实验、普通混凝土实验、沥青实验及沥青混合料实验是重点章节。

另外,本教材编写组还编有66个实验附录,包括南北方实际工程水泥混凝土配合比设计报告、砌筑砂浆配合比设计报告、南北方实际工程沥青混合料配合比设计报告、延伸阅读以及可供下载的Excel表格等。本实验附录不对单独购买教材的个人开放,仅对订阅本教材的高校任课老师开放,可联系主编索取。

本教材由四川农业大学黄显彬、蒋先刚、安晓婵和张可担任主编,由四川农业大学张笑笑、赵宁、李琦、陈伟和陈佳担任副主编,由四川农业大学、四川省交通勘察设计研究院有限公司、黑龙江省公路勘察设计院、亚洲水泥(中国)控股公司、四川亚东水泥有限公司、黑龙江省工程质量道桥检测中心有限公司、西华大学、西南科技大学、四川轻化工大学、成都大学、西南林业大学、山西农业大学、安徽农业大学、西昌学院、邵阳学院、长春工程学院共16家单位合作编写完成。具体编写分工如下:黄显彬、安晓婵、蒋先刚、张可、陈伟、张笑笑、赵宁、罗飞、胡建、丁虹、涂兴怀、胡安奎、吴恩泽、王峻岩编写第1章;黄显彬、安晓婵、蒋先刚、张可、陈伟、陈佳、张笑笑、张青青、赵宁、罗飞、胡建、丁虹、涂兴怀、胡安奎编写第2章;黄显彬、安晓婵、蒋先刚、张可、陈伟、陈佳、张笑笑、张青青、赵宁、罗飞、李琦、胡建、丁虹、涂兴怀、胡安奎编写第3章;黄显彬、安晓婵、蒋先刚、张可、陈伟、陈佳、张笑笑、张青青、赵宁、李琦、胡建、李绍先(中国台湾)、张涛、李丽编写第4章;黄显彬、安晓婵、蒋先刚、张可、刘倩、张玲玲、高喜安、陈雪梅、戴必辉、刘中华、许玥、杨智良、孔洁、游潘丽、杨期柱、李琦、李丽编写第5章;徐迅、刘倩、张玲玲、高喜安、陈雪梅、戴必辉、刘中华、许玥、杨智良、孔洁、游潘丽、杨期柱、郭航、吴恩泽、王峻岩、陈佳、李丽编写第 6 章；吴志勇、赵振国、徐迅、刘倩、张玲玲、高喜安、陈雪梅、戴必辉、刘中华、许玥、杨智良、孔洁、游潘丽、杨期柱、郭航编写第 7 章；吴志勇、徐迅、刘倩、张玲玲、高喜安、陈雪梅、戴必辉、刘中华、许玥、杨智良、孔洁、游潘丽、杨期柱、郭航编写第 8 章。

为了教材的系统性和多样性，我们在编写过程中参阅了相关规范和一些同类教材，在此，表示衷心感谢。

本教材新增内容多，时间仓促，加之水平有限，难免错误或不妥，恳请读者批评指正。

本教材交流、课程及课堂交流、考试交流，请添加 QQ 群：724439034。

编　者
2023 年 6 月

目 录 Contents

第1章 材料基本性质实验

1.1 概述

材料的基本性质较多，本章主要介绍其物理性质中的密度和表观密度。

材料密度、表观密度是材料最基本的物理性质。不同材料对密度或者表观密度的要求是不一样的，例如：钢材接近绝对密实，常常采用密度，而集料常常采用表观密度。

同一种材料，在不同场合对密度或者表观密度的要求也可能是不一样的，例如：在进行水泥比表面积实验时，需要用到水泥的密度；而在日常生产过程中，计算水泥的质量时，则需要用到水泥的表观密度。

本章主要为水泥、集料、水泥混凝土等部分材料的密度和表观密度实验。至于道路沥青类路面涉及的沥青、沥青混合料的密度、相对密度等，其专业指向性更强，将在第7章和第8章中介绍相关实验。

注：实验是检验某种科学理论而进行的某种操作，学生在学校期间开展的，称为实验。试验是为了判断某种材料的性能、观察材料的结果而进行的试用操作，工程上开展的，称为试验。基于此，本章(包括本教材及相关章节)采用实验称谓，引用相关规范保留其试验称谓。

1.2 水泥密度实验

1.2.1 实验原理

钢材因为均质密实，很方便就能测定其密度。水泥是颗粒材料，测定其密度较为麻烦，实验中常采用液体排代法测定其密度，实验所用液体可以为无水煤油或不与水泥发生反应的其他液体。本方法适用于通用硅酸盐水泥、道路硅酸盐水泥及指定采用本方法的其他品种。

水泥密度实验可以依据《水泥密度测定方法》(GB/T 208—2014)和《公路工程水泥及水泥混凝土试验规程》(JTG 3420—2020)进行。本实验依据为《水泥密度测定方法》(GB/T 208—2014)。

1.2.2 实验仪器

(1)李氏瓶：由优质玻璃制成，透明无条纹，具有抗化学侵蚀性且热滞后性小，有足够的厚度以确保良好的耐裂性。李氏瓶横截面形状为圆形，外形如图 1.1 所示。容积为 220~250mL，带有长 180~200mm 且直径约为 10mm 的细颈，细颈刻度由 0~1mL 和 18~24mL 两段刻度组成，且 0~1mL 和 18~24mL 以 0.1mL 为感量，任何标明的容量误差都不得大于 0.05mL。

(2)天平：量程不小于 100g，感量不大于 0.01g。

(3)温度计：量程包含 0~50℃，感量不大于 0.1℃。

(4)温水槽：应有足够大的容积，使水温可以稳定控制在 11~20℃。

(5)无水煤油：应符合现行《煤油》(GB 253—2008)标准的规定。

(6)药匙：长度不小于 200mm。

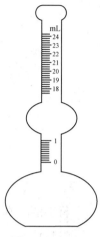

图 1.1 李氏瓶

1.2.3 实验步骤

(1)水泥试样应预先通过 0.90mm 方孔筛，在 110℃±5℃ 温度下干燥 1h，并且在干燥器内冷却至室温(室温应控制在 20℃±0.5℃)。

(2)称取水泥 60g(m)，精确至 0.01g。在测试其他粉料密度时，可按实际情况增减称量材料质量，以便读取刻度值。

(3)将无水煤油注入李氏瓶中，液面至 0~1mL 刻度线内(以弯月液面的下部为准)。

盖上瓶塞并放入恒温水槽内，使刻度部分浸入水中(水温应控制在 20℃±0.5℃)，恒温至少 30min，记下无水煤油的初始(第一次)读数(V_1)，精确至 0.1mL。

(4)从恒温水槽中取出李氏瓶，先将瓶外表面水分擦净，再用滤纸将李氏瓶内零点以上无水煤油的部分仔细擦净。

(5)用药匙将水泥样品一点点地装入李氏瓶中，反复摇动李氏瓶(也可用超声振动或磁力搅拌)，直至没有气泡排出或用超声振动将气泡全部排完，再次将李氏瓶静置于恒温水槽中，使刻度部分浸入水中，在相同温度下恒温至少 30min，记下第二次读数(V_2)，精确至 0.1mL。

(6)第一次读数和第二次读数时，恒温水槽的温度差不得大于 0.5℃。

1.2.4 实验结果处理

水泥密度，按式(1.1)计算。

$$\rho = \frac{m}{V_2 - V_1} \tag{1.1}$$

式中：ρ——水泥的密度，g/cm³；

$\quad m$——装入密度瓶的水泥质量，g；

$\quad V_1$——李氏瓶第一次读数，mL；

$\quad V_2$——李氏瓶第二次读数，mL。

结果计算精确至 $0.01\mathrm{g/cm^3}$。以两次平行实验结果的算术平均值为测定值，两次实验结果的允许偏差不得大于 $0.02\mathrm{g/cm^3}$，否则实验数据无效，需重新实验。

1.2.5　实验报告

实验报告应包括下列内容：
(1)原材料的品种、规格和产地。
(2)实验日期及时间。
(3)仪器设备的名称、型号及编号。
(4)环境温度和湿度。
(5)执行标准。
(6)水泥密度。
(7)要说明的其他内容。

1.3　水泥混凝土表观密度实验

1.3.1　实验原理

本实验测定水泥混凝土的表观密度。依据《普通混凝土拌和物性能试验方法标准》（GB/T 50080—2016），水泥混凝土表观密度实验，可用混凝土拌和物捣实后的单位体积质量来测定。

1.3.2　实验仪器

(1)容量筒：应为金属制成的圆筒，筒外壁应有提手。骨料最大公称粒径不大于 40mm 的混凝土拌和物宜采用容积不小于 5L 的容量筒，筒壁厚不应小于 3mm；骨料最大公称粒径大于 40mm 的混凝土拌和物应采用内径与内高均大于骨料最大公称粒径 4 倍的容量筒。容量筒上沿及内壁应光滑平整，顶面与底面应平行并应与圆柱体的轴垂直。
(2)电子天平：最大量程应为 50kg，感量不大于 10g。
(3)振动台：应符合《混凝土试验用振动台》（JG/T 245—2009）。
(4)捣棒：应符合《混凝土坍落度仪》（JG/T 248—2009）。

1.3.3　实验步骤

(1)测定容量筒的容积：将干净容量筒与玻璃板一起称重。将容量筒装满水，缓缓将玻璃板从筒口一侧推到另一侧，容量筒内应装满水并且不应存在气泡，擦干容量筒外壁，再次称重。两次称重结果之差除以该温度下水的密度即为容量筒容积 V；常温下水的密度可取 $1\mathrm{kg/L}$。
(2)容量筒内外壁应擦干净，称容量筒质量 m_1，精确至 10g。
(3)混凝土拌和物试样应按下列要求装料，并插捣密实。
①坍落度不大于 90mm 时，混凝土拌和物宜用振动台振实；振动台振实时，应一次性

将混凝土拌和物装填至高出容量筒口；装料时可用捣棒稍加插捣，振动过程中混凝土低于筒口，应随时添加混凝土，振动直至表面出浆为止。

②坍落度大于 90mm 时，混凝土拌和物宜用捣棒插捣密实。插捣时，应根据量筒的大小决定分层与插捣次数：用 5L 容量筒时，混凝土拌和物应分两层装入，每层的插捣次数为 25 次；用大于 5L 的量筒时，每层混凝土的高度不应大于 100mm，每层插捣次数按每 10 000mm² 截面不小于 12 次计算。各次插捣，应由边缘向中心均匀地插捣，插捣底层时捣棒应贯穿整个深度，插捣第二层时，捣棒应插透本层至下一层的表面；每一层捣完后，用橡皮锤沿容量筒外壁敲击 5~10 次，进行振实，直至混凝土拌和物表面插捣孔消失，并不见大气泡为止。

③自密实混凝土应一次性填满，且不应进行振动和插捣。

(4)将筒口多余的混凝土拌和物刮去，表面有凹陷应填平；将容量筒外壁擦净，称出混凝土拌和物试样与容量筒总质量 m_2，精确至 10g。

1.3.4　实验结果处理

采用式(1.2)可计算混凝土拌和物表观密度。

$$\rho = \frac{m_2 - m_1}{V} \times 1000 \tag{1.2}$$

式中：ρ——混凝土拌和物表观密度，kg/m^3，精确至 $10kg/m^3$；

　　　m_1——容量筒质量，kg；

　　　m_2——容量筒和试样总质量，kg；

　　　V——容量筒容积，L。

1.4　细集料表观密度实验——容量瓶法

1.4.1　实验原理

《建设用砂》(GB/T 14684—2022)要求砂的表观密度不小于 2500kg/m³。表观密度是用于衡量集料技术性质是否合格的物理量之一。本实验的测定细集料的表观相对密度和表观密度。在材料体积法进行水泥混凝土配合比设计时，需要测定细集料的表观密度。

本实验采用容量瓶法测定细集料(天然砂、石屑、机制砂)在 23℃时对水的表观相对密度和表观密度。本方法适用于含有少量大于 2.36mm 部分的细集料。本实验依据为《公路集料试验规程》(JTG E42—2005)。

1.4.2　实验仪器

(1)天平：称量 1kg，感量不大于 1g。

(2)容量瓶：500mL。

(3)烘箱：能控温在 105℃±5℃。

(4)烧杯：500mL。

（5）洁净水。

（6）其他：干燥器、浅盘、铝制料勺、温度计等。

1.4.3　实验准备

将缩分至 650g 左右的试样，在温度为 105℃±5℃的烘箱中烘干至恒重，并在干燥器内冷却至室温，分成两份备用。

1.4.4　实验步骤

（1）称取烘干的试样 300g（m_0），装入盛有半瓶洁净水的容量瓶中。

（2）摇转容量瓶，使试样在已保温至 23℃±1.7℃的水中充分搅动以排除气泡，塞紧瓶塞，在恒温下，静置 24h 左右，然后用滴管添水，使水面与瓶颈刻度线平齐，再塞紧瓶塞，擦干瓶外水分，称其总质量（m_2）。

（3）倒出瓶中的水和试样，将瓶的内外表面洗净，再向瓶内注入同样温度的洁净水（温差不超过 2℃）至瓶颈刻度线，塞紧瓶塞，擦干瓶外水分，称其总质量（m_1）。

1.4.5　实验结果处理

（1）细集料的表观相对密度按式（1.3）计算，精确至小数点后 3 位。

$$\gamma_a = \frac{m_0}{m_0 + m_1 - m_2} \qquad (1.3)$$

式中：γ_a——细集料的表观相对密度，无量纲；

　　　m_0——试样的烘干质量，g；

　　　m_1——水及容量瓶总质量，g；

　　　m_2——试样、水及容量瓶总质量，g。

（2）表观密度 ρ_a 按式（1.4）计算，精确至小数点后 3 位。

$$\rho_a = \gamma_a \times \rho_T \ \text{或} \ \rho_a = (\gamma_a - \alpha_T) \times \rho_w \qquad (1.4)$$

式中：ρ_a——细集料的表观密度，g/cm³；

　　　ρ_w——水在 4℃时的密度，g/cm³；

　　　α_T——实验时水温对水密度影响的修正系数，按表 1.1 取用；

　　　ρ_T——实验温度为 T 时水的密度，g/cm³，按表 1.1 取用。

表 1.1　不同水温时水的密度 ρ_T 及水温修正系数 α_T

水温/℃	15	16	17	18	19	20
水的密度 ρ_T/(g/cm³)	0.999 13	0.998 97	0.998 80	0.998 62	0.998 43	0.998 22
水温修正系数 α_T	0.002	0.003	0.003	0.004	0.004	0.005
水温/℃	21	22	23	24	25	—
水的密度 ρ_T/(g/cm³)	0.998 02	0.997 79	0.997 56	0.997 33	0.997 02	—
水温修正系数 α_T	0.005	0.006	0.006	0.007	0.007	—

以两次平行实验结果的算术平均值作为测定值，如两次结果之差值大于 0.01g/cm³ 时，应重新取样进行实验。

第2章 钢筋实验

2.1 概述

金属材料种类较多，有按专业方向分类的，有按施加预应力分类的。按专业方向分类，分为建筑结构用钢、公路钢结构桥梁用钢、铁路桥梁钢结构用钢。按施加预应力分类，分为预应力钢和非预应力钢。其中，预应力钢又分为预应力混凝土用钢绞线、预应力混凝土用螺纹钢筋、预应力混凝土用钢棒；非预应力钢又分为钢筋混凝土用钢和预应力混凝土用钢。本章主要介绍工程上用得最普遍、高校教学和实验较为普遍的钢筋混凝土用钢，其他金属材料实验读者可以查阅相关规范。

钢筋实验主要依据为《钢筋混凝土用钢材试验方法》（GB/T 28900—2012），该国家标准规定了钢筋混凝土用钢的拉伸、弯曲、反向弯曲、轴向疲劳、化学分析、几何尺寸测量、相对肋面积的测定、质量偏差的渠道和金相检验等。

钢材实验涉及规范纷繁复杂，对于初学者和非专业人员，似乎难以厘清钢材实验流程，事实上钢材实验操作很简单。首先，把握钢筋原材实验；其次，把握钢筋连接实验，注意区分钢筋连接实验与原材实验的异同点。常用钢筋原材实验包括钢筋拉伸和弯曲实验，二者实验均合格，才能判定钢筋原材合格。

相关规范对钢筋生产厂家和用户的检验进行了规定，如《公路桥涵施工技术规范》（JTG/T 3650—2020）规定，钢筋应具有出厂质量证明书和实验报告书，进场时除应检查其外观和标志外，应按不同的钢种、等级、牌号、规格及生产厂家分批抽取试样进行力学性能检验，检验实验方法应符合现行国家标准的规定。钢筋进场检验合格后方可使用。

2.2 钢筋化学成分实验——熔炼分析

2.2.1 实验原理

一般来说，钢材化学成分的实验，由厂家按照检验批开展型式检验，每年各级技术监督局进行复查。

钢中除了主要化学成分铁（Fe）外，还含有少量的碳（C）、硅（Si）、锰（Mn）、磷（P）、硫（S）、氧（O）、氮（N）、钛（Ti）、钒（V）等元素，这些元素虽然含量很少，但对钢材的结构和性能影响却很大。这些元素的影响主要分为两类：一类能改善钢材性能并成为合金元素，如 Si、Mn 等；另一类起到劣化钢材性能的作用，属于钢材的有害杂质，如 S、P、O 等。检测出钢筋中的化学成分，应符合国家标准《钢筋混凝土用钢　第 1 部分：热轧光圆钢筋》(GB 1499.1—2017)(表 2.1)和《钢筋混凝土用钢　第 2 部分：热轧带肋钢筋》(GB 1499.2—2018)(表 2.2)规定。

表 2.1　钢筋混凝土用热轧光圆钢筋的化学成分　　　　　　%

牌号	化学成分(质量分数)，不大于				
	C	Si	Mn	P	S
HPB300	0.25	0.55	1.50	0.045	0.045

表 2.2　钢筋混凝土用热轧带肋钢筋的化学成分和碳当量　　　　%

牌号	化学成分(质量分数)，不大于					碳当量 Ceq
	C	Si	Mn	P	S	
HRB400 HRBF400 HRB400E HRBF400E	0.25	0.80	1.60	0.045	0.045	0.54
HRB500 HRBF500 HRB500E HRBF500E						0.55
HRB600	0.28					0.58

热轧钢的碳当量应符合表 2.2 的规定。

碳当量(Ceq)由熔炼分析成分并采用式(2.1)计算。

$$Ceq(\%) = C + Mn/6 + (Cr + V + Mo)/5 + (Ni + Cu)/15 \quad (2.1)$$

钢材的化学成分测定是较为烦琐的，实验条件要求也较高，一般高校和施工现场的实验条件难以达到，可以找有资质和检测能力的检测单位送样检测。钢筋的化学成分(熔炼分析)涉及规范如下。

(1)化学成分(熔炼分析)实验：取样和制样依据《钢和铁化学成分测定用试样的取样和制样方法》(GB/T 20066—2006/ISO 14284：1996)。

(2)常规测定钢材元素：依据《碳素钢和中低合金钢多元素含量的测定　火花放电原子发射光谱法(常规法)》(GB/T 4336—2016)。钢材化学成分检测优先采用这种方法，规定了用火花放电原子发射光谱法(常规法)测定碳素钢和低合金钢中各元素含量的方法，适用于电炉、感应炉、电炸炉、转炉等铸态或锻扎的碳素钢和低合金钢样品分析。各元素可测定范围，见表 2.3。

(3)钢材中元素测定：可以依据(GB/T 223)系列规范中的部分内容，如《钢铁及合金磷含量的测定　铋磷钼蓝分光光度法和锑磷钼蓝分光光度法》(GB/T 223.59—2008)、《钢铁及合金铁含量的测定　三氯化钛-重铬酸钾滴定法》(GB/T 223.73—2008)、《钢铁多元

表 2.3 碳素钢和低合金钢中各元素测定范围　　　　　　　　　　　　%

元素	测定范围(质量分数)	元素	测定范围(质量分数)
C	0.03~1.3	Al	0.03~0.16
Si	0.17~1.2	Ti	0.015~0.5
Mn	0.07~2.2	Cu	0.02~1.0
P	0.01~0.07	Nb	0.02~0.12
S	0.008~0.05	Co	0.004~0.3
Cr	0.1~3.0	B	0.0008~0.011
Ni	0.009~4.2	Zr	0.006~0.07
W	0.06~1.7	As	0.004~0.014
Mo	0.03~1.2	Sn	0.006~0.02
V	0.1~0.6		

素含量的测定 X-射线荧光光谱法》(GB/T 223.79—2007)、《铁粉铁含量的测定 重铬酸钾滴定法》(GB/T 223.7—2002)、《钢铁及合金铬含量的测定 可视滴定或电位滴定法》(GB/T 223.11—2008)等。

(4)钢铁总碳硫含量测定：依据《钢铁总碳硫含量的测定 高频感应炉燃烧后红外吸收法(常规方法)》(GB/T 20123—2006)。

(5)钢铁氮含量测定：依据《钢铁氮含量的测定 惰性气体熔融热导法(常规法)》(GB/T 20124—2006)。

(6)低合金钢多元素测定：依据《低合金钢多元素的测定 电感耦合等离子体发射光谱法》(GB/T 20125—2006)。

2.2.2 实验仪器

将制备好的块状样品在火花光源的作用下与对电极之间发生放电，在高温和惰性气氛中产生等离子体。被测元素的原子被激发时，电子在原子不同能级间跃迁，当从高能级向低能级跃迁时产生特征谱线，测量选定的分析元素和内标元素特征谱线的光谱强度。根据样品中被测元素谱线强度(或强度比)与浓度的关系，通过校准曲线计算被测元素的含量。

钢材化学成分检测优先采用《碳素钢和中低合金钢多元素含量的测定 火花放电原子发射光谱法(常规法)》(GB/T 4336—2016)。

火花放电原子发射光谱仪，主要由以下单元组成。

(1)激发光源：应是一个稳定的火花激发光源。

(2)火花室：是为使用氩气而专门设计的。火花室直接安装在分光计上，有一个氩气冲洗火花架，以放置平面样品和棒状对电极。

(3)氩气系统：主要包括氩气容器、两级压力调节器、气体流量计和能够按照分析条件自动改变氩气流量的时序控制部分。

氩气的纯度及流量对分析测量值有很大的影响，应保证氩气的纯度不小于99.995%，否则应使用氩气净化装置，且火花室内氩气的压力和流量应保持恒定。

（4）对电极：不同型号的设备使用不同的对电极。一般直径 4~8mm，顶端加工成 30°~120° 的圆锥型钨棒或其他电极材料，其纯度应大于 99%。

（5）分光计：一般分光计的一级光谱线色散的倒数应小于 0.6nm/mm，焦距 0.35~1.0m，波长范围 165.0~410.0nm，分光计的真空度应在 3Pa 以下，或充满高纯惰性气体（该气体不吸收波长小于 200nm 的谱线，且纯度不低于 99.999%）。

（6）测光系统：应包括接收信号的光电转换检测器、能存储每一个输出电信号的积分电容器、直接或间接记录积分器上电压或频率的测量单元和为所需要的时序而提供的必要开关电路装置。

2.2.3 试件取样和制备

2.2.3.1 检验批及取样数量

按照《钢筋混凝土用钢 第 1 部分：热轧光圆钢筋》（GB/T 1499.1—2017）和《钢筋混凝土用钢 第 2 部分：热轧带肋钢筋》（GB/T 1499.2—2018），钢筋应按批进行检查验收，每批由同一牌号、同一炉罐号、同一尺寸的钢筋组成。每批质量不大于 60t。超过 60t 的部分，每增加 40t（或不足 40t 的余数），增加一个拉伸实验试样和一个弯曲实验试样。允许由同一牌号、同一冶炼方法、同一浇筑方法的不同炉罐号组成混合批，但各罐号的含碳量之差不大于 0.02%，含锰量之差不大于 0.15%。混合批的重量不大于 60t。

钢筋的取样数量和实验方法见表 2.4 和表 2.5。热轧光圆钢筋和热轧带肋钢筋化学成分取样数量均为 1 份，按照《钢和铁化学成分测定用试样的取样和制样方法》（GB/T 20066—2006/ISO 14284：1996）取样，实验方法依据《碳素钢和中低合金钢多元素含量的测定 火花放电原子发射光谱法（常规法）》（GB/T 4336—2016）和 GB/T 223 系列规范中的部分内容。

表 2.4 热轧光圆钢筋的取样和实验方法

序号	检验项目	取样数量	取样方法	实验方法
1	化学成分（熔炼分析）	1 份	GB/T 20066—2006	GB/T 4336—2016、GB/T 223、GB/T 20123—2006、GB/T 20125—2006
2	拉伸	2 根	不同根（盘）钢筋切取	GB/T 28900—2012、GB/T 1499.1—2017
3	弯曲	2 根	不同根（盘）钢筋切取	GB/T 28900—2012、GB/T 1499.1—2017
4	尺寸	逐支（盘）		GB/T 1499.1—2017
5	表明	逐支（盘）		目视
6	质量偏差		GB/T 1499.1—2017	

表 2.5 热轧带肋钢筋的取样和实验方法

序号	检验项目	取样数量	取样方法	实验方法
1	化学成分（熔炼分析）	1 份	GB/T 20066—2006	GB/T 4336—2016、GB/T 223、GB/T 20123—2006、GB/T 20124—2006、GB/T 20125—2006
2	拉伸	2 根	不同根（盘）钢筋切取	GB/T 28900—2012、GB/T 1499.2—2018
3	弯曲	2 根	不同根（盘）钢筋切取	GB/T 28900—2012、GB/T 1499.2—2018

（续）

序号	检验项目	取样数量	取样方法	实验方法
4	反向弯曲	1 根		GB/T 28900—2012、GB/T 1499.2—2018
5	尺寸	逐根(盘)		GB/T 1499.2—2018
6	表面	逐根(盘)		目视
7	质量偏差		GB/T 1499.2—2018	
8	晶粒度	2	不同根(盘)钢筋切取	GB/T 13298—2015 和 GB/T 1499.2—2018

2.2.3.2 一般要求

钢筋化学成分测定用试样的取样和制样方法要求准确、可靠，能全面地反映钢铁产品质量，也是企业生产过程中质量控制的重要环节。钢筋化学成分取样和制样依据《钢和铁化学成分测定用试样的取样和制样方法》(GB/T 20066—2006/ISO 14284：1996)。

所采用的取样方法应保证分析试样能代表熔体(取样是的液态金属)或抽样产品的化学成分平均值。

分析试样在化学成分方面，应具有良好的均匀性，其不均匀性应不对分析产生显著偏差。然而，对于熔体的取样，分析方法和分析试样二者有可能存在偏差，这种偏差将用分析方法的重现性和再现性表示。

分析试样应去除涂层、除湿、除尘以及除去其他形式的污染。

分析试样应尽可能避开孔隙、裂纹、疏松、毛刺、折叠或其他表面缺陷。

在对熔体进行取样时，如果预测到样品的不均匀性或可能的污染，应采取措施加以避免。

在熔体中取得的样品在冷却时，应保持其化学成分和金相组织前后一致。

2.2.3.3 取样大小

块状的原始样品的尺寸应足够大，以便进行复验或必要时使用其他的分析方法进行分析。对屑状或粉末状样品，其质量一般为100g。块状的分析试样的尺寸要求取决于所选定的分析方法，对于光电发射光谱分析和X-射线荧光光谱分析，其分析试样的形状与大小由分析仪器决定。

金属材料取样和制样程序如图2.1所示。

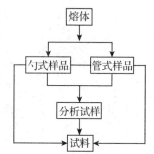

图2.1 金属材料取样和制样程序示意图

2.2.3.4 取样

(1)从熔体中取样：为了监控生产过程，需要在生产过程的不同阶段从熔体中取样。这类取样较为方便，一般适用于钢材生产厂家按照抽检频率自检，也适用于相关部门抽检。

(2)从成品中取样：这类取样适用于钢筋运送到施工现场后，按照检验批抽检取样。

在可能的情况下，原始样品或分析样品可以按照产品标准中规定的取样位置取样，也可以从抽样产品中取得的用作力学性能实验的材料上取样。

对于锻造产品，分析试样可从未锻造的原始产品中，或从锻造后的产品中或额外锻造的产品中取样。

原始样品或分析试样可用机械切屑或用切割机从抽样产品中取得。对有些元素的取样应考虑其一定的特殊性。

2.2.4　实验步骤

2.2.4.1　仪器准备

（1）仪器存放：光谱仪应按仪器厂家推荐的要求，放置在防震、洁净的实验室，室内温度应保持在 15～30℃，相对湿度应小于 80%，在同一个标准化周期内，室内温度变化不超过 5℃。

（2）电源：为保证仪器的稳定性，电源电压变化应小于 ±10%，频率变化应小于 ±2%，保证交流电源为正弦波。

（3）激发光源：为使激发光源电器部分工作稳定，开始工作前应使其有适当的通电时间。用电压调节器或稳压器设备将供电电压调整到仪器所要求的数值。

（4）对电极：对电极需定期清理、更换并用极距规调整分析间隙的距离，使其保持正常工作状态。

（5）光学系统：聚光镜应定期清理、定期描迹来校正入射狭缝位置。

（6）停机后，重新开机，一般应保证足够的通电时间，使测光系统工作稳定。通过制作预燃曲线选择分析元素的适当预燃时间，积分时间是以分析精度为基础进行实验确定的。

2.2.4.2　分析步骤

按照上述要求准备好仪器。分析工作前，先激发一块样品 2～5 次，确认仪器处于最佳工作状态。

（1）校准曲线的标准化：在所选定的工作条件下，激发标准化样品，每个样品至少激发 3 次，对校准曲线进行校正。仪器出现重大改变或原始校准曲线因漂移超出校正范围时，需重新绘制校准曲线。

（2）校准曲线的确认：分析被测样品前，先用至少一个标准样品对校准曲线进行确认，在满足规定的测量精密度基础上，测量结果与认定值之差应满足要求，否则，应重新进行标准化。

必要时，可选择控制样品，用于校准分析样品与绘制工作曲线样品存在的较大差异。

（3）按选定的工作条件激发分析样品，每个样品至少激发 2 次：样品激发 1 次，获得 1 个独立测量结果；在样品激发点的对面位置再激发 1 次，获得第 2 个独立测量结果。

按照规定，判断测量结果的可接受性，并确定最终报告结果。

2.2.5　实验结果处理

2.2.5.1　分析结果的计算

根据分析线的相对强度或绝对强度，从校准曲线上求出分析元素的含量。待测元素的分析结果应在校准曲线所用的一系列标准样品的含量范围内。

2.2.5.2　测量结果的可接受性及最终报告结果的确定

（1）在重复性条件下，如果两个独立测量结果之差的绝对值不大于 r，可以接受这两个测量结果。最终报告为两个独立测量结果的算术平均值。

(2)如果 2 个独立测量结果之差的绝对值大于 r，须再测量一个结果，如图 2.2 所示。如果 3 个独立测量结果的极差不大于 $1.2r$，取 3 个独立测量结果的平均值作为最终报告结果。如果 3 个独立测量结果的极差大于 $1.2r$，取 3 个测量结果的中位值作为最终报告结果。

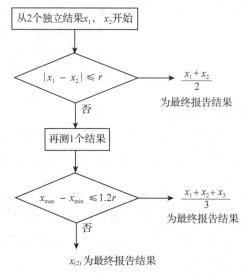

图 2.2 测量结果可接受性的检测流程图

注：图中 $x_{(2)}$ 表示排序第 2 小的测量结果。

2.2.6 实验报告

实验报告应包括下列内容：

(1)识别样品、实验室和实验日期所需的全部资料。

(2)引用标准。

(3)结果及其表示。

(4)使用的分析线。

(5)测定中发现的异常情况。

2.3 钢筋拉伸实验

钢筋混凝土用钢筋和预应力混凝土用非预应力钢筋，常用热轧光圆钢筋和热轧带肋钢筋。拉伸实验是对试件施加轴向拉力，以测定金属材料在静荷载作用下的力学性能。它是材料力学、建筑材料最基本、最重要的实验之一，也是钢材生产厂和施工现场对进场钢材按照规范进行随机抽样检测的重要实验之一。拉伸实验简单、直观、技术成熟、数据可比性强。

钢筋拉伸实验依据《钢筋混凝土用钢　第 1 部分：热轧光圆钢筋》(GB/T 1499.1—

2017)、《钢筋混凝土用钢 第 2 部分：热轧带肋钢筋》(GB/T 1499.2—2018)、《钢筋混凝土用钢材试验方法》(GB/T 28900—2012)、《金属材料拉伸试验 第 1 部分：室温试验方法》(GB/T 228.1—2010)、《金属材料拉伸试验 第 2 部分：高温试验方法》(GB/T 228.2—2006)、《金属材料拉伸试验 第 3 部分：低温试验方法》(GB/T 228.3—2019) 和《金属材料拉伸试验 第 4 部分：液氮试验方法》(GB/T 228.4—2019)。

本节侧重介绍钢筋混凝土用钢筋的室温拉伸实验，简要介绍钢筋的高温、低温和液氮拉伸实验。

2.3.1 实验原理

钢筋拉伸实验的目的是测定钢筋的屈服强度、抗拉强度和伸长率三大指标，评定钢筋的强度等级，是确定和检验钢材的力学性能的主要依据。钢筋拉伸实验是在常温下进行的拉伸，是静载实验的一种。

《金属材料拉伸试验 第 1 部分：室温试验方法》(GB/T 228.1—2010) 提供了两种实验速率的控制方法：方法 A 为应变速率(包括横梁位移速率)，旨在减小测定应变速率敏感参数时的实验速率变化和减小实验结果的测量不确定度；方法 B 为应力速率。

实际工程中，钢筋拉伸实验常常采用方法 B。

2.3.1.1 上屈服强度应力速率

在弹性范围和直至上屈服强度，试验机夹头的分离速率应尽可能保持恒定在表 2.6 规定的应力速率范围内。

表 2.6 热轧钢筋拉伸实验的应力速率

弹性模量 E/MPa	应力速率 R/(MPa/s)	
	最小值	最大值
<150 000	2	20
≥150 000	6	60

2.3.1.2 下屈服强度

如果仅仅测定下屈服强度，在试样平行长度的屈服期间应变速率应为 $0.000\,25 \sim 0.0025\,\mathrm{s}^{-1}$。平行长度内的应变速率应尽可能保持恒定。如果不能直接调节这一应变速率，应通过调节屈服即将开始前的应力速率来调整，在屈服完成之前不再调节试验机的控制。

在任何情况下，弹性范围内的应力速率不得超过表 2.6 规定的最大速率。

钢筋原材，又称为母材，其拉伸性能通过拉伸实验判断。拉伸实验测定的钢筋三大指标，是钢筋的主要技术指标，也是钢材生产厂家必测的主要技术指标，也是施工现场抽样检测进场钢筋合格性评判的依据，属于重要的常规性实验。

钢筋拉伸实验，一般在万能试验机上进行。万能试验机，又称万能材料试验机，集拉伸、弯曲、压缩、剪切、环刚度等功能于一体的材料试验机，主要用于金属、非金属材料力学性能实验，是工程检测、设计、施工、科研、高等院校等单位的理想检测设备，可以在检测单位的实验室开展检测，也可以在施工现场的实验室开展检测。对于钢筋而言，万能试验机，主要用来开展钢筋的拉伸实验和弯曲实验。

拉伸实验，一般从钢筋拉屈服阶段直至断裂，测定钢筋的屈服强度、抗拉强度和断后伸长率。实验一般在室温下（10~35℃），在万能试验机上进行。对温度要求严格的实验，实验温度为 23℃±5℃。

2.3.2　实验仪器

（1）万能试验机：是现代电子技术与传统机械传动技术相结合的产物，能够充分发挥电子技术和机械技术各自特长而合成的大型精密测试仪器，能够开展拉伸、压缩、弯曲、剥离、剪切等多项性能实验，具有测量范围宽、精度高、响应快、性能可靠、效率高等优势，可对实验数据进行实时自动显示、自动记录、自动打印、自动绘制拉伸曲线图。先进的万能试验机由测量、驱动、控制及电脑系统等组合而成。

万能试验机，测力示值误差不大于±1%。为保证机器安全和实验准确，所有测量值宜控制在试验机额定量程的 20%~80%。

万能试验机，应按要求标定并符合相关精度要求后，才能用于钢筋的拉伸实验。试验机使用的每个力量程指标装置，均应进行校准。试验机的测力系统应按照《静力单轴试验机的检验　第 1 部分：拉力和压力试验机测力系统的检验与校准》（GB/T 16825.1—2002/ISO 7500-1：1999）进行校准，且其准确度应为 1 级或优于 1 级。

计算机控制拉伸试验机，须满足《静力单轴试验机用计算机数据采集系统的评定》（GB/T 22066—2008）标准，计算机数据采集系统获得的实验结果平均值与人工计算得到的同台试验机实验结果平均值（或由其他试验机得到的实验结果平均值）的相对误差，其最大允许值为±2%或 1 个标准偏差（取其较大者）。

引伸计，应符合《金属材料单轴试验用引伸计系统的标定》（GB/T 12160—2019/ISO 9513：2012）要求，测定上屈服强度、下屈服强度、屈服点延伸率、规定塑性延伸强度、规定总延伸强度、规定残余延伸强度。一般规定残余延伸强度的验证实验，应使用不劣于 1 级准确度的引伸计；测定其他具有较大延伸率的性能，如抗拉强度、最大力总延伸率和最大力塑性延伸率、断裂总延伸率及断后伸长率时，应使用不劣于 2 级准确度的引伸计。

（2）量具：游标卡尺，精确度 0.1mm。

2.3.3　试件取样和制备

2.3.3.1　一般要求和概念

试样的形状与尺寸取决于要被实验的金属产品的形状与尺寸，通常从产品、压制坯或铸锭取样坯，经机器加工制成试样。具有恒定横截面的产品（型材、铸材、线材等）和铸造试样（铸铁和铸造非铁合金），可以不经机器加工而进行实验。

试样横截面可为圆形、矩形、多边形、环形，特殊情况也可为其他形状。

钢筋拉伸试样，依据《钢及钢产品力学性能试验取样位置及试样制备》（GB/T 2975—2018/ISO 377：2017）制备。抽样产品、试料、样坯和试样，应做标记以确保可追溯至原产品以及它们在原产品中的位置和方向，如图 2.3 和图 2.4 所示。

图 2.3 热轧带肋钢筋标志标牌照片

图 2.4 热轧光圆钢筋标志标牌照片

下面介绍几个概念。

（1）平行长度：指试样平行缩减部分的长度。对于未经机加工的试样，平行长度的概念，被两夹头之间的距离取代。

（2）标距：指室温下施力前的试样标距，用 L_0 表示。

（3）断后标距：指在室温下将断后的两部分试样紧密地对接在一起，保证两部分的轴线位于同一条直线上，测量试样断裂后的标距，用 L_u 表示。

（4）伸长：指实验期间任意时刻原始标距的增量。

（5）断后伸长率：断后标距的残余伸长（$L_u - L_0$）占原始标距（L_0）的百分比，用 A 表示。

试样原始标距与原始横截面积的关系 $L_0 = k\sqrt{S_0}$，称为比例试样。其中，k 为比例系数，国际上使用的比例系数为 5.65。原始标距应不小于 15mm。

（6）断面收缩率：指断裂后试样横截面面积的最大缩减量（$S_0 - S_u$）占原始横截面面积（S_u）的百分比，用 Z 表示。

2.3.3.2 检验批及取样数量

钢筋的取样数量和实验方法，见表 2.4 和表 2.5。

2.3.3.3 试件截取长度

热轧光圆钢筋母材拉伸试样长度，见表 2.7。

表 2.7 试样夹具之间的最小自由长度　　　　　　　　　　　mm

钢筋公称直径	试样夹具之间的最小自由长度
$d \leqslant 22$	350

热轧带肋钢筋母材拉伸试样长度，见表 2.8。

表 2.8 试样夹具之间的最小自由长度　　　　　　　　　　　mm

钢筋公称直径	试样夹具之间的最小自由长度
$d \leqslant 25$	350
$25 < d \leqslant 32$	400
$32 < d \leqslant 50$	500

　　钢筋实际取样长度计算较为麻烦，下面以直径为 20mm 的热轧带肋钢筋 HRB400 为例，说明拉伸试样取样长度的计算过程。

　　(1)计算原始标距 L_0：《钢筋混凝土用钢　第 1 部分：热轧光圆钢筋》(GB 1499.1—2017)和《钢筋混凝土用钢　第 2 部分：热轧光圆钢筋》(GB 1499.2—2018)钢筋公称横截面面积，见表 2.9 和表 2.10。《钢筋混凝土用钢材试验方法》(GB/T 28900—2012)规定，用于测定最大力总延伸率的引伸计，应至少有 100mm 的标距长度；测定断后伸长率的原始标距长度，应为 5 倍的公称直径。

表 2.9　热轧光圆钢筋公称横截面面积与理论质量

公称直径/mm	公称横截面面积/mm²	理论质量/(kg/m)
6	28.27	0.222
8	50.27	0.395
10	78.54	0.617
12	113.1	0.888
14	153.9	1.21
16	201.1	1.58
18	254.5	2.00
20	314.2	2.47
22	380.1	2.98

表 2.10　热轧带肋钢筋公称横截面面积与理论质量

公称直径/mm	公称横截面面积/mm²	理论质量/(kg/m)
6	28.27	0.222
8	50.27	0.395
10	78.54	0.617
12	113.1	0.888
14	153.9	1.21
16	201.1	1.58
18	254.5	2.00
20	314.2	2.47
22	380.1	2.98
25	490.9	3.85
28	615.8	4.83
32	804.2	6.31
36	1018	7.99
40	1257	9.87
50	1964	15.42

　　查表 2.10，直径 20mm 的热轧带肋钢筋 HRB400 的横截面积 $S_0 = 314.2 \text{mm}^2$，则其原始标距 $L_0 = \text{k} \sqrt{S_0} = L_0 = 5.65 \sqrt{314.2} = 100 \text{mm}$。

　　(2)计算平行长度 L_c：按照《金属材料拉伸试验　第 1 部分：室温试验方法》(GB/T

228.1—2010)附录 D(规范性附录),对于机加工试样的平行长度 $L_c \geq L_0 + \dfrac{d_0}{2}$($d_0$ 为钢筋直径);对于不经机加工试样的平行长度,试验机两夹头的自由长度应足够长,以使试样原始标距的标记与最接近夹头间的距离不小于 $\sqrt{S_0}$。

直径 20mm 的热轧带肋钢筋 HRB400 的 $L_c \geq L_0 + \dfrac{d_0}{2} = 100 + \dfrac{20}{2} = 110$(mm)。

(3)计算试样总长度 L_t:试样总长度 L_t 取决于万能试验机或钢筋拉伸试验机,原则上 $L_t \geq L_c + 4d_0$。

直径 20mm 的热轧带肋钢筋 HRB400 的 $L_t \geq L_c + 4d_0 = 110 + 4 \times 20 = 190$(mm)。

(4)计算取样长度 L:表 2.4 和表 2.5 规定的两个试件,均应从任意两根(两盘)中分别切取,每根钢筋上切取一个拉伸试件。低碳钢热轧盘圆条冷弯试件应取自同盘的两端。试件切取时,应在钢筋或盘条的任意端割掉 500mm 后,再切取。

总之,实际工程中钢筋母材的拉伸试件,$L_t \geq L_c + 4d_0$,$L_c \geq L_0 + \dfrac{d_0}{2}$;当涉及仲裁实验时,取 $L_c \geq L_0 + 2d_0$。钢筋属圆形截面,根据规范可知 $L_0 = 5d_0$,常用万能试验机的夹具夹持长度一般约 100mm,工程常用钢筋直径从 8~40mm,计算得出的试件长度为 276~580mm,为便于操作一般截取 500~600mm。万能试验机上钢筋拉伸伸缩夹具长度界限范围在 450~600mm,见表 2.11。钢筋直径小时可以适当短一些,钢筋直径大时可适当长一些,太短万能试验机夹不住,太长则根本放不进去。

表 2.11　钢筋拉伸和弯曲实验取样长度

材料属性	检验批	实验项目	试件数量/根	理论取样长度/mm	一般取样长度/mm	备注
钢筋母材	60t	拉伸	2	≥10d+200	500~600(550)	原材
		弯曲	2	≥5d+150	300~400(350)	原材
闪光对焊接头	300 个	拉伸	3	—	500~600(550)	对称
		弯曲	3	—	300~400(350)	对称
电弧焊接头	300 个	拉伸	3	—	500~600(550)	对称
机械连接接头	500 个	拉伸	3	—	500~600(550)	对称

注:对称指钢筋切取长度应以焊点中心对称取样,两头各占一半长度;d 为钢筋直径。

2.3.4　实验步骤

钢筋拉伸实验依据《钢筋混凝土用钢材试验方法》(GB/T 28900—2012)和《金属材料拉伸试验　第 1 部分:室温试验方法》(GB/T 228.1—2010)。钢筋抗拉强度比较容易从显示器上读出,屈服强度测量值稍显烦琐。

2.3.4.1　上屈服强度 R_{eH} 测定

钢筋上屈服强度 R_{eH} 可以从力—延伸曲线或峰值力显示器上测定,定义为力首次下降前的最大力值对应的应力(图 2.5)。

2.3.4.2　下屈服强度 R_{eL} 测定

钢筋下屈服强度 R_{eL} 可以从力—延伸曲线上测定,定义为不计初始瞬时效应时屈服阶

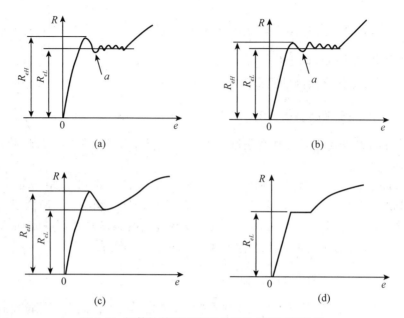

图 2.5　钢筋拉伸不同类型曲线的上下屈服强度

注：e 为延伸率(用引伸计标距表示的延伸百分率)，R 为应力，
R_{eH} 为上屈服强度，R_{eL} 为下屈服强度，a 为初始瞬时效应。

段中的最小力所对应的应力(图 2.5)。

上下屈服强度位置判定的基本原则：

(1)屈服前的第 1 个峰值应力(第 1 个极大值应力)判断为上屈服强度，不管其后的峰值应力比它大或比它小。

(2)屈服阶段中如呈现 2 个或 2 个以上的谷值应力，舍去第 1 个谷值应力(第 1 个极小值应力)不计，取其余谷值应力中之最小者判断为下屈服强度。如只呈现 1 个下降谷，次谷值应力判断为下屈服强度。

(3)屈服阶段中呈现屈服平台，平台应力判断为下屈服强度；如呈现多个而且后者高于前者的屈服平台，判断第 1 个平台应力为下屈服强度。

(4)正确的判定结果应是下屈服强度一定低于上屈服强度。

为提高实验效率，可以报告在上屈服强度之后延伸率为 0.25% 范围以内的最低应力为下屈服强度，不考虑任何初始瞬时效应。

2.3.4.3　断后伸长率的测定

按照断后伸长率的定义测定断后伸长率。为了测定断后伸长率，应将试样断裂的部分仔细地配接在一起，使其轴线处于同一直线上，并采取特别措施确保试样断裂部分适当接触后测定试样断后标距。

断后伸长率，按式(2.2)计算。

$$A = \frac{L_u - L_0}{L_0} \times 100 \qquad (2.2)$$

式中：A——断后伸长率，%；

L_u——断后标距，mm；

L_0——原始标距，mm。

断面收缩率，按式 (2.3) 计算。

$$Z = \frac{S_0 - S_u}{S_0} \times 100 \tag{2.3}$$

式中：Z——断面收缩率，%；

S_u——断裂后试样横截面面积，mm^2；

S_0——原始横截面面积，mm^2。

2.3.4.4　测量值修约

钢筋拉伸实验强度性能，修约至 1MPa；

断后伸长率和最大力总延伸率，修约至 0.5%；

断面收缩率，修约至 1%。

2.3.5　实验结果处理

2.3.5.1　钢筋拉伸力学性能标准值

按照表 2.4 和表 2.5 取样的 1 组拉伸试件 2 根，按照规定操作程序拉伸钢筋后，对照表 2.12 和表 2.13，判断钢筋原材（母材）拉伸性能是否满足规范要求。

《钢筋混凝土用钢　第 1 部分：热轧光圆钢筋》（GB 1499.1—2017）规定热轧光圆钢筋技术标准，见表 2.12。

规范规定一般屈服强度指的是下屈服强度，如 HRB400 的屈服强度标准值 400MPa，指的就是下屈服强度标准值。

表 2.12　热轧光圆钢筋力学特征值

牌号	下屈服强度/MPa	抗拉强度/MPa	断后伸长率/%	最大力总伸长率/%
	不小于			
HPB300	300	420	25.0	10.0

《钢筋混凝土用钢　第 2 部分：热轧带肋钢筋》（GB 1499.2—2018）规定，热轧带肋钢筋技术标准，见表 2.13。

表 2.13　热轧带肋钢筋的力学特征值

牌号	下屈服强度/MPa	抗拉强度/MPa	断后伸长率/%	最大力总延伸率/%	钢筋实测抗拉强度与下屈服强度之比	实测下屈服强度与其标准值之比
	不小于					
HRB400	400	540	16	7.5	—	—
HRBF400						
HRB400E			—	9.0	1.25	1.30
HRBF400E						

（续）

牌号	下屈服强度/ MPa	抗拉强度/ MPa	断后伸长率/ %	最大力总延伸率/%	钢筋实测抗拉强度与下屈服强度之比	实测下屈服强度与其标准值之比
	不小于					
HRB500	500	630	15	7.5	—	—
HRBF500						
HRB500E			—	9.0	1.25	1.30
HRBF500E						
HRB600	600	730	14	7.5		

2.3.5.2 钢筋拉伸实验结果判定

（1）热轧光圆钢筋实验结果判定：将一个检验批中的两个拉伸试件的拉伸结果与其相应的拉伸性能标准值（表2.12）对照比较。结合表2.12，当两个热轧光圆钢筋（以HPB300为例）试件的测量值，全部符合下列规定时，判定为该钢筋拉伸性能合格：

下屈服强度测量值≥300MPa；

抗拉强度测量值≥420MPa；

断后伸长率≥25%；

最大力总延伸率≥10.0%。

（2）热轧带肋钢筋实验结果判定：将一个检验批中的两个拉伸试件的拉伸结果与其相应的拉伸性能标准值（表2.13）对照比较。结合表2.13，当两个热轧带肋钢筋（以HRB400为例）试件的测量值，全部符合下列规定时，判定为该钢筋拉伸性能合格：

下屈服强度测量值≥400MPa；

抗拉强度测量值≥540MPa；

断后伸长率≥16%；

最大力总延伸率≥7.5%。

2.3.6 钢筋其他条件拉伸实验

对于钢筋拉伸实验，国家标准除了规定室温拉伸实验方法以外，还规定了低温、高温和液氮实验方法。

2.3.6.1 低温拉伸实验

《金属材料拉伸试验 第3部分：低温试验方法》（GB/T 228.3—2019）规定，钢筋低温拉伸实验温度范围在-196~10℃。

2.3.6.2 高温拉伸实验

《金属材料拉伸试验 第2部分：高温试验方法》（GB/T 228.2—2015）规定，钢筋高温拉伸实验温度高于室温条件下金属材料的拉伸实验，高温实验温度分为下列几种情况（T为规定温度）：

35℃<T≤600℃；

600℃<T≤800℃；

800℃<T≤1000℃；

$1000℃<T≤1100℃$。

2.3.6.3　液氮拉伸实验

《金属材料拉伸试验　第 4 部分：液氮试验方法》（GB/T 228.4—2019）规定了在液氮温度（沸点是 -269℃ 或 4.2K，指定为 4K）下金属材料拉伸实验方法。

2.3.7　钢筋母材拉伸实验报告

钢筋母材拉伸实验报告应包括下列内容：

(1) 实验依据的国家标准编号。

(2) 材料名称、牌号。

(3) 试样类型。

(4) 实验控制模式和实验速率。

(5) 实验结果。

2.4　钢筋冷弯实验

冷弯实验是评定钢材塑性和工艺性能的主要依据，用以检验钢材在常温下承受规定弯曲程度的弯曲变形的能力。工程中需经常对钢材进行冷弯加工，冷弯实验就是模拟钢材弯曲加工而确定的。通过冷弯实验，不但能检验钢材适应冷加工能力和显示钢材内部缺陷（如起层、非金属夹渣等）状况，而且能够展现冷弯时，试件受弯部位受到冲头挤压以及弯曲和剪切的复杂作用。因此，冷弯实验，也是考察钢材在复杂应力状态下发展塑性变形能力的一项指标。

冷弯实验，也是闪光对焊、气压焊接头的必做实验。本节仅介绍钢筋原材（母材）的冷弯实验。

钢筋冷弯实验依据《金属材料弯曲试验方法》（GB/T 232—2010/ISO 7438：2005）、《钢筋混凝土用钢　第 1 部分：热轧光圆钢筋》（GB/T 1499.1—2017）、《钢筋混凝土用钢　第 2 部分：热轧带肋钢筋》（GB/T 1499.2—2018）、《钢筋混凝土用钢材试验方法》（GB/T 28900—2012）。

2.4.1　实验原理

钢筋原材合格判定标准有 3 个：钢筋化学成分合格、钢筋拉伸实验合格、钢筋弯曲实验合格。对于一般检测单位、施工现场实验室、高校材料实验室，比较容易开展钢筋的拉伸实验和弯曲实验。钢筋弯曲实验与拉伸实验一样，均是判断钢筋是否合格的重要指标，是钢筋原材的重要实验之一。弯曲（冷弯）性能，属于钢筋工艺性能，一般在 10~35℃ 开展实验。钢筋冷弯实验目的就是判定钢筋的弯曲性能。

2.4.2　实验仪器

弯曲实验，可在配备弯曲装置的压力机或万能试验机上进行。常用弯曲装置有支辊式（图 2.6）、V 形模具（图 2.7）、虎钳式（图 2.8）、翻板式（图 2.9）4 种，常用支辊式弯曲装置。

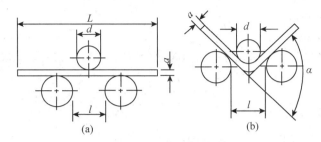

图 2.6 支辊式弯曲装置

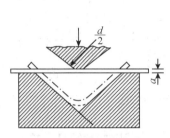

图 2.7 V形模具弯曲装置

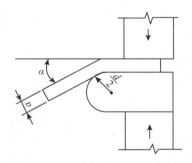

图 2.8 虎钳式弯曲装置

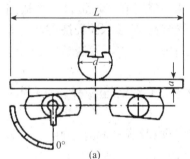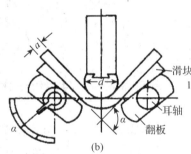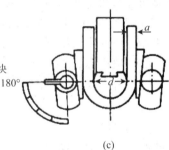

图 2.9 翻板式弯曲装置

2.4.3 试件制备和取样

(1)实验使用圆形等横截面的试样。样坯的切取位置和方向应按照有关产品标准的要求。试样表面不得有划痕和损伤。

(2)试样宽度应按照相关产品标准的要求。如无具体规定，试样宽度应按照如下要求：

①当产品宽度不大于20mm时，试样宽度为原产品宽度。

②当产品宽度大于20mm时，厚度小于3mm时，试样宽度为20mm±5mm；厚度不小于20mm时，试样宽度为20~50mm。

(3)试样厚度或直径按照相关产品标准的要求，如无具体规定，试样宽度应按照如下要求：

圆形等横截面内切圆直径不大于35mm的产品，其试样横截面应为产品的横截面。如实验设备能力不足，对于直径或多边形横截面内切圆直径超过30~50mm的产品，可以将其机械加工成横截面内切圆直径为不小于25mm的试样。若实验设备能力允许，直径不大于 50mm 材料也可用全截面的试样进行实验。实验时，试样未经机械加工的原表面应置于受拉变形的一侧。除非另有规定，钢筋类产品均以其全截面进行实验。

（4）热轧钢筋弯曲试样长度应根据试样厚度和所使用的实验设备确定。

具体而言，对于热轧钢筋弯曲实验：

①试样数量按照规定（表 2.4 和表 2.5）为 2 根。

②试样长度，弯曲试件长度 $L \geqslant 5d + 150mm$，实际工程中弯曲实验试样一般截取 350mm 左右，可以在 300~400mm 长度范围，见表 2.11。

2.4.4　实验步骤

依据《钢筋混凝土用钢　第 1 部分：热轧光圆钢筋》（GB/T 499.1—2017）和《钢筋混凝土用钢　第 2 部分：热轧带肋钢筋》（GB/T 1499.2—2018），钢筋原材弯曲实验的弯曲角度为 180°，弯曲压头直径按照表 2.14 的规定选择弯头，这里在 GB/T 1499.1—2017 称为弯心直径，而在 GB/T 1499.2—2018 称为弯曲压头直径，即弯头（图 2.10）的直径。

弯曲实验的弯头不是固定的，需依据钢筋牌号和直径选择弯头，见表 2.14。

图 2.10　钢筋弯曲实验的弯头照片

对于光圆钢筋，依据钢筋直径选择弯头，见表 2.14。弯头直径等于钢筋直径，例如：直径 10mm 的 HPB300 钢筋弯曲实验，应选择直径 10mm 的弯头；直径 32mm 的 HPB300 钢筋弯曲实验，应选择直径 32mm 的弯头。

对于带肋钢筋，依据钢筋牌号和直径选择弯头，见表 2.14。以 HRB400 为例：直径在 6~25mm 时，弯头直径等于 4 倍钢筋直径；直径 12mm 的钢筋弯曲实验，应选择直径 48mm 的弯头；直径 20mm 的钢筋弯曲实验，应选择直径 80mm 的弯头。直径在 28~40mm 时，弯头直径等于 5 倍钢筋直径，则直径 32mm 的钢筋弯曲实验，应选择直径 160mm 的弯头。

表 2.14　热轧钢筋原材（母材）弯心直径　　　　　　　　　　　　　　　　mm

热轧钢筋按外形分类	钢筋牌号	公称直径 d	弯曲压头直径
光圆钢筋	HPB300	不限	d
带肋钢筋	HRB400 HRBF400 HRB400E HRBF400E	6~25	$4d$
		28~40	$5d$
		>40~50	$6d$
	HRB500 HRBF500 HRB500E HRBF500E	6~25	$6d$
		28~40	$7d$
		>40~50	$8d$
	HRB600	6~25	$6d$
		28~40	$7d$
		>40~50	$8d$

钢筋弯曲实验一般在 10~35℃ 的室温范围内进行。对温度要求严格的实验，实验温度控制在 23℃±5℃。

弯曲实验时，应缓慢施加弯曲力。采用下列方法之一完成实验：

(1)实验在图 2.6~图 2.9 所给定的条件和力作用下弯曲至规定的弯曲角度。

(2)将试样弯曲至规定弯曲角度的实验，应将试样放于两支辊或 V 形模具或两水平翻板上，试样轴线应和弯曲压头轴线垂直，弯曲压头在两支座之间的中点处对试样连续施加力使其弯曲，如不能直接达到规定的弯曲角度，应将试样置于两平行压板之间。连续施加力压使其两端进一步弯曲，直至达到规定的弯曲角度。

(3)试样弯曲至 180° 角两臂相距规定距离的实验，采用图 2.6 的方法时，首先对试样进行初步弯曲(弯曲角度应尽可能大)，然后将试样置于两平行压板之间(图 2.11)，连续施加力压其两端使其进一步弯曲，直至两臂平行(图 2.12)。实验时可以加或不加垫块。除非产品标准中另有规定，垫块厚度等于规定的弯曲压头直径，采用图 2.12 的方法时，在力作用下不改变力的方向，弯曲角度直至达到 180°。

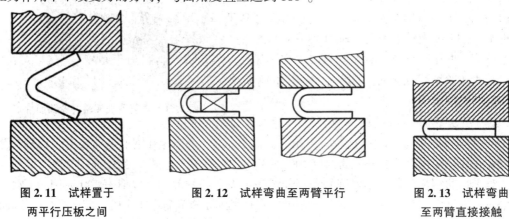

图 2.11　试样置于
两平行压板之间

图 2.12　试样弯曲至两臂平行

图 2.13　试样弯曲
至两臂直接接触

(4)对于试样弯曲至两臂直接接触的实验，应首先将试样进行初步弯曲(弯曲角度应尽可能大些)，然后将其置于两平行压板之间。连续施加力压其两端使进一步弯曲，直至两臂直接接触(图 2.13)。

(5)采用图 2.12 所示的方法进行弯曲实验时，试样一端固定，绕弯心进行弯曲，直至达到规定的弯曲角度。

2.4.5　实验结果处理

以相关产品标准规定的弯曲角度为最小值(热轧钢筋原材弯曲角度 180°)；如果规定弯曲压头直径，以规定的弯曲压头直径作为最大值。

钢筋弯曲实验应按相关产品标准的要求评定弯曲实验结果。如未规定具体要求，弯曲实验后不使用放大仪器观察(常规肉眼观察即可)，试样弯曲外表面无可见裂纹，评定该钢筋弯曲合格，如图 2.14

图 2.14　弯曲后钢筋照片

所示。这里强调的是弯曲后试件弯曲部分的外表面，因为这个位置更容易开裂。

2.4.6　实验报告

弯曲实验报告应包括下列内容：
(1)实验依据的国家标准编号。
(2)试样标识(材料牌号、炉号、取样方向等)。
(3)试样的形状和尺寸。
(4)实验条件(弯曲压头直径、弯曲角度)。
(5)实验结果。

2.5　钢筋连接性能——焊接实验

2.5.1　实验原理

实际工程中，钢筋连接常常使用电弧搭接焊接、闪光对焊和机械连接，检验钢筋连接后是否满足设计和规范的要求，确保钢筋连接能够不低于母材性能且能够正常受力。使用在工程结构上的钢筋要承受巨大荷载，这就要求不仅要保证钢筋原材合格，更要保证钢筋的连接质量合格。应高度重视钢筋连接，一旦连接质量不过关，就会对结构后期受力造成实质性影响。

钢筋连接性能检测的前提是钢筋原材(母材)合格。母材合格(拉伸和弯曲合格)后，检测钢筋的连接质量才有意义。如果母材质量不合格，该批钢筋就不能应用于实际工程当中，此时如继续检测钢筋连接质量，则毫无意义。

《钢筋焊接及验收规程》(JGJ 18—2012)对工程各种焊接及其验收作出规定，结合工程实际，本实验主要介绍电弧搭接焊接。

2.5.2　实验仪器

钢筋电弧搭接焊接的实验仪器同 2.3"钢筋拉伸实验"仪器。

2.5.3　试件制备

2.5.3.1　钢筋电弧搭接焊接拉伸实验检验批及取样数量

电弧搭接焊接头，在同一台班内，由同一个焊工焊成的 300 个同牌号、同直径钢筋焊接接头作为一个检验批；累计不足 300 个接头时，应按一个检验批计算。

电弧搭接焊接力学性能检验(拉伸实验)时，应从每批接头中随机切取 3 个拉伸接头，只做拉伸实验，不做弯曲实验。

2.5.3.2　试样长度和受试长度

(1)试样长度规定：钢筋焊接接头试样长度和受试长度依据《钢筋焊接接头试验方法标准》(JGJ/T 27—2014)，见表 2.15，如图 2.15 和图 2.16 所示。

表 2.15　热轧钢筋实验测定项目 mm

焊接方法		试样尺寸	
		受试长度 L_s	试样长度 L
闪光对焊		$8d$	L_s+2L_j
电弧搭接焊接	单面焊接	$5d+L_h$	L_s+2L_j
	双面焊接	$8d+L_h$	L_s+2L_j

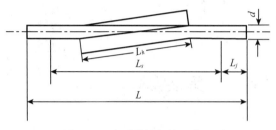

图 2.15　电弧搭接焊接示意图　　　　图 2.16　闪光对焊示意图

注：d 为钢筋直径；L_h 为焊缝(焊接)长度；L_j 为万能试验机夹持钢筋的长度；L_s 为试件受试长度；L 为试件(试样)长度。

夹紧装置应根据试样规格选用，在拉伸实验过程中不得与钢筋产生相对滑移，夹持长度可按试样直径确定。钢筋直径不大于 20mm 时，夹持长度宜为 70~90mm；钢筋直径大于 20mm 时，夹持长度宜为 90~120mm。

(2)工程上实际取样长度：检测工地现场钢筋连接的试件应在已经连接好的半成品或成品中随机取样，不得专门针对检测而连接。为了不影响工程进度或为了减少工程检测与被检测双方的矛盾，宜在钢筋已经连接好的半成品中取样；除非万不得已，应尽量减少在钢筋骨架和钢筋笼等成品上取样。

钢筋电弧搭接焊接实验，仅检测其拉伸性能是否合格，不检测其弯曲性能。

钢筋连接拉伸试件，现场取样试件长度与钢筋母材一样的长度，见表 2.11。要注意钢筋焊接拉伸试件取样时，接头部位大致位于试件长度中心(图 2.17)，两根钢筋连接在一起的试件总长度大致也在 500~600mm。

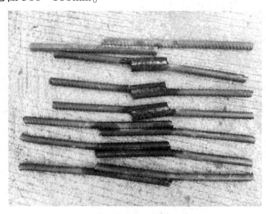

图 2.17　钢筋电弧搭接焊接照片

2.5.4 实验步骤

2.5.4.1 电弧搭接焊分类及焊接长度

电弧搭接焊接分为单面焊和双面焊，钢筋电弧搭接焊接长度见表 2.16。

表 2.16 钢筋搭接焊焊接长度

钢筋牌号	焊缝形式	焊接长度
HPB300	单面焊	≥8d
	双面焊	≥4d
HRB400、HRBF400；HRB500、HRBF500；RRB400	单面焊	≥10d
	双面焊	≥5d

2.5.4.2 电弧搭接焊接实验项目

钢筋电弧搭接焊接的拉伸实验步骤同钢筋原材的拉伸实验，见 2.3 节，所不同的是：钢筋原材需要测定下屈服强度、抗拉强度和断后伸长率，而电弧搭接焊接仅仅测定抗拉强度，见表 2.17。

仅闪光对焊和气压焊接接头要求做弯曲实验，见表 2.17 和表 2.18。

闪光对焊和气压焊接头弯曲试件取样数量每组 3 根，且弯曲角度为 90°。注意钢筋母材弯曲角度是 180°。

表 2.17 热轧钢筋实验测定项目

材料类型		实验类型			
		拉伸实验			弯曲实验
		屈服强度	抗拉强度	伸长率	
原材（母材）		√	√	√	√（180°）
连接性能	电弧搭接焊接		√		
	闪光对焊		√		√（90°）
	机械连接		√		

注：表中"√"表示按照规范要求需要测定项目。

表 2.18 热轧钢筋的闪光对焊和气压焊接头弯心直径和弯曲角度

钢筋牌号	弯心直径	弯曲角度
HPB300	2d	90°
HRB400、HRBF400；RRB400W	5d	90°
HRB500、HRBF500	7d	90°

2.5.5 实验结果处理

2.5.5.1 基本规定

《钢筋焊接及验收规程》（JGJ 18—2012）规定，钢筋焊接接头质量检验与验收包括外观质量检查和力学性能检验，其中外观质量检测为一般项目，力学性能检验为主控项目。

热影响区：焊接或热切割过程中，钢筋母材因受热的影响(但未熔化)，使金属组织和力学性能发生变化的区域。

延性断裂：形成暗淡且无光泽的纤维状剪切断口的断裂。延性断裂是伴随明显塑性变形而形成延性断口。在延性断裂中，断裂之前发生了广泛的塑性变形(颈缩)。

脆性断裂：是指构件未经明显的变形而发生的断裂。断裂时材料几乎没有发生过塑性变形。材料的脆性是引起构件脆断的重要原因。

电弧焊接接头的外观质量检查和力学性能检测，应以300个同牌号钢筋、同形式接头为一个检验批。纵向受力钢筋焊接接头，在每一个检验批中随机抽取10%进行外观质量检查。在每一检验批中随机切取3个接头，做拉伸实验。

2.5.5.2　外观质量检查

外观质量检查应符合下列规定：

(1)焊缝表面应平整，不得有凹陷或焊瘤。

(2)焊接接头取样不得有肉眼可见的裂纹。

(3)焊缝余高为2~4mm。

(4)咬边深度、气孔、夹渣等缺陷允许值及接头尺寸的允许偏差，应符合规定。

2.5.5.3　钢筋焊接接头拉伸实验——合格判定

钢筋力学性能检验，指一个检验批(300个接头)中随机抽取一组3个接头，进行拉伸实验。符合下列条件之一，应评定该检验批接头拉伸实验合格：

(1)3个试件全部断于钢筋母材，呈延性断裂，其抗拉强度大于或等于母材抗拉强度标准值。

(2)2个试件断于钢筋母材，呈脆性断裂，其抗拉强度大于或等于钢筋母材抗拉强度标准值；另1个试件断于焊缝，呈脆性断裂，其抗拉强度大于或等于钢筋母材抗拉强度标准值。注：试件断于热影响区，呈延性断裂，应视为与断于钢筋母材等同；试件断于热影响区，呈脆性断裂，应视为与断于焊缝等同。

2.5.5.4　钢筋焊接接头拉伸实验——复验条件

当钢筋焊接接头拉伸实验，既无法判断合格又无法判断不合格时，应复验。

符合下列条件之一，应进行复验：

(1)当2个试件断于钢筋母材，呈延性断裂，其抗拉强度大于或等于钢筋母材抗拉强度标准值；另1个试件断于焊缝，或热影响区，呈脆性断裂，其抗拉强度小于钢筋母材抗拉强度标准值(极限值)。

(2)当1个试件断于钢筋母材，呈延性断裂，其抗拉强度大于或等于钢筋母材抗拉强度标准值；另2个试件断于焊缝或热影响区，呈脆性断裂。

(3)当3个试件全部断于焊缝，呈脆性断裂，其抗拉强度均大于或等于钢筋母材抗拉强度标准值。

2.5.5.5　钢筋焊接接头拉伸实验——不合格判定

符合下列条件，直接判定不合格：

当3个试件中有1个试件抗拉强度小于母材抗拉强度标准值，应评定为该检验批接头拉伸实验不合格。

2.5.5.6　钢筋焊接接头拉伸实验——复验要求及结果判定

一般来说，复验应加倍取样。

复验时，随机切取 6 个试件进行实验(即加倍取样)。实验结果中若有 4 个或 4 个以上试件断于钢筋母材，呈延性断裂，其抗拉强度大于或等于钢筋母材抗拉强度标准值(极限值)，另 2 个或 2 个以下试件断于焊缝，呈脆性断裂，其抗拉强度大于或等于钢筋母材抗拉强度标准值(极限值)，应评定该检验批接头拉伸实验复验合格。

2.5.6　实验报告

钢筋焊接头拉伸实验报告应包括下列内容：

(1)实验编号。

(2)实验条件(实验设备、实验速率等)。

(3)原材的钢筋牌号、公称直径及实验直径。

(4)焊接方法。

(5)实验拉断(或颈缩)过程中的最大力。

(6)断裂(或颈缩)位置及离焊口距离。

(7)断口特征。

2.6　钢筋连接性能——机械连接实验

2.6.1　实验原理

钢筋机械连接，是一项新型钢筋连接工艺，被称为继绑扎、电焊之后的"第三代钢筋接头"，具有接头强度高于钢筋母材、速度比电焊快、无污染、节省钢材等优点。钢筋机械连接与焊接连接有所不同，钢筋机械连接现场，施工单位需要提前外购套筒，需要钢筋拧丝机提前把钢筋接头拧丝。《钢筋机械连接用套筒》(JG/T 163—2013)和《钢筋混凝土余热处理钢筋》(GB 13014—2013)明确套筒适用于直径 12～50mm 的各类钢筋，用于连接光圆钢筋，不锈钢钢筋可参考使用。事实上，工程上竖向钢筋(桥梁桩基、墩柱等)常用直径 ≥22mm 的 HRB400(或 HRB400E)钢筋，常常采用机械连接。

钢筋机械连接的质量，直接关系到结构竖向受力，也关系到结构承受特殊荷载(如强烈地震)的能力。机械连接接头的外观直接检查和拉伸实验，能够直观判断检验批钢筋的机械连接接头质量。钢筋机械连接如图 2.18 和图 2.19 所示。

钢筋机械连接，仅仅要求进行拉伸实验，相关规范没有要求进行弯曲实验。

钢筋机械连接依据《钢筋机械连接技术规程》(JGJ 107—2016)，接头的设计应满足强度及变形性能的要求。钢筋机械连接套筒应满足《钢筋机械连接用套筒》(JG/T 163—2013)规定，套筒原材料采用 45 号钢冷拔或冷轧精密无缝钢管时，钢管应进行退火处理，并应满足钢管强度限制和断后伸长率的要求。套筒一般不进行现场抽样检验，当出现下列情况时，套筒生产厂家应送到有资质的单位进行型式检验：确定接头性能等级时，套筒材、规

图 2.18   钢筋机械连接的套筒及拧丝接头照片

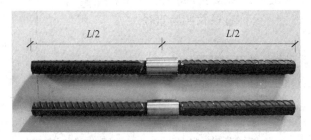

图 2.19   钢筋机械连接(套筒位于对称中心)照片

格、接头加工工艺改动时,型式检验报告超过 4 年时。

接头应根据其性能等级和应用场合,对单向拉伸性能、高应力反复拉压、大变形反复拉压、抗疲劳等各项性能确定相应的检验项目。

(1)机械连接接头分类:依据《钢筋机械连接技术规程》(JGJ 107—2016),机械连接接头应根据抗拉强度、残余变形以及高应力和大变形条件下反复拉压性能的差异,分为Ⅰ、Ⅱ、Ⅲ 3 个等级,Ⅰ级接头最好,Ⅲ级接头最差。

(2)不同等级接头的力学性能要求

Ⅰ级接头,断于钢筋时,接头试件实测极限抗拉强度≥钢筋极限抗拉强度标准值;断于套筒时,接头试件实测极限抗拉强度≥钢筋极限抗拉强度标准值的 1.10 倍。

Ⅱ级接头,接头试件实测极限抗拉强度≥钢筋极限抗拉强度标准值。

Ⅲ级接头,接头试件实测极限抗拉强度≥钢筋屈服强度标准值的 1.25 倍 。

钢筋的机械连接接头的等级及力学性能,见表 2.19。

表 2.19   钢筋接头的力学性能要求

接头等级	Ⅰ级		Ⅱ级		Ⅲ级	
	指标	断裂位置	指标	断裂位置	指标/MPa	断裂位置
极限抗拉强度	$f_{mst}^0 \geq f_{stk}$	断于钢筋	$f_{mst}^0 \geq f_{stk}$	不限	≥1.25 母材屈服强度标准值 = $1.25 f_{yk}$	不限
	$f_{mst}^0 \geq 1.10 f_{stk}$	断于套筒				

注:f_{mst}^0 指接头试件实测极限抗拉强度,f_{stk} 指钢筋机械抗压强度标准值,f_{yk} 指钢筋屈服强度标准值。

（3）机械连接的设计原则：应满足工程需求，设计人员宜在工程设计文件中明确机械连接的设计等级。一般重要的或受力大的结构机械连接，混凝土结构中要求充分发挥钢筋强度或对延性要求高的部位应采用Ⅰ级接头或Ⅱ级接头。不重要的或受力小的，混凝土结构中钢筋应力较高但对延性要求不高的部位可采用Ⅲ级接头。设计不明确接头等级时，施工单位往往选择Ⅲ级接头。

2.6.2　实验仪器

钢筋机械连接的实验仪器同 2.3"钢筋拉伸实验"，钢筋拉伸一般在万能试验机上拉伸，也可在钢筋拉伸试验机拉伸。

2.6.3　试件制备

钢筋机械连接实验仅检测其拉伸性能是否合格，不检测其弯曲性能。

（1）钢筋机械连接拉伸实验取样试件长度：钢筋连接拉伸试件现场取样试件长度与钢筋母材一样，只是要注意钢筋焊接和机械连接拉伸试件取样时，接头部位大致位于试件长度中心（图 2.19），两根钢筋连接在一起的试件总长度大致也在 500~600mm，见表 2.11。

（2）钢筋机械连接拉伸实验检验批及取样数量：机械连接接头，现场抽检项目应报告极限抗拉强度的拉伸试样、加工和安装质量检验。抽检应按检验批进行，同钢筋生产厂、同强度等级、同规格、同类型和同型式接头，应以 500 个接头为一个检验批，不足 500 个仍作为一个检验批。

钢筋机械连接接头力学性能检验（拉伸实验）时，应从每批接头中随机选取 3 个接头，做拉伸实验，按设计要求的接头等级进行评定。

2.6.4　实验步骤

钢筋机械连接的拉伸实验步骤同钢筋原材的拉伸实验（见 2.3），所不同的是：钢筋原材需要测定下屈服强度、抗拉强度和断后伸长率，而机械连接仅仅测定抗拉强度，见表 2.17。

2.6.5　实验结果处理

首先要对母材抽样检测其拉伸性能和弯曲性能，母材合格后，抽样检测机械连接接头才有意义。

机械连接实验结果应根据钢筋规格、强度等级和接头等级，以母材 HRB400 钢筋的机械连接为例，结合规定（表 2.18）说明其拉伸实验结果。

（1）母材 HRB400 钢筋要求Ⅰ级机械连接接头：在 500 个接头中随机抽取 1 组 3 根试件拉伸，根据断裂位置分两种情况：

①当试件断于钢筋（母材位置）（图 2.20）时，钢筋试件的实测接头抗拉强度应不小于钢筋极限抗拉强度标准值 540MPa，判断该根钢筋拉伸实验合格；否则判断为不合格。

②当试件断于套筒（图 2.20）时，钢筋试件的实测接头抗拉强度应不小于 1.1 倍钢筋极限抗拉强度标准值 594MPa（540×1.1＝594MPa），判断该根钢筋拉伸实验合格；否则判

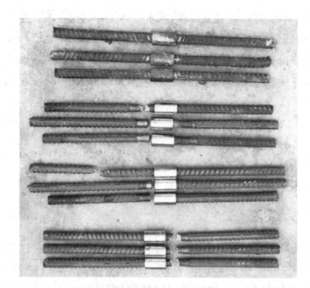

图 2.20 钢筋机械连接断于钢筋和断于套筒照片

定为不合格。断于套筒的原因有：套筒位置脱扣、脱丝、丝口太短、丝口残缺(拧丝机钝化)、丝扣未拧紧、一端露丝太多而另一端越过中线等，大多是由于机器设备问题、人员操作不当所致。

(2)母材 HRB400 钢筋要求 Ⅱ 级机械连接接头：不论拉断位置在何处，钢筋试件的实测接头抗拉强度不小于钢筋的极限抗拉强度标准值 540MPa，判定为合格；否则判定为不合格。

(3)母材 HRB400 钢筋要求 Ⅲ 级机械连接接头：不论拉断位置在何处，钢筋试件的实测接头抗拉强度应不小于钢筋的 1.25 倍屈服强度标准值 500MPa(400×1.25＝500MPa)，判断该根钢筋拉伸实验合格；否则判定为不合格。

2.6.6 实验报告

钢筋机械连接拉伸实验报告应包括下列内容：

(1)实验编号。

(2)实验条件(实验设备、实验速率等)。

(3)原材的钢筋牌号、公称直径及实验直径。

(4)断裂位置。

(5)拉断强度及结论。

第3章 集料实验

3.1 概述

本章依据《建设用砂》(GB/T 14684—2022)、《建设用卵石、碎石》(GB/T 14685—2022)和《公路工程集料试验规程》(JTG E42—2005),结合《公路桥涵施工技术规范》(JTG/T 3650—2020)和《公路沥青路面施工技术规范》(JTG F40—2004)介绍常规集料实验。

集料在不同的规范中略有差异,本章穿插建设系统的水泥混凝土用集料和交通系统的沥青混合料路面用集料进行介绍。

(1)建设系统的水泥混凝土用集料:细集料依据国家推荐标准《建设用砂》(GB/T 14684—2022),重点介绍细集料的颗粒级配、含泥量、亚甲蓝实验和石粉含量等技术要求及相关实验。粗集料依据《建设用卵石、碎石》(GB/T 14685—2022),重点介绍颗粒级配、含泥量、针(片)状颗粒含量等技术要求及相关实验。

(2)交通系统的沥青混合料路面用集料:依据《公路沥青路面施工技术规范》(JTG F40—2004),集料检测项目和频度见表3.1。

表3.1 施工过程中材料质量检测的项目与频度

材料	检查项目	检测频度		平均实验次数或一次实验的试样数
		高速公路一级公路	其他等级公路	
粗集料	外观:石料品种、含泥量等	随时	随时	—
	针片状颗粒含量	随时	随时	2~3
	颗粒组成:筛分	随时	必要时	2
	压碎值	必要时	必要时	2
	磨光值	必要时	必要时	4
	洛杉矶磨耗值	必要时	必要时	2
	含水量	必要时	必要时	2
细集料	颗粒组成:筛分	随时	必要时	2
	砂当量	必要时	必要时	2
	含水量	必要时	必要时	2
	松方单位重	必要时	必要时	2

（续）

材料	检查项目	检测频度		平均实验次数或一次实验的试样数
		高速公路一级公路	其他等级公路	
矿粉	外观	随时	随时	—
	<0.075mm 含量	必要时	必要时	2
	含水量	必要时	必要时	2

3.2 天然砂的含泥量实验

3.2.1 实验原理

集料中的泥会弱化水泥混凝土的品质和强度。细集料的泥土杂物对细集料的使用性能有很大影响，尤其是对沥青混合料，当水分进入混合料内部时，混合料遇水即会软化。细集料颗粒本身较细，泥在其中隐蔽性强，不易被肉眼观察发现。

细集料按照来源分为天然砂和机制砂。机制砂中细微颗粒往往是石粉而不是泥，天然砂（主要是河砂）含泥量容易超标。天然砂含泥量实验依据《建设用砂》（GB/T 14684—2022），也可以参照相应行业标准执行。

《建设用砂》（GB/T 14684—2022）中，泥指天然砂中粒径小于 0.075mm 的颗粒。《公路工程集料试验规程》（JTG E42—2005）中，泥指天然砂中粒径小于 0.075mm 的尘屑、淤泥和黏土。二者指向相当，均认可天然砂中粒径小于 0.075mm 的颗粒为泥。

含泥量实验，是天然砂必做实验，这里的含泥量实验主要是针对水泥混凝土用天然砂。道路沥青路面用细集料往往采用机制砂，不会有含泥量问题，一般不单独测定含泥量，颗粒分析采用水筛法，其中会体现 0.075mm 的通过量。

天然砂含泥量，把小于 0.075mm 当成泥，因此，天然砂含泥量实验适用于测定机制砂小于 0.075mm 的颗粒（泥或石粉），也适用于测定粗集料的含泥量。

根据《建设用砂》（GB/T 14684—2022），建设用砂按颗粒级配、含泥量（石粉含量）、亚甲蓝值（MB）、泥块含量、有害杂质、坚固性、压碎指标、针片状颗粒含量技术要求分为 I 类、II 类和III类。

《建设用砂》（GB/T 14684—2022）中，天然砂含泥量见表 3.2。

因机制砂中几乎不含泥，不采用含泥量，而采用石粉含量。《建设用砂》（GB/T 14684—2022）规定机制砂的石粉含量见表 3.3。

表 3.2 天然砂的含泥量　　　　　　　　　　　　　　　　　　%

类别	I	II	III
含泥量（质量分数）	≤1.0	≤3.0	≤5.0

表 3.3　机制砂的石粉含量　　　　　　　　　　　　　　%

类别	亚甲蓝值（MB）	石粉含量（质量分数）/%
Ⅰ类	$MB \leqslant 0.5$	$\leqslant 15.0$
	$0.5 < MB \leqslant 1.0$	$\leqslant 10.0$
	$1.0 < MB \leqslant 1.4$ 或快速实验合格	$\leqslant 5.0$
	$MB > 1.4$ 或快速实验不合格	$\leqslant 1.0^a$
Ⅱ类	$MB \leqslant 1.0$	$\leqslant 15.0$
	$1.0 < MB \leqslant 1.4$ 或快速实验合格	$\leqslant 10.0$
	$MB > 1.4$ 或快速实验不合格	$\leqslant 3.0^a$
Ⅲ类	$MB \leqslant 1.4$ 或快速实验合格	$\leqslant 15.0$
	$MB > 1.4$ 或快速实验不合格	$\leqslant 5.0^a$

注：砂浆用砂的石粉含量不做限制。a 根据使用环境和用途，经实验验证，又供需双方协商确定。Ⅰ类砂石粉含量可放宽至不大于 3.0%，类Ⅱ砂石粉含量可放宽至不大于 5.0%，Ⅲ类砂石粉含量可放宽至不大于 7.0%。

3.2.2　实验仪器

（1）鼓风干燥箱：能控制温度在 105℃±5℃，有的叫作踩用烘箱。

（2）天平：称量 1kg，感量不大于 1g。

（3）标准筛：孔径 0.075mm 及 1.18mm 的方孔筛，各一只。

（4）容器：要求淘洗试样时，保持试样不溅出（深度大于 250mm）。

（5）其他器具：陶瓷盘、浅盘、毛刷等。

3.2.3　实验准备及取样

（1）实验用筛：应满足《试验筛技术要求和检验　第 1 部分：金属丝编织网试验筛》（GB/T 6003.1—2012）和《试验筛技术要求和检验　第 2 部分：金属穿孔板试验筛》（GB/T 6003.2—2012）中方孔实验筛的规定，筛孔大于 4.00mm 的实验筛应采用穿孔板实验筛。

（2）取样要求：在料堆上取样时，取样部位应均匀分布。取样前先将取样部位表层铲除，然后从不同部位随机抽取 8 份大致等量的砂，组成一组样品。从皮带运输机上取样时，应用与皮带等宽的接料器接在皮带运输机机头出料口，全断面定时随机抽取 4 份大致等量的砂，组成一组样品。从汽车、火车、货船上取样时，从不同部位和深度随机抽取 8 份大致等量的砂，组成一组样品。

（3）取样数量：按照《建设用砂》（GB/T 14684—2022），单项实验取样数量见表 3.4。这里的单项实验取样数量指在实验室以外（野外）的料场随机取样的数量，这个数量比实际实验数量要多得多；当仅进行一次实验时，野外取样数量一般略多于实际实验数量的 4 倍；当进行两次平行实验时，野外取样数量一般略多于实际实验数量的 8 倍。以细集料的颗粒级配实验为例：一个实际实验质量 500g，仅进行一次实验时，四分法缩分，野外取样需要 4×500＝2000（g）。两个平行实验时，四分法缩分，野外取样需要 2×2000＝4000（g）。因此，考虑适当损耗，颗粒级配野外最小取样数量 4400g（4.4kg），见表 3.4。

将野外试样 4400 g 用四分法，缩分至每份约 1000g，置于温度为 105℃±5℃ 的烘箱中

表 3.4 细集料单项实验取样数量

序号	实验项目	最小取样数量/kg
1	颗粒级配	4.4
2	含泥量	4.4
3	泥块含量	20.0
4	石粉含量	6.0
5	云母含量	0.6
6	表观密度	2.6
7	碱集料反应	20.0

烘干至恒重，冷却至室温后，称取约 400g(m_0)的试样两份备用。

（4）试样处理

①用分料器法：将样品在潮湿状态下拌和均匀，然后通过分料器，取接料斗中的其中一份再次通过分料器。重复上述过程，直至把样品缩分到实验所需量为止。

②人工四分法：将索取样品置于平板上，在潮湿状态下拌和均匀，并堆成厚度约为 20mm 的圆饼，然后用小刀画出互相垂直的两条直线把圆饼分成大致相等的四份，取其中对角线的两份重新拌和均匀，再堆成圆饼。重复上述过程，直至把样品缩分到实验所需量为止。

3.2.4 实验步骤

天然砂含泥量实验方法，采用水洗干筛法，其实验步骤如下：

（1）按照规定取样，将试样缩分至约 1100g，放在干燥箱或烘箱中在 105℃±5℃下烘干至恒重，待其冷却至室温后，分为大致相等的两份备用。

（2）一份试样称取 500g，精确值 0.1g。

（3）将试样导入淘洗容器中，注入清洁水，使得水面高于试样面约 150mm，充分搅拌均匀后，浸泡 2h。

（4）用手在水中淘洗试样，使尘屑、淤泥和黏土与砂粒分离。

（5）准备好 1.18mm 和 0.075mm 的方孔筛，1.18mm 筛放在 0.075mm 筛上面，把浑水缓缓倒入 1.18mm 和 0.075mm 的方孔筛上，过滤小于 0.075mm 的颗粒，随水流一起流入水槽或排水管排走。实验前筛子的两面应先用水润湿，在整个实验过程中应小心防止砂粒流失。

（6）再向容器中注入清洁水，并将 0.075mm 筛放在水中，使水面略高出筛子中砂粒的上表面，来回摇动，以充分洗掉小于 0.075mm 的颗粒。

（7）将两只筛的筛余颗粒和清洗容器中已经洗净的试样一并倒入搪瓷盘，放在干燥箱或烘箱中在 105℃±5℃下烘干至恒重，待其冷却至室温后，称取其质量，精确至 0.1g。该质量为不小于 0.075mm 砂颗粒质量，用 m_1 表示。

3.2.5 实验结果处理

砂的含泥量 Q_n 按式(3.1)计算，精确至 0.1%：

$$Q_n = \frac{m_0 - m_1}{m_0} \times 100 \qquad (3.1)$$

式中：Q_n——砂的含泥量(小于 0.075mm 颗粒)，%；

　　　m_0——实验前的烘干试样质量，g；

　　　m_1——实验后的烘干试样质量，g。

以上两个试样实验结果的算术平均值作为测定值。两次结果的差值超过 0.5% 时，应重新取样进行实验。式(3.1)也适用于测定机制砂的石粉含量。

3.2.6　实验报告

天然砂含泥量实验报告应包括下列内容：

(1)实验编号。

(2)实验条件(实验室温度、湿度等)。

(3)砂的产地、规格、品名。

(4)实验方法。

(5)实验结论。

3.3　细集料的颗粒级配实验

3.3.1　实验原理

细集料的颗粒级配实验，又称为筛分实验。通过细集料颗粒级配实验，测定砂的颗粒级配，计算砂的细度模数，评定砂的粗细程度和级配区属。

细集料讲究的不是单一粒径均匀，而是讲究颗粒级配，即细集料中大小颗粒含量都应有，且大小颗粒互相搭配。

细集料颗粒级配实验采用干筛法。

《公路工程集料试验规程》(JTG E42—2005)规定，对于水泥混凝土用细集料可采用干筛法，即直接干筛法，这与《建设用砂》(GB/T 14684—2022)一样。道路沥青路面用沥青混合料及基层细集料必须采用水洗法筛分，即水清洗→干燥→筛分，又可称为水洗干筛法。

《建设用砂》(GB/T 14684—2022)规定细集料的累计筛余和分计筛余，见表 3.5。水泥混凝土用集料常采用累计筛余百分率。

交通系统的沥青路面细集料允许有 0.075mm 颗粒含量，见表 3.6 和表 3.7。沥青路面的集料颗粒级配较为复杂，可参考土木工程材料方面教材和《公路沥青路面施工技术规范》(JTG F40—2004)。

综上，比较水泥混凝土和沥青混合料用细集料的筛分实验，二者相同点：取样、干燥、筛分和计算基本一致。这里要特别关注二者不同点。

(1)筛有所不同：沥青混合料用的细集料增加了 0.075mm 筛，沥青混合料用机制砂和石粉增加了 S15 和 S16 两档细料。

(2)采用百分率不同：水泥混凝土的细集料常用累计筛余百分率，沥青混合料常用通过百分率。

表 3.5　砂的累计筛余和分计筛余

砂类别	天然砂			机制砂、混合砂		
级配区	1 区	2 区	3 区	1 区	2 区	3 区
方孔筛/mm	累计筛余/%					
4.75	10~0	10~0	10~0	5~0	5~0	5~0
2.36	35~5	25~0	15~0	35~5	25~0	15~0
1.18	65~35	50~10	25~0	65~35	50~10	25~0
0.60	85~71	70~41	40~16	85~71	70~41	40~16
0.30	95~80	92~70	85~55	95~80	92~70	85~55
0.15	100~90	100~90	100~90	97~85	94~80	94~75

	分计筛余/%					
方孔筛/mm	4.75[a]	2.36	1.18	0.60	0.30	0.15[b]	筛底[c]
分计筛余/%	0~10	10~15	10~25	20~31	20~30	5~15	0~20

注：a 对于机制砂，4.75 mm 筛的分计筛余不应大于 5%。b 对于 $MB>1.4$ 的机制砂，0.15 mm 筛和筛底的分计筛余在之和不应大于 25%。c 对于天然砂，筛底的分计筛余不应大于 10%。

表 3.6　沥青路面用天然砂规格

筛孔尺寸/mm	通过各孔筛的质量百分率/%		
	粗砂	中砂	细砂
9.5	100	100	100
4.75	90~100	90~100	90~100
2.36	65~95	75~90	85~100
1.18	35~65	50~90	75~100
0.6	15~30	30~60	60~84
0.3	5~20	8~30	15~45
0.15	0~10	0~10	0~10
0.075	0~5	0~5	0~5

表 3.7　沥青混合料用机制砂或石屑规格

规格	公称粒径/mm	水洗法通过各筛孔的质量百分率/%							
		9.5	4.75	2.36	1.18	0.6	0.3	0.15	0.075
S15	0~5	100	90~100	60~90	40~75	20~55	7~40	2~20	0~10
S16	0~3	—	100	80~100	50~80	25~60	8~45	0~25	0~15

3.3.2　实验仪器

(1)标准筛：规格为 0.15mm、0.30mm、0.60mm、1.18mm、2.36mm、4.75mm 及 9.50mm 的方孔筛各一只，并附有筛子底盘和筛盖。

(2)天平：称量 1000g，感量不大于 1g。

（3）摇筛机。

（4）鼓风干燥箱或烘箱：能够使温度控制在 105℃±5℃。

（5）其他器具：搪瓷盘、浅盘和硬、软毛刷等。

3.3.3　实验步骤

依据《建设用砂》（GB/T 14684—2022），细集料颗粒级配实验的实验步骤（干筛法）：

（1）按照 3.2.3 节的方法取样，首先筛除大于 9.50mm 颗粒，即把不属于砂的超粒径颗粒首先清除掉，计算 9.50mm 筛的筛余百分率。规范要求 9.50mm 筛上的筛余百分率为 0%，理论上水泥混凝土用细集料不允许有超过 9.50mm 的颗粒存在。

（2）将过 9.50mm 筛后的小于 9.50mm 颗粒试样，缩分至 1100g，放在干燥箱或烘箱在 105℃±5℃ 温度下烘干至恒重，冷却至室温，分为大致相等的两份备用。

（3）每份称取试样 500g，精确至 1g。

（4）安装套筛，按从大到小的顺序将 4.75mm、2.36mm、1.18mm、0.60mm、0.30mm、0.15mm 筛从上到下安装好，在 0.15mm 筛的底部安装筛子底盘。

（5）将称好的 500g 砂样倒入套筛，盖上筛盖。

（6）把套筛（连同已经倒入的 500g 砂样）安装在摇筛机上，将套筛紧紧卡扣在摇筛机上，防止在筛分过程中脱落、散架。

（7）开动摇筛机开关，摇筛机自动摇筛 10min。这一过程可以手摇手筛。

（8）取下套筛，按筛孔大小顺序，再逐个用手筛，筛分至每分钟通过量小于试样总量 0.1% 为止。

（9）手筛通过的试样，并入下一号筛中，并和下一号筛中的试样一起过筛，这样顺序进行，直至各号筛全部筛完为止。

（10）称取各号筛上的筛余质量，精确至 1g。

试样在各号筛上的筛余量不得超过按式（3.2）计算出的量，这一点规定是基于限制每一个筛上的砂样质量不能太多。

砂的含泥量按式（3.2）计算，精确至 0.1%：

$$G = \frac{A \times \sqrt{d}}{200} \tag{3.2}$$

式中：G——在一个筛上的筛余量，g；

$\quad\quad A$——筛面面积，mm^2；

$\quad\quad d$——筛孔尺寸，mm。

筛上的筛余量超过式（3.2）计算出的量时，应按照下列规则处理：

①将该粒级试样分成少于按式（3.2）计算出的量，分别筛分，并以筛余量之和作为该号筛上的筛余量。

②将该粒级及以下各粒级的筛余混合均匀，称出其质量，精确至 1g。再用四分法，缩分为大致相等的两份，取其中一份，称出其质量，精确至 1g。计算该粒级及以下各粒级的分计筛余量时，应根据缩分比例进行修正。

（11）计算各号筛上的筛余量之和（包括底盘小于 0.15mm 颗粒含量）与原来试样总质量

之差不得超过1%，否则需要重新实验。

3.3.4 实验步骤

依据《公路工程集料试验规程》（JTG E42—2005），细集料颗粒级配实验的实验步骤（水洗法）如下：

(1)准确称取烘干试样质量 m_1 约500g，精确至0.5g。

(2)将试样置于洁净容器中，加入足够数量的清洁水，将细集料全部淹没。

(3)用搅棒充分搅动集料，将集料表面洗涤干净，使细粉悬浮在水中，小心操作，防止有集料从水中溅出。

(4)用1.18mm筛（放置在上面）和0.075mm筛（放置在下面）组成的套筛，仔细将容器中混有细粉的悬浮液徐徐倒出，经过套筛流入另一容器中，不得将集料倒出。

(5)重复上述步骤，直至倒出的水清洁且小于0.075mm的颗粒全部倒出为止。

(6)将容器中的集料倒入搪瓷盘中，用少量水冲洗，使容器上黏附的集料颗粒全部进入搪瓷盘中。将筛子反扣过来，用少量的水将筛上的集料冲入搪瓷盘中。操作过程中避免有集料散失。

(7)将搪瓷盘连同集料一起，放置在干燥箱或烘箱，在105℃±5℃温度下烘干至恒重，冷却至室温。

(8)称取干燥集料试样的总质量 m_2，精确至0.1g。m_1 与 m_2 之差，为通过0.075mm筛的质量。

(9)按照干洗法，准备全部细集料颗粒级配筛分实验的全部筛子4.75mm、2.36mm、1.18mm、0.60mm、0.30mm、0.15mm组成筛分实验套筛（不含0.075mm筛子），安装筛子底盘。

(10)将上述洗净并干燥的试样倒入筛分实验套筛最上面的4.75mm筛子，盖上筛盖。

(11)将筛分实验套筛连通洗净并干燥试样，安置在摇筛机上，按照干洗法进行筛分。

(12)称取各号筛上筛余试样质量，精确至0.5g。

(13)计算各号筛上的筛余量之和（包括底盘小于0.15mm颗粒含量），与原来试样总质量之差不得超过1%，否则需要重新实验（说明试样散失量大）。

比较水洗法与干洗法，水洗法在正式筛分之前，多了一个水洗环节，洗掉小于0.075mm的颗粒。二者其余筛分实验流程几乎相同。

3.3.5 实验结果处理

(1)计算分计筛余(%)：各号筛的分计筛余百分率为各号筛上的筛余量占试样总量（M）的百分率，见式(3.3)，精确至0.1%。

$$a_i = \frac{m_i}{M} \times 100 \tag{3.3}$$

式中：a_i——分计筛余，%，计算时常常取消百分号，$a_{4.75}$、$a_{2.36}$、$a_{1.18}$、$a_{0.60}$、$a_{0.30}$ 和 $a_{0.15}$ 分别为4.75mm、2.36mm、1.18mm、0.60mm、0.30mm 和 0.15mm 筛上的分计筛余，%；

m_i——各号筛上的筛余质量，g，精确至 1g；

M——试样总质量，g。

这里的试样总质量一般指筛分之前的试样总质量，一般不扣除筛分过程的质量损失。

（2）计算累计筛余百分率　各号筛的累计筛余百分率为该号筛及该号筛以上的各号筛的分计筛余(%)之和，见式(3.4)，准确至 0.1%。

$$A_i = a_{4.75} + a_{2.36} + \cdots + a_i \tag{3.4}$$

式中：A_i——累计筛余，%；

其余符号意义同前。

集料的级配区属是按照累计筛余百分率划分的。《建设用砂》(GB/T 14684—2022)依据累计筛余(%)，将天然砂和机制砂划分为 1 区、2 区和 3 区，见表 3.5。水泥混凝土中的集料常常采用累计筛余百分率。

（3）计算质量通过百分率　各号筛的质量通过百分率等于 100 减去该号筛的累计筛余(%)，见式(3.5)，精确至 0.1%。

$$P_i = 100 - A_i \tag{3.5}$$

式中：P_i——通过百分率，%；

其余符号意义同前。

显然，同一号筛子的通过百分率与累计筛余(%)之和等于 100(%)。

《公路沥青路面施工技术规范》(JTG F40—2004)规定，沥青混合料中的集料(矿料)常常采用通过百分率，见表 3.6 和表 3.7。

（4）根据各筛的累计筛余(%)或通过百分率，绘制级配曲线。

（5）天然砂的细度模数按式(3.6)计算：

$$M_x = \frac{A_{2.36} + A_{1.18} + A_{0.60} + A_{0.30} + A_{0.15} - 4 \times A_{4.75}}{100 - A_{4.75}} \tag{3.6}$$

式中：M_x——砂的细度模数；

$A_{4.75}$、$A_{2.36}$、$A_{1.18}$、$A_{0.60}$、$A_{0.30}$ 和 $A_{0.15}$——分别为 4.75mm、2.36mm、1.18mm、0.60mm、0.30mm 和 0.15mm 筛上的累计筛余，%。

根据砂的定义，当粒径 $d \geqslant 4.75$mm 为粗集料，所以式(3.6)中的分子分母将 4.75mm 筛子上的累计筛余 $A_{4.75}$ 扣除。

当细集料粒径全部小于 4.75mm 时，即 4.75mm 筛子上的筛余质量 = 0，分计筛余 $a_{4.75} = 0$，累计筛余 $A_{4.75} = 0$ 时，式(3.6)可以变换为式(3.7)。

$$M_x = \frac{A_{2.36} + A_{1.18} + A_{0.60} + A_{0.30} + A_{0.15}}{100} \tag{3.7}$$

（6）两次平行实验，以实验结果的算术平均值作为测定值。如两次实验所得的细度模数之差大于 0.2，应重新进行实验。

（7）根据累计筛余(%)级配区属：根据各号筛上的累计筛余，结合《建设用砂》(GB/T 14684—2022)中天然砂和机制砂分区，判断该砂的区属。

（8）根据细度模数判定砂的粗细程度：依据《建设用砂》(GB/T 14684—2022)，砂按细度模数分为粗、中、细 3 种规格，粗砂、中砂和细砂的细度模数分别为 3.7~3.1、3.0~

2.3 和 2.2~1.6。

将筛分实验计算出来的细度模数 M_x 与规范规定的粗砂、中砂和细砂数值范围比较，判断该砂的粗细程度。

3.3.6 实验计算

【例题 3.1】某工地实验室使用机制砂。准确称取烘干试样 502.3g，筛分结果见表 3.8。要求计算该砂的分计筛余百分率、累计筛余百分率、细度模数；完成实验报告中的有关筛分表格；完善实验报告中的有关筛分示意图；判断该砂属于哪个区。

解：（1）计算分计筛余百分率（%）

一般公式：$a_i = \dfrac{m_i}{M} \times 100$

$a_{4.75} = \dfrac{m_{4.75}}{M} \times 100 = \dfrac{22.6}{502.3} \times 100 = 4.5$

$a_{2.36} = \dfrac{m_{2.36}}{M} \times 100 = \dfrac{76.9}{502.3} \times 100 = 15.3$

$a_{1.18} = \dfrac{m_{1.18}}{M} \times 100 = \dfrac{111.5}{502.3} \times 100 = 22.2$

$a_{0.60} = \dfrac{m_{0.60}}{M} \times 100 = \dfrac{123.6}{502.3} \times 100 = 24.6$

$a_{0.30} = \dfrac{m_{0.30}}{M} \times 100 = \dfrac{33.7}{502.3} \times 100 = 6.7$

$a_{0.15} = \dfrac{m_{0.15}}{M} \times 100 = \dfrac{41.2}{502.3} \times 100 = 8.2$

精确至 0.1%，计算结果见表 3.8。

（2）计算累计筛余百分率（%）

一般公式：$A_i = a_{4.75} + a_{2.36} + \cdots + a_i$

$A_{4.75} = a_{4.75} = 4.5$

$A_{2.36} = a_{4.75} + a_{2.36} = 4.5 + 15.3 = 19.8$

$A_{1.18} = a_{4.75} + a_{2.36} + a_{1.18} = 4.5 + 15.3 + 22.2 = 42.0$

$A_{0.60} = a_{4.75} + a_{2.36} + a_{1.18} + a_{0.60} = 4.5 + 15.3 + 22.2 + 24.6 = 66.6$

$A_{0.30} = a_{4.75} + a_{2.36} + a_{1.18} + a_{0.60} + a_{0.30} = 4.5 + 15.3 + 22.2 + 24.6 + 6.7 = 73.3$

$A_{0.15} = a_{4.75} + a_{2.36} + a_{1.18} + a_{0.60} + a_{0.30} + a_{0.15} = 4.5 + 15.3 + 22.2 + 24.6 + 6.7 + 8.2 = 81.5$

精确至 0.1%，计算结果见表 3.8。

（3）级配区判断：根据累计筛余百分率和规范规定 2 区砂的累计筛余百分率界限，判断该砂为 2 区砂。可以用级配表格判读，见表 3.8，也可以用级配曲线图判断，见图 3.1。

画出级配曲线图时，以筛孔孔径为横坐标，累计筛余为纵坐标，坐标轴距以该曲线外观舒适为度，没有特别的规定，该曲线主要起示意作用，筛孔间距不相等但需画成等距离。

表 3.8 机制砂的筛分结果和计算过程表

孔径/mm	筛余质量/g	分计筛余百分率/%	累计筛余百分率/%	2 区规范规定的累计筛余百分率/%	备注
9.50	0	0	0	0~0	
4.75	22.6	4.5	4.5	0~5	
2.36	76.9	15.3	19.8	0~25	
1.18	111.5	22.2	42.0	10~50	
0.60	123.6	24.6	66.6	41~70	
0.30	33.7	6.7	73.3	70~92	
0.15	41.2	8.2	81.5	80~94	
筛底	92.1				
合计	501.6	原来试样筛分前总质量为 502.3g			

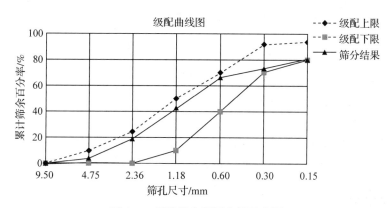

图 3.1 累计筛余级配曲线示意图

（4）计算细度模数：

$$M_x = \frac{(A_{4.75}+A_{2.36}+A_{1.18}+A_{0.60}+A_{0.15})-5A_{4.75}}{100-A_{4.75}}$$

$$= \frac{(19.8+42.0+66.6+73.3+81.5)-5\times4.5}{100-4.5}$$

$$= 2.73$$

规范规定的中砂 3.0~2.3，该机制砂为中砂。

（5）结论：该机制砂为 2 区中砂。

3.3.7 实验报告

细集料筛分实验报告应包括下列内容：

（1）实验编号。

（2）砂的产地、规格、品名。

（3）使用结构部位。

（4）实验方法。

（5）实验结论。

3.4 细集料的含水率实验

3.4.1 实验原理

含水率，又称为含水量，指材料内部所含水的质量，占材料干质量的百分率。

测定砂的含水率，用于修正实验室标准混凝土配合比中水和砂的用量，调整工地现场混凝土中的水和砂的用量。此外，在确定建筑地基和公路、铁路路基压实度时，工地现场常常需要首先测定现场土样的含水率。其他材料（如粗集料、黏土等）的含水量测定与细集料大同小异，粒径越大取样数量和实验数量应更多才具有代表性。

含水率实验方法较多，有烘干法、酒精燃烧法和炒干法等。本实验采用烘干法测定砂的含水率，依据为《建设用砂》（GB/T 14684—2022）。

3.4.2 实验仪器

（1）天平：称量 1000g，感量 0.1g。

（2）鼓风干燥箱或烘箱：能够使温度控制在 105℃±5℃。

（3）吹风机（手提式）。

（4）饱和面干试模及重约 340g 的捣棒。

（5）其他器具：干燥器、吸管、搪瓷盘、小勺、毛刷等。

3.4.3 实验步骤

（1）将自然潮湿状态下的细集料试样用四分法缩分至约 1100g，拌和均匀后大致分为相等的两份备用。

（2）取其中一份约 500g 试样，称取该试样的质量，精确至 0.1g。

（3）称取烧杯的质量，精确至 0.1g。

（4）将试样倒入已知质量的烧杯中，放到干燥箱或烘箱中，在 105℃±5℃ 温度下烘干至恒量，冷却至室温。

（5）称出烘干后的砂样与浅盘的质量，精确至 0.1g。

含水率实验一般进行两次平行实验。

3.4.4 实验结果处理

（1）含水率公式

细集料含水率按式（3.8）计算。

$$Z = \frac{G_2 - G_1}{G_1} \times 100 \tag{3.8}$$

式中：Z——细集料含水率，%，精确至 0.1%；

G_2——烘干前试样的质量，g；

G_1——烘干后试样的质量，g。

（2）含水率结果判定

以两次实验结果的算术平均值作为测定结果，精确至 0.1%。

两次平行实验结果差值超过 0.2% 时，应重新实验。

3.4.5 实验报告

细集料含水实验报告应包括下列内容：

（1）实验编号。

（2）砂的产地、规格、品名。

（3）使用结构部位。

（4）实验方法。

（5）实验结论。

3.5 机制砂的亚甲蓝实验

3.5.1 实验原理

对于机制砂，按照 3.2 节式（3.1）测出小于 0.075mm 含量还远远不够，还需判定小于 0.075mm 颗粒是泥还是石粉。判定机制砂中小于 0.075mm 颗粒是泥还是石粉，需要开展亚甲蓝实验或砂当量实验。

《建设用砂》（GB/T 14684—2022）介绍了亚甲蓝实验。《公路工程集料试验规程》（JTG E42—2005）介绍了亚甲蓝实验和砂当量实验。《公路沥青路面施工技术规范》（JTG F40—2004）规定：细集料应清洁、干净、无风化、无杂质，并有适当的颗粒级配。细集料的清洁程度，天然砂用小于 0.075mm 含量的百分数表示，石屑和机制砂用砂当量（适用于 0~4.75mm）或亚甲蓝（适用于 0~2.36mm 或 0~0.15mm）表示（表 3.9）。

表 3.9 沥青混合料用机制砂含泥量、砂当量、亚甲蓝值指标

项目	单位	高速公路、一级公路	其他等级公路	实验方法
含泥量（小于 0.075mm），不大于	%	3	3	T 0333
砂当量 SE，不小于	%	60	50	T 0334
亚甲蓝值 MB，不大于	g/kg	25	—	T 0349

机制砂最大粒径小于 2.36mm 或 0.15mm 时，应采用亚甲蓝测定机制砂的清洁程度，用亚甲蓝实验判定机制砂中小于 0.075mm 颗粒是石粉还是泥。机制砂最大粒径小于 4.75mm 时，应采用砂当量实验测定机制砂的清洁程度，用砂当量实验判定机制砂中小于 0.075mm 颗粒是石粉还是泥。

需要强调的是，当机制砂按照 3.2 节含泥量实验方法实验，按式（3.1）计算出小于 0.075mm 颗粒含量，如果小于相应等级的天然砂含泥量标准时，此时，该机制砂小于

0.075mm 即使是泥，也符合天然砂含泥量标准要求，无须开展砂当量实验和亚甲蓝实验。

本节依据《公路工程集料试验规程》(JTG E42—2005)介绍亚甲蓝实验，3.6节依据该规程介绍砂当量实验。

亚甲蓝实验目的，是确定机制砂中是否存在膨胀性黏土矿物(泥)，并测定其含量，以评定机制砂的清洁程度，以亚甲蓝值 MB 表示。

3.5.2 实验仪器与试剂

(1)亚甲蓝($C_{16}H_{18}CIN_3S \cdot 3H_2O$)：纯度不小于98.5%。

(2)移液管：5mL 和 2mL 移液管各一个。

(3)叶轮搅拌机：转速可调，并能满足 600r/min±60r/min 的转速要求，叶轮个数 3 或 4 个，叶轮直径 75mm±10mm。

(4)鼓风烘箱：能使温度控制在 105℃±5℃。

(5)天平：称量 1000g，感量 0.1g，一台；称量 100g，感量 0.01g，一台。

(6)标准筛：孔径 0.075mm、0.15mm 和 2.36mm 的方孔筛各一只。

(7)容器：深度大于 250mm，要求淘洗试样时，保持试样不溅出。

(8)玻璃容量瓶：1L。

(9)定时装置：精度 1s。

(10)玻璃棒：直径 8mm，长 300mm，2 支。

(11)温度计：精度 1℃。

(12)烧杯：1000mL。

(13)其他器具：定量滤纸、搪瓷纸、毛刷、洁净水等。

3.5.3 实验步骤

3.5.3.1 配制标准亚甲蓝溶液(10.0g/L±0.1g/L 标准浓度)

(1)测定亚甲蓝中的水分含量 w：称取 5g 左右的亚甲蓝粉末，记录质量 m_h，精确到 0.01g。在干燥箱或烘箱 100℃±5℃ 的温度下烘干至恒重(若烘干温度超过 105℃，亚甲蓝粉末会变质)，冷却至室温，然后称重 m_g，精确到 0.01g。按式(3.9)计算亚甲蓝的含水率。

$$w = \frac{m_h - m_g}{m_g} \times 100 \tag{3.9}$$

式中：w——亚甲蓝的含水率，%，精确至 0.1%；

　　　m_h——亚甲蓝粉末的质量，g；

　　　m_g——干燥后亚甲蓝的质量，g。

(2)取亚甲蓝粉末($100+w$)($10g \pm 0.01g$)/100，即亚甲蓝干粉末质量 10g，精确至 0.01g。

(3)加热盛有约 600mL 洁净水的烧杯，水温不超过 40℃。

(4)边搅动边加入亚甲蓝粉末，持续搅动 45min，直至亚甲蓝粉末全部溶解为止，然后冷却至20℃。

（5）将溶液倒入 1L 容量瓶中，用洁净水淋洗烧杯，使所有亚甲蓝粉末全部移入容量瓶，容量瓶和溶液的温度应保持在 20℃±1℃，加洁净水至容量瓶 1L 刻度。

（6）摇晃容量瓶以保证亚甲蓝粉末完全溶解。将标准液移入深色储藏瓶中，亚甲蓝标准溶液保质期应不超过 28d。配置好的溶液标明制备日期、失效日期，并避光保存。

3.5.3.2　制备细集料悬浊液

（1）取代表性试样，缩分至约 400g，至烘箱中在 105℃±5℃ 条件下烘干至恒重，待冷却至室温后，筛除大于 2.36mm 颗粒，分两份备用。

（2）称取试样 200g，精确至 0.1g。将试样倒入盛有 500mL±5mL 洁净水的烧杯中，将搅拌器速度调整到 600r/min，搅拌器叶轮离烧杯底部约 10mm。搅拌 5min，形成悬浊液，用移液管准确加入 5mL 亚甲蓝溶液，然后保持 400r/min±40r/min 转速不断搅拌。

3.5.3.3　亚甲蓝吸附量的测定

（1）将滤纸架空放置在敞口烧杯的顶部，使其不与其他任何物品接触。

（2）细集料悬浊液在加入亚甲蓝溶液并经 400r/min±40r/min 转速搅拌 1min 后，在滤纸上进行第一次色晕检验，即用玻璃棒蘸取一滴悬浊液滴于滤纸上，液滴在滤纸上形成环状，中间是集料沉淀物，液滴的数量应使沉淀物直径在 8~12mm。外围环绕一圈无色的水环。当在沉淀物周围边缘放射出一个宽度约 1mm 的浅蓝色色晕时（图 3.2）为阳性。由于集料吸附亚甲蓝需要一定的时间才能完成，在色晕实验过程中，色晕可能在出现后又消失。为此，需每隔 1min 进行一次色晕检验，连续 5 次出现色晕，方为有效。

图 3.2　实验得到的色晕图像（左图符合、右图不符合要求）

（3）如果第一次的 5mL 亚甲蓝没有使沉淀物周围出现色晕，再向悬浊液加入 5mL 亚甲蓝溶液，继续搅拌 1min，再用玻璃棒蘸取一滴悬浊液，滴于滤纸上，进行第二次色晕实验，若沉淀物周围仍未出现色晕，重复上述步骤，直到沉淀物周围放射出约 1mm 的稳定浅蓝色色晕。

（4）停止滴加亚甲蓝溶液，但继续搅拌悬浊液，每隔 1min 进行一次色晕实验，若色晕在最初的 4min 内消失，再加入 5mL 亚甲蓝溶液；若色晕在第 5min 消失，再加入 2mL 亚甲蓝溶液。两种情况下，均应继续搅拌并进行色晕实验，直至色晕可持续 5min 为止。

（5）记录色晕持续 5min 时所加入的亚甲蓝溶液总体积，精确至 1mL。

3.5.3.4　亚甲蓝的快速评价实验

（1）按前述要求制样及搅拌。

（2）一次性向烧杯中加入 30mL 亚甲蓝溶液，以 400r/min±40r/min 转速持续搅拌 8min，然后用玻璃棒蘸取一滴悬浊液，滴于滤纸上，观察沉淀物周围是否出现明显色晕。

3.5.3.5 小于0.15mm粒径部分的亚甲蓝值 MB_F 的测定

按前述准备试样，进行亚甲蓝实验测试，但试样为 0~0.15mm 部分，取 30g±0.1g。

3.5.3.6 测定细集料中含泥量或石粉含量

按 3.2 节筛洗法测定。

3.5.4 实验结果处理

（1）机制砂亚甲蓝值 MB 计算：机制砂亚甲蓝值 MB 按式（3.10）计算，数据精确至 0.1。式（3.10）中的系数 10，用于将每千克试样消耗的亚甲蓝溶液体积换算成亚甲蓝质量。

$$MB = \frac{V}{M} \times 10 \qquad (3.10)$$

式中：MB——为亚甲蓝值，g/kg，表示每千克 0~2.36mm 粒级试样所消耗的亚甲蓝质量克数；

M——试样质量，g；

V——所加入的亚甲蓝溶液的总量，mL。

（2）亚甲蓝快速实验结果评定：若沉淀物周围出现明显色晕，则判定亚甲蓝快速实验为合格；若沉淀物周围未出现明显色晕，则判定亚甲蓝快速实验为不合格。

（3）小于 0.15mm 部分或矿粉的亚甲蓝值 MB_F 按式（3.11）计算，精确至 0.1。

$$MB_F = \frac{V_1}{m_1} \times 10 \qquad (3.11)$$

式中：MB_F——亚甲蓝值，g/kg，表示每千克 0~0.15mm 粒级或矿粉试样所消耗的亚甲蓝克数（质量）；

m_1——试样质量，g；

V_1——加入的亚甲蓝溶液的总量，mL。

（4）机制砂亚甲蓝值 MB 实验结果判断：下面，以Ⅱ类机制砂为例，说明机制砂亚甲蓝值 MB 实验结果判断。

①测定Ⅱ类机制砂中小于 0.075mm 颗粒含量：按照 3.2 节含泥量实验方法，测定出 A、B 两个料场Ⅱ类机制砂中小于 0.075mm 颗粒含量，见表 3.10。

表 3.10 Ⅱ类机制砂是否做亚甲蓝实验的情形

砂来源	小于 0.075mm 颗粒含量	Ⅱ类天然砂含泥量标准	是否做亚甲蓝实验
A 机制砂	2.0%	≤3.0%（表 3.3）	2.0%≤3.0%→不做
B 机制砂	6.0%		6.0%>3.0%→要做

A 料场机制砂，小于 0.075mm 颗粒含量 2.0%，小于Ⅱ类天然砂含泥量标准 3.0%，该机制砂无须做亚甲蓝实验。

②测定 B 料场Ⅱ类机制砂的亚甲蓝值：通过亚甲蓝实验，测定 B 料场机制砂的亚甲蓝值的两种可能性，见表 3.11。

假设，B 料场Ⅱ类机制砂的亚甲蓝值 $MB \leq 1.0$，说明该机制砂中小于 0.075mm 颗粒是石粉，此时，机制砂石粉的宽容度为 15.0%（表 3.3）。结论：该机制砂从含泥量和石粉角度来看，6.0% ~ 15.0% 是合格的。

假设，B 料场Ⅱ类机制砂的亚甲蓝值 1.0<MB≤1.4 时，说明该机制砂中小于 0.075mm 颗粒大部分是石粉，此时，Ⅱ类机制砂含泥的宽容度应按照天然砂含泥量的宽容度衡量（表 3.3），其小于 0.075mm 颗粒含量限值为 10.0%。结论：该机制砂小于 0.075mm 颗粒含量 6.0% ~ 15.0%，是合格的。

表 3.11　Ⅱ类机制砂做亚甲蓝实验后的情形

两种可能性	判断是石粉还是泥	限值（规范表格）	结论
$MB≤1.0$	<0.075mm 颗粒是石粉	石粉含量≤【10.0%】（表 3.3）	石粉 6.0%≤【15.0%】⇒合格
$1.0<MB≤1.4$	<0.075mm 颗粒大部分是石粉	石粉含量≤【10.0%】（表 3.3）	石粉 6.0%<【10.0%】⇒合格

3.5.5　实验报告

机制砂亚甲蓝实验报告应包括下列内容：
（1）实验编号。
（2）砂的产地、规格品名。
（3）使用结构部位。
（4）实验方法。
（5）亚甲蓝值。
（6）实验结论。

3.6　砂当量实验

3.6.1　实验原理

在 3.6 节中，我们已经较为详细分析了《公路沥青路面施工技术规范》（JTG F40—2004）规定的亚甲蓝实验和砂当量实验的条件，即细集料应清洁、干净、无风化、无杂质，并有适当的颗粒级配。细集料的清洁程度，天然砂，以小于 0.075mm 含量的百分数表示；石屑和机制砂，以砂当量（适用于 0 ~ 4.75mm）或亚甲蓝（适用于 0 ~ 2.36mm 或 0 ~ 0.15mm）表示（表 3.9）。

也就是说，机制砂最大粒径小于 4.75mm，同时存在大于 2.36mm 颗粒时，应采用砂当量实验测定机制砂的清洁程度，即用砂当量实验判定机制砂中小于 0.075mm 颗粒是石粉还是泥。

砂当量实验与亚甲蓝实验目的是一致的，即判定机制砂中小于 0.075mm 颗粒是石粉还是泥，只是二者适用的粒径范围有所不同。

《公路工程集料试验规程》（JTG E42—2005）显示，砂当量法适用于测定最大公称粒径不超过 4.75mm 的天然砂、人工砂、石屑等各种细集料中所含的黏性土或杂质的含量，以评定细集料的清洁程度，砂当量用 SE 表示。

3.6.2 实验仪器与试剂

(1)透明圆柱形试筒:采用透明塑料制作,外径 40mm±0.5mm,内径 32mm±0.25mm,高度 420mm±0.25mm。在距试筒底部 100mm、380mm 处刻画刻度线,试筒配有橡胶瓶口塞,如图 3.3(a)所示。

(2)冲洗管:由一根弯曲的硬管组成,材质为不锈钢或冷锻钢,外径 6mm±0.5mm,内径 4mm±0.2mm。管的上部有一个开关,下部有一个两侧带孔的不锈钢尖头,孔径 1mm±0.1mm,如图 3.3(b)所示。

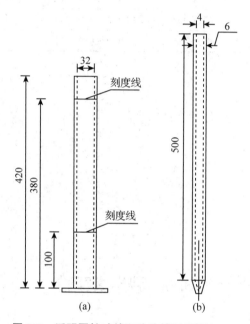

图 3.3　透明圆柱试筒和冲洗管示意图(mm)

(3)透明玻璃或塑料桶:容积 5L,有一根虹吸管放置桶中,桶底高出工作台约 1m。

(4)橡胶管或塑料管:长约 1.5m,内径约 5mm,同冲洗管连在一起吸液用,配有金属夹,以控制冲洗液流量。

(5)配重活塞:由长 440mm±0.25mm 的杆、直径 25mm±0.1mm 的底座(下面平坦、光滑,垂直杆轴)、套筒和配重组成(图 3.4),且在活塞上有 3 个横向螺丝可保持活塞在试筒中间,并使活塞与试筒之间有一条小缝隙。套筒由黄铜或不锈钢制作,厚 10mm±0.1mm,大小适合试筒并且引导活塞杆,能标记筒中活塞下沉的位置。套筒上有一个螺钉以固定活塞杆。配制 1000g±5g。

(6)机械振荡器:可以是试筒产生横向的直线运动振荡,振幅 203mm±1.0mm,频率 180 次/min±2 次/min。

(7)天平:称量 1kg,感量 0.1g。

(8)干燥箱或烘箱:能控制温度在 105℃±5℃。

(9)秒表和温度计。

（10）广口漏斗：玻璃或塑料制作均可，口直径 100mm。

（11）钢卷尺：长 50cm，刻度 1mm。

（12）其他工具：量筒 500mL，烧杯 1L，塑料桶 5L 等。

（13）无水氯化钙（$CaCl_2$）：分析纯。

（14）丙三醇（$C_3H_8O_3$）：又称甘油，分析纯。

（15）甲醛（HCHO）：分析纯。

（16）清洁水或纯净水。

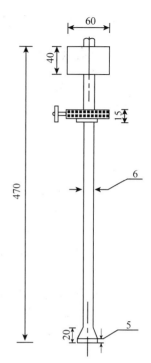

图 3.4　配重活塞
示意图（mm）

3.6.3　实验准备

3.6.3.1　试样制备

（1）将样品通过孔径 4.75mm 筛，筛去大于 4.75mm 颗粒部分，保留小于 4.75mm 试样进行砂当量实验，试样质量不少于 1000g。如样品过于干燥，可在筛分之前加少量水分润湿（含水量约 3%），用包橡胶的小锤打碎大块状颗粒，然后再过筛，以防止将大块状颗粒作为粗颗粒筛除。当粗颗粒部分被再筛分不能分离的杂质裹覆时，应将筛上部分的粗集料进行清洗，并回收其中的细颗粒放入试样中。

（2）按照 3.4 节含水量实验的方法测定试样的含水量。实验用的样品，在测定含水量和取样实验期间不要丢失水分。由于试样是加水润湿过的，对试样含水量应按现行含水量测定方法进行测定，含水量以两次测定的平均值计，精确至 0.1%。经过含水量测定的试样不得用于砂当量实验。

（3）称取试样的湿重：根据测定的含水量按式（3.12）计算 120g 干燥试样的样品湿重，精确至 0.1g。

$$m_1 = \frac{120 \times (100 + w)}{100} \tag{3.12}$$

式中：m_1——相当于干燥试样 120g 时的潮湿试样的质量，g；

　　　w——细集料试样的含水量，%。

3.6.3.2　配制冲洗液

根据需要确定冲洗液的数量，通常一次配制 5L，约可进行 10 次实验。如实验次数较少，可以按比例减少，但不宜少于 2L。每升冲洗液中的氯化钙、甘油、甲醛含量分别为 2.79g、12.12g 和 0.34g。称取配制 5L 冲洗液的各种试剂的用量：氯化钙 14.0g；甘油 60.6g；甲醛 1.7g。

配制方法：将无水氯化钙 14.0g 放入烧杯中，加清洁水 30mL 充分溶解，此时溶液温度会升高，待溶液冷却至室温，观察是否有不溶的杂质，如果有杂质必须用滤纸过滤，除去不溶杂质。往烧杯中倒入适量清洁水稀释，加入甘油 60.6g，用玻璃棒搅拌均匀后再加入甲醛 1.7g。用玻璃棒搅拌均匀后全部倒入 1L 量筒中，并用少量清洁水分别对盛有 3 种试剂的器皿洗涤 3 次，每次洗涤的水均应倒入量筒中，最后加入清洁水至 1L 刻度线。将配制的 1L 溶液倒入塑料桶或其他容器中，再加入 4L 清洁水或纯净水稀释至 5L±0.005L。该冲洗液的有效使用期限不得超过 2 周，超过 2 周必须废弃，冲洗液的温度宜保持在 22℃±3℃。

3.6.4　实验步骤

（1）用冲洗管将冲洗液加入试筒，直到最下面的 100mm 刻度处，约需要 80mL 实验用冲洗液。

（2）把相当于 120g±1g 干料重的湿样 m_1 用漏斗垂直倒入竖立的试筒。

（3）用手掌反复敲打试筒下部，以除去气泡，并使试样尽快润湿，然后静置 10min。

（4）在试筒上塞紧橡胶塞，用手将试筒横向水平放置，或将试筒水平固定在振荡机上。

（5）开动振荡机，在 30s±1s 的时间内振荡 90 次。用手振荡时，仅需手腕振荡，不必晃动手臂，以维持振幅 230mm±25mm，振荡时间和次数与振荡器相同。然后将试筒竖直放回实验台上，拧下橡胶塞。

（6）将冲洗管插入试筒中，用冲洗液冲洗附在试筒壁上的细集料，然后迅速将冲洗管插到试筒底部，不断转动冲洗管，使附着在细集料表面的土粒杂质浮游上来。

（7）缓慢匀速向上拔出冲洗管，当冲洗管抽出液面，且保持液面位于 380mm 刻度线时，切断冲洗管的液流，使液面保持在 380mm 刻度线处，静置 20min±15s。

（8）如图 3.5 所示，在静置 20min 后，用尺量测从试筒底部到絮状凝结物液面的高度 h_1。

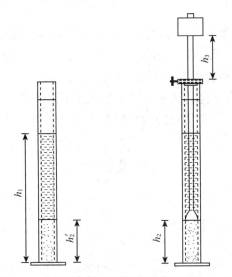

图 3.5　砂当量实验液面高度读数示意图（mm）

（9）将配重活塞缓慢插入试筒里，直至碰到沉淀物时，立即拧紧套筒上的固定螺丝。将活塞取出，用直尺插入套筒开口中，量取套筒顶面至活塞地面的高度 h_2，精确至 1mm，同时记录试筒内的温度，精确至 1℃。

上述实验，应进行两个平行实验。

3.6.5　实验结果处理

机制砂砂当量实验后，砂当量按式（3.13）计算。

$$SE = \frac{h_2}{h_1} \times 100 \tag{3.13}$$

式中：SE——试样的计算砂当量，%；

　　　h_2——试筒中用活塞测定的细集料沉淀物的高度，mm；

　　　h_1——试筒中絮凝物和沉淀物的总高度，mm。

一种细集料应进行两次平行实验，取两个实验砂当量的平均值，取整数。

将实测细集料的砂当量 SE 与规范规定（表 3.9）的进行对照比较。

3.6.6　实验报告

机制砂砂当量实验报告应包括下列内容：

(1)实验编号。

(2)砂的产地、规格、品名。

(3)使用结构部位。

(4)实验方法。

(5)砂当量值 SE。

(6)实验结论。

3.7　粗集料的颗粒级配实验

3.7.1　实验原理

测定粗集料在不同孔径上的筛余量，用于评定石子的颗粒级配，以便于选择优质粗集料，就水泥混凝土而言，可达到节约水泥和改善混凝土性能的目的；就道路沥青路面用沥青混合料而言，可达到控制各档粗集料和矿料最终合成级配符合规范、设计和使用性能要求，以达到调节沥青混合料矿料级配和改善沥青混合料性能的目的。

新规范集料粒径为 4.75mm、9.50mm、19.0mm、26.5mm、31.5mm 等，与旧规范对应的粒径是 5mm、10mm、20mm、25mm、30mm 等，见表 3.12。例如，《沥青路面施工及验收规范》(GBJ 92—86)提及：粒径规格 5mm、10mm、20mm 等。现在还常常提到的粗骨料中采用碎石粒径 5~20mm，实际上是 4.75~19.0mm，这也是便于国内标准规范与国际接轨。

表 3.12　粗集料粒径对照表

规范来历	粒径/mm							
国际通用规范	4.75	9.5	16	19	26.5	31.5	37.5	63.0
国内早期规范	5	10	15	20	25	30	40	60

3.7.1.1　水泥混凝土用粗集料筛分实验

粗集料的筛分实验，又称粗集料的颗粒级配实验，是粗集料的重要实验。

本实验主要介绍水泥混凝土用粗集料筛分实验。依据《建设用卵石、碎石》(GB/T 14685—2022)，粗集料筛分实验与细集料《建设用砂》(GB/T 14684—2022)有相似之处，实验过程的干燥、称量、筛分和实验后计算分级筛余、累计筛余等方面是类似的；二者也有不同之处，在筛子选择、取样和实验数量、细度模数计算、颗粒级配判断等方面有所不同，见表 3.13。

表 3.13　水泥混凝土用粗/细集料筛分实验比较

集料类别	依据标准	实验/计算/判断等比较项目					
		筛子	取样/实验数量	分计筛余	累计筛余	细度模数	颗粒级配判断标准
细集料	GB/T 14684—2022	固定	固定	√	√	√	级配区属和规格
粗集料	GB/T 14685—2022	由最大粒径和 GB/T 14685—2022 选择	粒径越大数量越多	√	√		级配分类和最大粒径

注：表中√表示需要计算的项目。

3.7.1.2　水泥混凝土用粗集料的颗粒级配

粗集料的颗粒级配分为连续级配和间断级配，其中，连续级配又称为连续粒级，间断级配又称为单粒粒级。《建设用卵石、碎石》（GB/T 14685—2022）将不同最大粒径的级配规定筛子的累计筛余百分率限制在一定范围内，见表 3.14。该规范 5~31.5、10~16、16~31.5 没有完全将它们习惯性表达成 5~30、10~15、15~30。

表 3.14　粗集料的颗粒级配

公称粒径/ mm		相应筛子(mm)的累计筛余百分率/%											
		2.36	4.75	9.50	16.0	19.0	26.5	31.5	37.5	53.0	63.0	75.0	90.0
连续粒级	5~16	95~100	85~100	30~60	0~10	0							
	5~20	95~100	90~100	40~80		0~10	0						
	5~25	95~100	90~100		30~70		0~5	0					
	5~31.5	95~100	90~100	70~90		15~45		0~5	0				
	5~40		95~100	70~90		30~65			0~5	0			
单粒粒级	5~10	95~100	80~100	0~15	0								
	10~16		95~100	80~100	0~15								
	10~20		95~100	85~100		0~15	0						
	16~25			95~100	55~70	25~40	0~10	0					
	16~31.5		95~100		85~100			0~10	0				
	20~40			95~100		80~100			0~10	0			
	25~31.5				95~100		80~100	0~10	0				
	40~80					95~100			70~100		30~60	0~10	0

以水泥混凝土用粗集料的连续粒级 5~20 为例，分析理解其颗粒级配：

（1）如何选择筛子：按照《建设用卵石、碎石》（GB/T 14685—2022）规定，该粒级范围的粗集料进行筛分实验时，选择筛子，包括 2.36mm、4.75mm、9.50mm、19.0mm、26.5mm，不选择其他粒径的筛子。

（2）如何选择最大的筛子：5~20 粒级范围的粗集料，进行筛分实验时，应选择比最大粒径 19.0mm 更大一级的筛子（26.5mm）为最大的筛子。

（3）如何判断级配合格：5~20 粒级范围的粗集料进行筛分实验，各号筛子 2.36mm、4.75mm、9.50mm、19.0mm、26.5mm 的累计筛余百分率，在规定的 95%~100%、90%~100%、40%~80%、0%~10%、0% 相应范围内，应判断为级配合格（级配良好）；否则级配不合格（级配不良），必要时可以将两种粗集料混合按照一定比例进行掺配，直至符合规定（表 3.14）。

3.7.1.3　水泥混凝土用粗集料与沥青路面用粗集料的异同点

比较水泥混凝土和沥青混合料用粗集料的筛分实验，二者相同点：取样、干燥、筛分和计算基本一致。二者又存在较多不同点，体现在以下方面。

（1）级配不同：水泥混凝土用粗集料，依据粒级范围在表 3.14 中选择不同粒径的累计筛余百分率，相对简单和容易，必要时采用两种粗集料混合掺配，参见配套教材《土木工程材料》4.4 节。

沥青路面用沥青混合料的粗集料组成较为复杂，可以结合配套教材《土木工程材料》4.5 节、第 12 章沥青混合料和《公路沥青路面施工技术规范》（JTG F40—2004）、《公路工程集料试验规程》（JTG E42—2005）全面分析处理。沥青混合料用粗集料，首先要考虑各档粗集料的级配问题，以便于料场生产和后期矿料掺配满足合成级配；其次要注意沥青混合料矿料的组成成分（细集料、粗集料和矿粉等）的复杂性，更要注意矿料的合成级配符合规范、设计和现场使用性能等多方面的综合要求。

比较方便的是，无论水泥混凝土用粗集料掺配，还是沥青混合料用矿料掺配，采用 Excel 表格计算，均能够快捷、准确试算出合理的掺配比例。

（2）采用百分率不同：水泥混凝土用集料，常用累计筛余百分率。沥青混合料用集料，常用通过百分率。

（3）依据规范不同：水泥混凝土用粗集料，采用《建设用卵石、碎石》（GB/T 14685—2022）。公路路面的沥青混合料用粗集料，采用《公路沥青路面施工技术规范》（JTG F40—2004）、《公路工程集料试验规程》（JTG E42—2005）。

3.7.2　实验仪器

（1）方孔筛：粗集料从小到大的孔径筛子有 2.36mm、4.75mm、9.50mm、16.0mm、19.0mm、26.5mm、31.5mm、37.5mm、53.0mm、63.0mm、75.0mm 和 90.0mm，并附有筛底盘和筛盖，筛框内径为 300mm。这些筛并非全部用在每一个粗集料筛分的实验上，应根据规范规定选用标准筛（表 3.14）。

（2）摇筛机。

（3）天平或台秤：称量 10kg，感量 1g。

（4）鼓风干燥机或烘箱：能使温度控制在 105℃±5℃。

（5）其他器具：盘子、铲子、搪瓷盘、毛刷等。

3.7.3　实验取样

（1）料场取样数量：粗集料筛分实验，在料场应取代表性试样，取样数量应符合《建设用碎石、卵石》(GB/T 14685—2022)规定料场取样最小质量，见表 3.15 和表 3.16。

表 3.15 粗集料单项实验取样数量

序号	实验项目	最大粒径/mm							
		9.5	16.0	19.0	26.5	31.5	37.5	63.0	75.0
		最少取样数量/kg							
1	颗粒级配	9.5	16.0	19.0	26.5	31.5	37.5	63.0	80.0
2	含泥量	8.0	8.0	24.0	24.0	40.0	40.0	80.0	80.0
3	泥块含量	8.0	8.0	24.0	24.0	40.0	40.0	80.0	80.0
4	针、片状颗粒含量	1.2	4.0	8.0	12.0	20.0	40.0	40.0	40.0
5	有机物含量								
6	硫酸盐和硫化物含量	按实验要求的粒级和数量取样							
7	坚固性								
8	岩石抗压强度	随机选取完整石块锯切或钻取成实验用样品							
9	压碎指标	按实验要求的粒级和数量取样							
10	表观密度	8.0	8.0	8.0	8.0	12.0	16.0	24.0	24.0
11	堆积密度和孔隙率	40.0	40.0	40.0	40.0	80.0	80.0	120.0	120.0
12	吸水率	2.0	4.0	8.0	12.0	20.0	40.0	40.0	40.0
13	碱集料反应	20.0	20.0	20.0	20.0	20.0	20.0	20.0	20.0
14	放射性	6.0							
15	含水率	按实验要求的粒级和数量取样							

（2）粗集料筛分实验所需试样最小质量：将料场取样在实验室用分料器或四分法缩分，烘干或风干后满足粗集料筛分实验所需实验的最小质量，见表 3.16。粗集料筛分一般开展 2~3 个平行实验。

表 3.16 粗集料筛分试样质量

最大粒径/mm	9.5	16.0	19.0	26.5	31.5	37.5	63.0	75.0
料场取样最小质量/kg	9.5	16.0	19.0	25.0	31.5	37.5	63.0	80.0
筛分实验最小质量/kg	1.9	3.2	3.8	5.0	6.3	7.5	12.6	16.0

3.7.4 实验步骤

以 5~20mm 碎石为例说明粗集料筛分实验步骤。

（1）准备试样：按照规定（表 3.15）取样，采用四分法将试样缩分至略大于表 3.16 规定的数量，烘干或风干后备用。

（2）选取筛子：按照规定（表 3.14）选取 5~20mm 碎石的筛 26.5mm、19.0mm、9.50mm、4.75mm、2.36mm，不能选取 16.0mm 的筛，因为规范上没有这一档筛。按照从大到小依次从上到下组装好组合套筛，并在 2.36mm 筛下面安装筛子底盘。

（3）称取筛分实验试样质量：按照规定（表 3.16）称取最大粒径 19.0（20）mm 的质量

$M=3.8$kg。不宜小于3.8kg，可以略大于3.8kg，试样质量稍微大一些，更具代表性。

（4）倒入组合套筛准备筛分：将3.8kg的碎石试样倒入组合套筛，盖上筛盖。将组合套筛（含试样、筛盖）安装在摇筛机上，应安装牢靠，防止筛分过程中散架。

（5）整体筛分：启动开关，将套筛摇筛10min。没有摇筛机时，可以采用手筛。

（6）逐个手筛：取消套筛，按筛孔大小顺序再逐个用手筛，筛至每分钟通过率小于试样总量的0.1%为止。通过的颗粒并入下一号筛中，并和下一号筛中的试样一起过筛，这样顺序进行，直至各号筛全部筛完为止。当筛余颗粒的粒径存在大于19.0mm的颗粒时，在筛分过程中，允许用手指拨动颗粒，继续筛分。

（7）取各号筛的筛余质量：逐一称取各号筛的筛余质量，精确至1g。

如果每号筛的筛余质量与筛底的筛余物质量之和 Σm_i 同原试样质量 M 的差值超过1%时，应重新实验。

3.7.5　实验结果处理

以上述5~20mm碎石的筛分实验为例，说明粗集料筛分实验结果的处理。

（1）计算分计筛余（%）：这一过程与细集料筛分实验是一样的，所不同的是筛子个数和粒径。各号筛的分计筛余百分率为各号筛上的筛余量除以试样总量（M）的百分率，见式（3.14），精确至0.1%。粗集料筛分的分计筛余计算式（3.14），与细集料式（3.3）形式完全一样，但赋予的意义不一样。

$$a_i = \frac{m_i}{M} \times 100 \tag{3.14}$$

式中：a_i——分计筛余,%，精确至0.1%；计算时常常取消百分号，$a_{26.5}$、$a_{19.0}$、$a_{9.50}$、$a_{4.75}$ 和 $a_{2.36}$ 分别为26.5mm、19.0mm、9.50mm、4.75mm 和 2.36mm 筛上的分计筛余,%。

m_i——粗集料各号筛上的筛余质量，精确至1g；

M——试样总质量，g，这里的试样总质量一般指筛分之前的试样总质量。

（2）计算累计筛余百分率：各号筛的累计筛余百分率为该号筛及该号筛以上的各号筛的分计筛余（%）之和，见式（3.15），准确至0.1%。粗集料的累计筛余百分率计算与细集料式（3.4）形式近似，但赋予的意义不一样。

$$A_i = a_{26.5} + a_{19.0} + \cdots + a_i \tag{3.15}$$

式中：A_i——累计筛余,%，精确至1%；

其余符号意义同前。

（3）判断筛分实验结果：根据粗集料筛分实验计算的各号筛上的累计筛余百分率，与规范《建设用卵石、碎石》（GB/T 14685—2022）规定的5~20mm碎石累计筛余范围（表3.14）对照比较，可采用Excel、示意图等方式比较。

5~20mm粒级范围的粗集料各号筛子2.36mm、4.75mm、9.50mm、19.0mm、26.5mm的累计筛余百分率，在规定的95%~100%、90%~100%、40%~80%、0%~10%、0%相应范围内，应判断为级配合格（级配良好）。

3.7.6 实验计算

初学者容易掌握细集料筛分和计算，但对粗集料的筛分和计算感到不知从哪里下手。这里详细阐述筛分实验思路，并用实例说明。

3.7.6.1 确定碎石筛分试样质量

与砂的筛分质量固定为 500g 完全不一样，确定碎石筛分试样质量之前，首先要知道碎石的粒级范围（如例题 3.2 中的 5～20mm），则由表 3.16 知道例题 3.2 最少实验质量为 3.8kg。

3.7.6.2 确定筛子粒径和筛子个数

在表 3.14 中看出，碎石或卵石的颗粒级配范围中知道 5～20mm 连续级配的筛子粒径和筛子个数为 26.5mm、19.0mm、9.50mm、4.75mm、2.36mm 共 5 个粒级的筛子，按照规范不包括中间 16.0mm。也就是说，碎石的筛分不像砂的筛分筛子固定，碎石的筛分根据碎石的粒级范围查规范，规范中有哪几个粒径就选相应的筛，而不是从大到小所有筛都使用，也不一定连续使用，中间也可能有些筛不用。

3.7.6.3 根据碎石的累计筛余判断碎石级配是否良好

碎石筛分只要计算到累计筛余百分率，就可以判断级配是否良好，根据累计筛余百分率结果，与规范要求的累计筛余百分率比较。如果试样的累计筛余百分率，在规范要求的累计筛余百分率上、下限范围内，则该碎石级配良好；否则，该碎石级配不良或不符合规范要求。粗集料筛分，不计算细度模数。

3.7.6.4 粗集料筛分实验简介

按照表 3.15 规定在野外料场取样，并将试样缩分至大于表 3.16 规定的数量，烘干或风干后备用。根据试样的最大粒径，称取按照表 3.16 规定数量试样一份，将试样倒入按表 3.14 选取的按孔径大小从上到下组合的套筛上，附上筛底，盖上筛盖，然后进行筛分。按照规定筛分后，称取每号筛上的筛余质量，如每号筛的筛余质量与筛底的筛余量之和同原试样质量之差超过 1% 时，应重新进行实验。计算分计筛余百分率、累计筛余百分率，判断粗集料的级配是否符合表 3.14 的规定。

3.7.6.5 粗集料筛分实验计算

【例题 3.2】某工地实验室进行 5～20mm 碎石筛分。准确称取烘干碎石试样 5000g（表3.16），筛分结果见表 3.17。提示：本题最大粒径 20mm，按表 3.16 规定最小实验总质量3.8kg 即可，本题实际实验总质量 5kg，略大一些，这也是可以的。

(1)计算分计筛余百分率。

(2)计算累计筛余百分率。

(3)判断该级配是否符合规范要求，完善表 3.17，绘制筛分曲线示意图。

(4)如果级配不合格，分析其处理措施。

解：(1)计算分计筛余百分率（%）：根据规范 5～20mm 碎石筛分选择筛（表 3.14）：26.5mm、19.0mm、9.50mm、4.75mm 和 2.36mm 的筛，其中 26.5mm 为超粒径筛，一般要求筛余质量为 0。

一般公式：$a_i = \dfrac{m_i}{M} \times 100(\%)$

例如：$a_{19.0} = \dfrac{m_{19.0}}{M} \times 100 = \dfrac{144.6}{5000} \times 100 = 2.9$

$a_{9.50} = \dfrac{m_{9.50}}{M} \times 100 = \dfrac{2837.5}{5000} \times 100 = 56.9$

$a_{4.75} = \dfrac{m_{4.75}}{M} \times 100 = \dfrac{1924.9}{5000} \times 100 = 38.6$

$a_{2.36} = \dfrac{m_{2.36}}{M} \times 100 = \dfrac{69.8}{5000} \times 100 = 1.4$

（2）计算累计筛余百分率（%）：

一般公式：$A_i = a_{4.75} + a_{2.36} + \cdots + a_i$

例如：$A_{19.0} = a_{19.0} = 3$

$A_{9.50} = a_{19.0} + a_{9.50} = 2.9 + 56.9 = 60$

$A_{4.75} = a_{19.0} + a_{9.50} + a_{4.75} = 2.9 + 56.9 + 38.6 = 98$

$A_{2.36} = a_{19.0} + a_{9.50} + a_{4.75} + a_{2.36} = 2.9 + 56.9 + 38.6 + 1.4 = 100$

（3）判断级配是否合格：将计算结果填入表 3.17，绘制筛分曲线示意图（图 3.6）。

表 3.17 碎石的筛分结果和计算过程表

孔径/mm	筛余质量/g	分计筛余百分率/%	累计筛余百分率/%	规范规定的累计筛余百分率/%	备注
26.5	0	0	0	0~0	
19.0	144.6	2.9	2.9	0~10	
9.50	2837.5	56.9	59.8	40~80	
4.75	1924.9	38.6	98.4	90~100	
2.36	69.8	1.4	99.8	95~100	
筛底	10.1	—	—	—	
合计	4986.9	原来实验筛分实验前碎石总质量为 5000g			

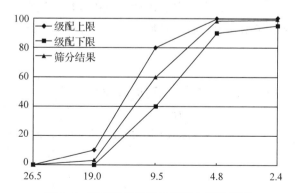

图 3.6 碎石的累计筛余级配曲线示意图

从表 3.17 或图 3.6，可以直观判断，该粗集料级配合格。

(4)如果级配不合格，分析其处理措施：工程中，如果某碎石级配不良，要么不用它，选择其他合格的粗集料；要么采用两种或两种以上的不良级配掺配，通过筛分实验和计算确定掺配比例。有关粗集料掺配，见配套教材《土木工程材料》第4.4.3小节。

3.7.7 实验报告

粗集料筛分实验报告应包括下列内容：

(1)实验编号。

(2)砂的产地、规格、品名。

(3)使用结构部位。

(4)实验方法。

(5)实验结论。

3.8 粗集料的针片状颗粒含量实验

3.8.1 实验原理

针状颗粒，指粗集料中长度大于该颗粒相应粒级的平均粒径2.4倍的颗粒。

片状颗粒，指粗集料中厚度小于该颗粒相应粒级的平均粒径0.4倍的颗粒。

针、片状颗粒含量，指粗集料试样中针、片状颗粒的质量之和占试样总质量的百分率。

粗集料中针、片状颗粒含量过大，说明母岩强度较低，将降低水泥混凝土强度，《建设用卵石、碎石》(GB/T 14685—2022)规定的针、片状颗粒含量见表3.18。

表3.18 粗集料针、片状颗粒含量限值　　　　　　　　　　　　　　　　%

粗集料类别	Ⅰ类	Ⅱ类	Ⅲ类
针状颗粒含量	≤5	≤10	≤15

由于针、片状颗粒含量规范较宽，看起来针、片状颗粒含量较多的粗集料，实验结果也不易超过标准。一般首先用肉眼观察，有较多比较明显的针状或片状颗粒才做此实验。

3.8.2 实验仪器

(1)针状规准仪和片状规准仪：如图3.7所示。

(2)台秤或天平：称量10kg，感量1g。

(3)方孔筛：孔径为4.75mm、9.50mm、16.0mm、19.0mm、26.5mm、31.5mm及37.5mm的筛各一个。

3.8.3 实验取样

(1)料场取样数量：粗集料针、片状颗粒含量实验，在料场应取代表性试样，取样数量应符合《建设用碎石、卵石》(GB/T 14685—2022)规定料场取样最小质量，见表3.15。

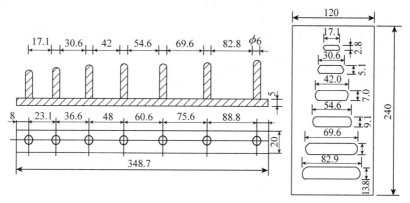

图 3.7 针状规准仪和片状规准仪(mm)

(2)粗集料针、片状颗粒含量实验所需试样最小质量:将料场取样在实验室用分料器或四分法缩分,烘干或风干后满足粗集料筛分实验所需实验的最小质量,见表 3.19。粗集料针、片状颗粒含量实验一般开展 2~3 个平行实验。

表 3.19 针、片状颗粒含量实验试样数量

最大粒径/mm	9.5	16.0	19.0	26.5	31.5	37.5	63.0	75.0
料场取样最少质量/kg	1.2	4.0	8.0	12.0	20.0	40.0	40.0	40.0
筛分实验最少质量/kg	0.3	1.0	2.0	3.0	5.0	10.0	10.0	10.0

3.8.4 实验步骤

以卵石 5~20mm 为例说明粗集料针、片状颗粒含量实验步骤:

(1)料场取样:按照《建设用碎石、卵石》(GB/T 14685—2022)规定(表 3.1),卵石 5~20mm 的针、片状颗粒含量实验在料场随机取代表性试样数量 8.0kg。

(2)称取实验试样质量:将料场取样 8.0kg 的碎石试样按照四分法缩分,按规定(表 3.19)称取一份试样质量 2.0kg,精确至 1g。

(3)按规定(表 3.20)的粒级分别用规准仪逐粒检验,凡颗粒长度大于针状规准仪上相应间距者,为针状颗粒(图 3.7);颗粒厚度小于片状规准仪上相应孔宽者,为片状颗粒(图 3.7)。称出所有针、片状颗粒质量,精确至 1g。

表 3.20 针、片状颗粒含量实验的粒级划分及相应的规准仪孔宽或间距   mm

石子粒级	4.75~9.50	9.50~16.0	16.0~19.0	19.0~26.5	26.5~31.5	31.5~37.5
片状规准仪相对应孔宽	2.8	5.1	7.0	9.1	11.6	13.8
针状规准仪相对应间距	17.1	30.6	42.0	54.6	69.6	82.8

(4)石子粒径大于 37.5mm 的碎石或卵石卡尺卡口的设定宽度应符合规定(表 3.21)。

表 3.21　大于 37.5mm 粗集料的卡尺卡口设定宽度　　　　　mm

粗集料粒级	37.5~53.0	53.0~63.0	63.0~75.0	75.30~90.0
检验片状颗粒的卡尺卡口设定宽度	18.1	23.2	27.6	33.0
检验针状颗粒的卡尺卡口设定宽度	108.6	139.2	165.6	198.0

3.8.5　实验结果处理

针、片状颗粒含量按式(3.16)计算，精确至 1%。

$$Q_c = \frac{G_2}{G_1} \times 100 \qquad (3.16)$$

式中：Q_c——针、片状颗粒含量，%；

　　　G_1——试样总质量，g；

　　　G_2——试样中所含针、片状颗粒的质量之和，g。

3.8.6　实验报告

粗集料针片状颗粒实验报告应包括下列内容：

(1)实验编号。

(2)砂的产地、规格、品名。

(3)使用结构部位。

(4)实验仪器设备。

(5)实验结论。

3.9　粗集料的压碎指标值实验

3.9.1　实验原理

《建设用卵石、碎石》(GB/T 14685—2022)中，粗集料的压碎指标值，指将粗集料筛分至 9.5~16.0mm 颗粒，用规定方法压碎，过 2.36mm 筛，试样被压碎后小于 2.36mm 颗粒占原试样质量的百分率。《公路工程集料试验规程》(JTG E42—2005)中，将压碎指标称为压碎值。两个规范实验方法、实验过程和计算是一样的。

测定粗集料抵抗压碎的能力，以间接推测其相应的强度。压碎指标不合格，说明该粗集料易被压碎。

《建设用卵石、碎石》(GB/T 14685—2022)规定的压碎指标见表 3.22。

表 3.22　压碎指标

粗集料按来源分类	粗集料按混凝土强度等级分类		
	Ⅰ	Ⅱ	Ⅲ
	压碎指标/%，≤		
碎石	10	20	30
卵石	12	14	16

3.9.2　实验仪器

(1)压力试验机：量程 300kN，示值相对误差 2%。

(2)天平：称量 1kg，感量 1g。

(3)受压试模及压碎值测定仪：如图 3.8 所示。

(4)方孔筛：孔径分别为 2.36mm、9.50mm 及 19.0mm 的筛各一只。

(5)垫棒：ϕ10mm，长 500mm 圆钢。

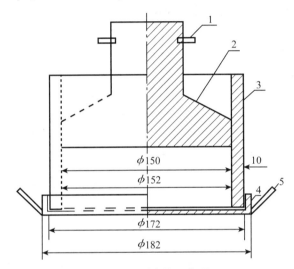

图 3.8　压碎值测定仪示意图(mm)

1-把手；2-加压头；3-圆模；4-底盘；5-手把

3.9.3　实验步骤

(1)采用风干石料，风干后筛除大于 19.0mm 及小于 9.50mm 的颗粒，并去除针、片状颗粒，分为大致相等的 3 份备用。

(2)称取试样 3000g，精确至 1g。将试样分两层装入圆模(置于底盘上)内，每装完一层试样后，在底盘下面垫放一直径为 10mm 的圆钢，将筒按住，左右交替颠击地面各 25 次，两层颠实后，整平模内试样表面，盖上压头。

(3)把装有试样的模子置于压力机上，开动压力试验机，按 1kN/s 速度均匀加荷至 200kN，并稳荷 5s，然后卸荷。取下加压头，倒出试样，用孔径 2.36mm 的筛子筛除被压碎的细粒，称出留在筛上的试样质量，精确至 1g。

3.9.4　实验结果处理

压碎指标值按式(3.17)计算，精确至 0.1%。

$$Q_e = \frac{G_1 - G_2}{G_1} \times 100 \qquad (3.17)$$

式中：Q_e——压碎指标值，%；

G_1——试样的质量，g；

G_2——压碎实验后，3.26mm 筛上的筛余质量，g。

压碎指标取 3 次实验结果的算术平均值，精确值 1%。

将压碎指标实验结果与《建设用卵石、碎石》(GB/T 14685—2022)规定(表 3.21)比较，以判断粗集料压碎指标是否合格。

3.9.5　实验报告

粗集料压碎指标值实验报告应包括下列内容：

(1)实验编号。

(2)砂的产地、规格、品名。

(3)使用结构部位。

(4)实验仪器设备。

(5)实验结论。

第4章 水泥实验

4.1 概述

《水泥生产企业质量管理规程》(T/CBMF 17—2017)规定,有能力的国家水泥质量监督检验中心每年应与国际水泥实验室进行对比验证检验,省级对比验证检验承检单位每两个月与国家水泥质量监督检验中心进行一次对比验证检验,确保对比验证检验的量值溯源。国家水泥质量监督检验中心负责定期对省级对比验证检验承检单位的技术能力进行评审考核。此外,省级水泥质量监督检验中心也应按照相关规定抽查相关水泥企业的技术指标。

《通用硅酸盐水泥》(GB 175—2007)(含修改单)从水泥化学指标、密度和表观密度、细度、标准稠度用水量、凝结时间、体积安定性(简称安定性)、强度、水化热、碱含量9个方面诠释水泥技术性质。水泥合格品判断标准囊括化学指标、凝结时间、安定性、强度和水溶性铬(Ⅵ),这5个检测项目中任何一项不满足规范要求,均判断该水泥为不合格品,见表4.1。

表4.1 水泥合格品和不合格品判定

检测项目	合格品判断		不合格品判断		
	检验结果	综合结论	检验结果	单项结论	综合结论
化学指标	符合 GB 175—2007	合格品	不符合 GB 175—2007	不合格品	任何一项不符合判断为不合格品
凝结时间	符合 GB 175—2007		不符合 GB 175—2007	不合格品	
安定性	符合 GB 175—2007		不符合 GB 175—2007	不合格品	
强度	符合 GB 175—2007		不符合 GB 175—2007	不合格品	
水溶性铬(Ⅵ)	符合 GB 31893—2015	合格品	不符合 GB 31893—2015	不合格品	

实际工程中必做的重要实验,有标准稠度用水量、凝结时间、体积安定性和胶砂强度,本章重点介绍这4个工程上常做的实验。

水泥的化学指标影响水泥的质量和水泥混凝土的耐久性等,化学指标包括不溶物、烧失量、三氧化硫、氧化镁和氯离子5个指标。《通用硅酸盐水泥》(GB 175—2007)(含修改单)规定的通用硅酸盐水泥的化学指标见表4.2。

表 4.2　水泥的化学指标　　　　　　　　　　　　　　　　　%

水泥品种	代号	化学指标(质量百分比), ≤				
		不溶物	烧失量	三氧化硫	氧化镁	氯离子
硅酸盐水泥	P.Ⅰ	0.75	3.0	3.5	5.0	0.06
	P.Ⅱ	1.50	3.5			
普通硅酸盐水泥	P.O	—	5.0			
矿渣硅酸盐水泥	P.S.A	—	—	4.0	6.0	
	P.S.B	—	—		—	
火山灰质硅酸盐水泥	P.P			3.5	6.0	
粉煤灰硅酸盐水泥	P.F					
复合硅酸盐水泥	P.C					

　　《通用硅酸盐水泥》(GB 175—2007)(含修改单)规定了水泥化学指标(表 4.2)为出厂检验。

　　鉴于水泥化学指标实验的重要性,也为了拓展读者的知识面,本章对水泥化学指标中的烧失量、三氧化硫、氧化镁和氯离子等实验进行介绍。

　　烧失量、三氧化硫、氧化镁和氯离子按《水泥化学分析方法》(GB/T 176—2017)测定,水泥化学分析方法较多,分为基准法和代用法,究竟采用何种实验检测方法需要根据水泥企业的实验条件而定,有争议时以基准法为准。水泥氯离子含量可以按照《水泥原料中氯离子化学分析方法》(JC/T 420—2006)测定,规定了采用磷酸蒸馏-汞盐滴定法测定水泥原料中氯离子的化学分析方法。

　　水泥中水溶性铬,是指水溶性六价铬(Cr^{6+}),它毒性很大,对人体健康和地下水、土壤等环境危害较大。《水泥中水溶性铬(Ⅵ)的限量及测定方法》(GB 31893—2015)(含修改单)规定了水溶性六价铬含量为型式检验,这里的型式检验和出厂检验均是国家标准对水泥生产厂提出的强制要求,见表 4.1。

　　工程上,水泥的性质分为化学性质和物理性质两类。化学性质指标包括 GB 175—2007规定的不溶物、烧失量、三氧化硫、氧化镁、氯离子和 GB 31893—2015 规定的水溶性六价铬。物理性质包括细度(比表面积 45μm 或 80μm 筛余)、标准稠度、凝结时间、安定性、胶砂强度等。水泥厂、省级、国家水泥质量监督检验中心的水泥对比验证实验往往把水泥的所有检测项目放在一个报告里面。

　　对于水泥质量(含化学性质和物理性质)检测报告,水泥厂、省级、国家水泥质量监督检验中心出具的水泥质量检测报告格式有所不同,但内容基本一致。

　　水泥用户一般不检测化学指标和水溶性六价铬,根据需求开展物理性质检验,可以出具单项实验报告,也可以出具包括全部物理性质的检验报告。对于水泥用户(如施工单位)一般仅仅检测物理性质。

4.2　水泥中水溶性铬(Ⅵ)实验

4.2.1　实验原理

水泥中水溶性铬(Ⅵ)实验,依据标准《水泥中水溶性铬(Ⅵ)的限量及测定方法》(GB 31893—2015)(含修改单),对水泥中水溶性六价铬提出限量要求,其重要性不亚于《通用硅酸水泥》(GB 175—2007)中的水泥化学指标。该规范迟于《通用硅酸水泥》(GB 175—2007)颁布,是基于环境保护和人体健康角度考虑的。

《水泥中水溶性铬(Ⅵ)的限量及测定方法》(GB 31893—2015)(含修改单)规定,水泥中水溶性铬(Ⅵ)的含量不大于10.0mg/kg。否则,该水泥应判定为不合格品,见表4.1。

水泥中水溶性铬(Ⅵ)实验,是将水泥试样、标准砂和水搅拌成水泥胶砂,滤液中加入二苯碳酰二肼,调整酸度、显色,在540nm处测定溶液的吸光度,在工作曲线上查得溶液中铬(Ⅵ)的浓度(c)。

4.2.2　实验仪器与试剂

(1)水泥胶砂搅拌机。

(2)天平:精确至0.1g;分析天平,精确至0.0001g。

(3)分光光度计或光电比色计:可在540nm处测量溶液的吸光度,带有10mm比色皿。

(4)玻璃容量瓶:50mL、250mL、500mL和1000mL。

(5)玻璃移液管:1mL、2mL、5mL、10mL、15mL和50mL。

(6)过滤装置:有一个布氏漏斗(直径大于150nm),安装在一个1~2L的抽滤瓶上,瓶底装入部分砂子,瓶内有一个放于砂床上盛接滤液的小烧杯,抽滤瓶与真空泵相连。

(7)滤纸:中速定量滤纸,直径应与选择的布氏漏斗配套。

(8)干燥箱:可控制温度140℃±5℃。

(9)盐酸:密度1.18~1.19g/cm³,质量分数为36%~38%。

(10)丙酮:密度0.79g/cm³。

(11)1.0mol/L盐酸:量取8.33mL盐酸稀释至100mL,混匀。

(12)0.04mol/L盐酸:量取0.33mL盐酸稀释至100mL,混匀。

(13)二苯碳酰二肼溶液:称取0.125g二苯碳酰二肼,用25mL丙酮溶解,转移至50mL容量瓶中,用丙酮稀释至标线,摇匀,避光保存。此溶液的使用期限为一周。

(14)重铬酸钾:优级纯。

(15)铬标准溶液

①铬标准储备液:称取0.1414g已在140℃±5℃烘过2h的优级纯重铬酸钾,精确至0.0001g,用少量水溶解后,转移至1000mL容量瓶中,用水稀释至标线,摇匀。此标准储备液铬(Ⅵ)浓度为50mL/L。

②铬标准溶液:吸取50.0mL铬标准储备液于500mL容量瓶中,用水稀释至标线,摇匀。此标准溶液铬(Ⅵ)浓度为5mg/L,保质期为一个月。

③工作曲线的绘制：移取铬（Ⅵ）浓度为 5mg/L 标准溶液各 0mL、1.0mL、2.0mL、5.0mL、10.0mL 和 15.0mL，分别放入 50mL 容量瓶中，加水稀释至 20mL。依次加入 5.0mL 二苯碳酰二肼溶液和 5mL 的 0.01mol/L 盐酸，用水稀释至标线，摇匀。放置 15min 后，使用分光光度计或光电比色计，在 540nm 处测量溶液的吸光度。以吸光度为纵坐标，铬（Ⅵ）标准溶液的浓度（0mL/L、1.0mL/L、2.0mL/L、5.0mL/L、10.0mL/L 和 15.0mL/L）为横坐标，绘制工作曲线。

4.2.3 实验步骤

（1）样品的组成：水泥水溶性六价铬实验的一组样品由水泥 450g±2g、中国 ISO 标准砂（1350g±5g）、水（225mL±1mL）组成，与水泥胶砂强度实验样品组成一样。水 225mL 以 V_1 表示。

如果待测水泥为快凝水泥，水灰比为 0.50 的胶砂在分析时不能充分过滤时，允许提高水灰比，直至可以充分过滤，水灰比应在报告中注明。

（2）样品的混合：用天平称取水泥，水可以用天平也可以采用量筒称量，胶砂可以采用标准袋装胶砂。

①将水放入干燥的胶砂搅拌锅后，加入水泥。

②立即打开搅拌机同时开始计时，低速搅拌 30s，在第二个 30s 开始的同时均匀地加入标准砂，再继续高速搅拌 30s。

③暂停搅拌 90s，在暂停过程的前 30s，将黏附于叶片和搅拌锅壁上的胶砂刮到锅中间。

④继续高速搅拌 60s。

（3）过滤：每次过滤前，确保过滤装置所用的抽滤瓶、布氏漏斗、滤纸和小烧杯是干燥的。安装好布氏漏斗，放好滤纸，不要事先润湿滤纸，将胶砂倒入过滤装置的布氏漏斗中，打开真空泵，抽气 10min 后得到至少 10~15mL 滤液。如果此时不足 10mL 滤液，继续抽滤直至得到足量的测试滤液。

（4）试样溶液吸光度的测定

①吸取 5.0mL（V_2）滤液，放入 100mL 烧杯中，加水稀释至 20mL。

②加入 5.0mL 二苯碳酰二肼溶液，摇动。

③在 pH 计指示下用 1.0mol/L 盐酸调节溶液的 pH 值为 2.1~2.5。

④根据水泥水溶性六价铬含量范围，选用合适的容量瓶，并将溶液转移至该容量瓶（V_3）中，用水稀释至标线，摇匀。

⑤放置 15min 后，使用分光光度计或光电比色计，在 540nm 处测量溶液的吸光度，并扣除空白实验的吸光度。

⑥在工作曲线上绘出六价铬的浓度（c），单位为 mg/L。

4.2.4 实验结果处理

水泥水溶性六价铬实验含量，按式（4.1）计算。

$$w = c \times \frac{V_3}{V_2} \times \frac{V_1}{450} \tag{4.1}$$

式中：w——水泥中水溶性铬（Ⅵ）的含量，mg/kg；

$\quad\quad c$——从工作曲线上查得铬（Ⅵ）的浓度，mg/L；

$\quad\quad V_1$——胶砂中水的体积，mL；

$\quad\quad V_2$——滤液的体积，mL；

$\quad\quad V_3$——容量瓶的体积，mL；

$\quad\quad 450$——胶砂中水泥的质量，g；

$\quad\quad \dfrac{V_3}{V_2}$——待测滤液的稀释倍数；

$\quad\quad \dfrac{V_1}{450}$——水泥胶砂的水灰比，通常为 0.50。

将水泥中水溶性铬（Ⅵ）实验结果，与规定的水泥中水溶性铬（Ⅵ）含量 10.0mg/kg 比较。实测量值不大于 10.0mg/kg，判断该水泥中水溶性铬（Ⅵ）含量合格；否则，该水泥中水溶性铬（Ⅵ）含量不合格，判定该水泥为不合格品（表 4.1）。

水泥水溶性铬（Ⅵ）的重复性限值和再现性限值见表 4.3。

表 4.3　水溶性铬（Ⅵ）的重复性限值和再现性限值　　　　　　　　　　mg/kg

含量范围	重复性限值	再现性限值
≤5.00	0.30	0.80
>5.00	0.40	1.00

4.3　水泥烧失量实验——灼烧差减法

4.3.1　实验原理

严格来讲，烧失量又称灼烧减少量，即水泥样品在高温炉中灼烧所排出的水分、二氧化碳、有机物和低价态硫、铁等元素被氧化所引起质量减少的量。

实际工作中，烧失量指水泥在高温炉（950℃）中灼烧后的质量损失百分率。水泥的烧失量可能受石膏和混合材料的掺入量的影响。控制烧失量，主要是控制石膏和水泥混合材料的掺入量和水分。水泥生产需要严格控制烧失量，水泥烧失量不得超过《通用硅酸盐水泥》（GB 175—2007）（含修改单）的规定，见表 4.2。

水泥烧失量实验依据《水泥化学分析方法》（GB/T 176—2017）中的灼烧差减法。本方法不适用于矿渣硅酸盐水泥烧失量的测定。矿渣硅酸盐水泥的烧失量测定需要依据该规范中的矿渣硅酸盐水泥烧失量实验——校正法（基准法）。

4.3.2　实验仪器

（1）高温炉：温度控制在 950℃±25℃。

（2）瓷坩埚和坩埚盖：容量 20~30mL，应能够耐受 950℃±25℃的高温。

（3）干燥器：内装变色硅胶。

（4）分析天平：可精确至 0.0001g。

4.3.3 实验步骤

（1）称取 1g 试样（m_7），精确至 0.0001g。

（2）放入已经灼烧恒重的瓷坩埚中，盖上坩埚盖，并留有缝隙。

（3）放在高温炉内，从低温开始逐渐升高温度。

（4）在 950℃±25℃下灼烧 15~20min，取出坩埚，置于干燥器中，冷却至室温，称量。

（5）上述过程需要循环多次，反复灼烧直至恒重或者在 950℃±25℃下灼烧约 1h。有争议时，以反复灼烧直至恒重的结果为准。

（6）置于干燥器中冷却至室温称量（m_8），即在恒重状态下称量。

4.3.4 实验结果处理

水泥烧失量按式（4.2）计算。

$$w_{LOI} = \frac{m_7 - m_8}{m_7} \times 100 \tag{4.2}$$

式中：w_{LOI}——水泥烧失量，%；

m_7——试样烧失量实验前的质量，g；

m_8——原试样灼烧至恒重后的质量，g。

将水泥烧失量实验结果与《通用硅酸盐水泥》（GB 175—2007）（含修改单）规定值（表4.2）对照比较，判定该水泥烧失量是否合格。

水泥烧失量不合格，判定该水泥为不合格品（表4.1和表4.2）。

4.4 水泥硫酸盐三氧化硫实验——硫酸钡重量法（基准法）

4.4.1 实验原理

水泥生产中，一般靠加入适量的石膏，来调节三氧化硫的含量。三氧化硫含量越高，越容易引起水泥的安定性不良。

水泥中三氧化硫含量不得超过《通用硅酸盐水泥》（GB 175—2007）（含修改单）的规定，见表4.2。

《水泥化学分析方法》（GB/T 176—2017）中，三氧化硫含量实验方法较多，本实验介绍的是硫酸钡重量法（基准法）。该方法是用三酸分解试样生成硫酸根离子，在煮沸条件下用氯化钡溶液沉淀，生成硫酸钡沉淀，经过过滤灼烧后称量。

4.4.2 实验仪器

（1）分析天平：精确至 0.0001g。

（2）瓷坩埚和坩埚盖：应能够耐受 950℃±25℃ 的高温。

（3）高温炉：温度控制在 950℃±25℃。

（4）200mL 烧杯、400mL 烧杯。

（5）平头玻璃棒。

（6）胶头擦棒。

（7）表面皿。

（8）定量滤纸片。

（9）盐酸（1+1）、氯化钡溶液等试剂。

4.4.3　实验步骤

（1）称取水泥试样 0.5g（m_{12}）。

（2）置于 200mL 烧杯中，加入 40mL 水，搅拌使得试样完全分散。

（3）在搅拌下加入 10mL 盐酸（1+1），用平头玻璃棒压碎块状物。

（4）加热煮沸并保持微沸 5~10min。

（5）用中速滤纸过滤，用热水洗涤 10~20 次，滤液及洗液收集于 400mL 烧杯中。

（6）加水稀释至约 250mL，玻璃棒底部压一小片定量滤纸，盖上表面皿。

（7）加水煮沸，在微沸下从杯口缓慢逐滴加入 10mL 热的氯化钡溶液。

（8）继续微沸数分钟使得沉淀良好地形成。

（9）在常温下静置 12~24h 或温热处静置至少 4h，溶液的体积应保持在约 200mL。

（10）用慢速定量滤纸过滤，用热水洗涤，用胶头擦棒和定量滤纸片擦洗烧杯及玻璃棒，洗涤至检验不到氯离子为止。

（11）将沉淀及滤纸一并移入已经灼烧恒重的瓷坩埚中，灰化完全后，放入 800~950℃ 的高温炉内灼烧 30min 以上。

（12）取出坩埚，置于干燥器中冷却至室温，称量，反复灼烧直至恒重或者在 800~950℃ 的高温炉内灼烧约 30min，这一过程可能反复几次（有争议时以反复灼烧直至恒重的结果称量为准）。

（13）最后置于干燥器中冷却至室温后，称量（m_{13}），应为恒重状态下称量。

（14）在上述实验过程的之前或者之后，重复上述实验。这一次是不加入试样，按照相同的实验步骤进行实验，并使用相同量的试剂，对得到的实验结果进行校正。称取空白实验灼烧后沉淀的质量（m_{013}）。

4.4.4　实验结果处理

实验后，硫酸盐中三氧化硫的含量按式（4.3）计算。

$$w_{SO_3} = \frac{(m_{13} - m_{013})}{m_{12}} \times 0.343 \tag{4.3}$$

式中：w_{SO_3}——硫酸盐三氧化硫的百分率，%；

　　　m_{13}——灼烧后沉淀的质量，g；

　　　m_{013}——空白实验灼烧后沉淀的质量，g；

m_{12}——原来试样的质量，g；

0.343——硫酸钡对三氧化硫的换算系数。

将硫酸盐三氧化硫实验结果与《通用硅酸盐水泥》(GB 175—2007)(含修改单)规定值(表4.2)对照比较，判定该水泥三氧化硫含量是否合格。水泥三氧化硫含量不合格，判定该水泥为不合格品(表4.1和表4.2)。

4.5 水泥氧化镁实验——原子吸收分光光度法(基准法)

4.5.1 实验原理

水泥中的氧化镁含量过大，易引起水泥安定性不良。

水泥中氧化镁含量不得超过《通用硅酸盐水泥》(GB 175—2007)(含修改单)的规定，见表4.2。

《水泥化学分析方法》(GB/T 176—2017)中氧化镁含量实验方法较多，本实验介绍的是原子吸收分光广度法(基准法)。该方法是以氢氟酸—高氯酸分解，或氢氧化钠熔融，或碳酸钠熔融试样的方法制备溶液，分取一定量的溶液，用锶盐消除硅、铝、钛等的干扰，在空气—乙炔火焰中，于波长285.2nm处测定溶液的吸光度。

4.5.2 实验仪器与试剂

(1)原子吸收分光光度计：带有镁、钾、钠、铁、锰、锌元素空心阴极灯。

(2)分析天平：精确至0.0001g。

(3)铂坩埚和盖：或铂皿或聚四氟乙烯器皿，应能够耐受750℃的高温。

(4)银坩埚：应能够耐受750℃的高温。

(5)高温炉：温度控制在800℃±25℃、950℃±25℃。

(6)250mL、100mL容量瓶等。

(7)氢氟酸、高氟酸、盐酸(1+1)、热盐酸(1+9)溶液等试剂。

4.5.3 实验步骤

(1)氢氟酸—高氯酸分解试样

①用分析天平称取0.1g试样(m_{23})，精确至0.0001g。

②置于铂坩埚(或铂皿、聚四氟乙烯器皿)中。

③加入0.5~1mL水润湿，加入5~7mL氢氟酸和0.5mL高氯酸。

④放入通风橱内，低温电热板上加热，接近干时摇动铂坩埚以防溅失，待白色浓烟完全驱散后，取下冷却。

⑤加入20mL盐酸(1+1)，加热至容易澄清。

⑥冷却后，移入250mL容器瓶中，加入5mL氯化锶溶液，用水稀释至刻度，摇匀。此溶液C供原子吸收分光光度法实验氧化镁、氧化锌、三氧化二铁、氧化钾和氧化钠、一氧化锰用。

（2）氢氧化钠熔融试样

①用分析天平称取试样 0.1g（m_{24}），精确至 0.0001g。

②置于银坩埚中，加入 3~4g 氢氧化钠，盖上坩埚盖，并留有空隙。

③放入高温炉中，在 750℃下熔融 10min，取出冷却。

④将坩埚放入已盛有 100mL 沸水的 30mL 烧杯中，盖上表面皿。

⑤待熔块完全浸出后（可适当加热），取出坩埚，用水冲洗坩埚和盖。

⑥在搅拌下一次性加入 35mL 盐酸（1+1），用热盐酸（1+9）洗净坩埚和盖。

⑦将溶液加热煮沸，冷却后，移入 250mL 容量瓶中，用水稀释至刻度，摇匀。此溶液 D 供原子吸收分光光度法测定氧化镁。

（3）碳酸钠熔融试样

①用分析天平称取试样 0.1g（m_{25}），精确至 0.0001g。

②置于铂坩埚中，加入 0.4g 无水碳酸钠，搅拌均匀。

③放入高温炉中，在 950℃下熔融 10min，取出冷却。

④将坩埚炉放入已盛有 50mL 盐酸（1+1）的 250mL 烧杯中，盖上表面皿。

⑤加热至熔块完全浸出后，取出坩埚，用水洗净坩埚和盖。

⑥将溶液加热煮沸，冷却后，移入 250mL 容量瓶中，用水稀释至刻度，摇匀。此溶液 E 用来供原子吸收分光光度法测定氧化镁。

（4）氧化镁的测定

①从溶液 C 或溶液 D、溶液 E 中吸取 5.00mL 溶液，放入 100mL 容量瓶中。

②加入 12mL 盐酸（1+1）及 2mL 氯化锶溶液。

③用水稀释至刻度，摇匀。

④用原子吸收分光光度计，在空气—乙炔火焰中，用镁元素空心阴极灯，于波长 285.2nm 处，在与相同的仪器条件下测定溶液的吸光度，在工作曲线上（参见 GB/T 176—2017）求出氧化镁的浓度（c_1）。

4.5.4　实验结果处理

实验后，氧化镁含量按式（4.4）计算。

$$w_{MgO} = \frac{c_1 \times 100 \times 50}{m_{26} \times 10^6} \times 100 = \frac{c_1 \times 0.5}{m_{26}} \tag{4.4}$$

式中：w_{MgO}——氧化镁的百分率，%；

　　　c_1——扣除空白实验值后测定溶液中氧化镁的浓度，μg/mL；

　　　m_{26}——m_{23} 或 m_{24}、m_{25} 中试样的质量，g；

　　　100——测定溶液的体积，mL；

　　　50——全部试样溶液与所分取试样溶液的体积比。

将氧化镁实验结果与《通用硅酸盐水泥》（GB 175—2007）（含修改单）规定值（表 4.2）对照比较，判定该水泥氧化镁含量是否合格。水泥氧化镁含量不合格，判定该水泥为不合格品（表 4.1 和表 4.2）。

4.6 水泥氯离子实验——(自动)电位滴定法(代用法)

4.6.1 实验原理

氯离子含量偏高,会破坏水泥混凝土自身抗化学腐蚀的能力,影响混凝土的耐磨性,降低混凝土强度,影响混凝土耐久性。水泥混凝土工程中,关键材料是钢筋,氯离子加速腐蚀水泥混凝土中的钢筋,破坏钢筋表层的钝化膜。

《通用硅酸盐水泥》(GB 175—2007)(含修改单)中,规定水泥中氯离子含量不得超过 0.06%,见表 4.2。

《水泥化学分析方法》(GB/T 176—2017)中氯离子含量实验方法较多,本实验介绍的是(自动)电位滴定法(代用法)。该方法是用硝酸分解试样,加入氯离子标准溶液,提高检测灵敏度。然后加入过氧化氢以氧化共存的干扰组分,并加热溶液。冷却至室温后,用氯离子电位滴定装置测定溶液的电位,用硝酸银标准滴定溶液滴定。

4.6.2 实验仪器与试剂

(1)磁力搅拌器:具有调速和加热功能,带有包着惰性材料(如聚四氟乙烯)的搅拌棒。

(2)氯离子电位滴定装置。

(3)氯离子电极。

(4)甘汞电极。

(5)250mL 烧杯。

(6)硝酸(1+1)、氯离子标准溶液、过氧化氢、硝酸银标准滴定液等。

4.6.3 实验步骤

(1)用分析天平称取 0.1g 试样(m_{45}),精确至 0.0001g。

(2)置于 250mL 烧杯中,加入 20mL 水,搅拌使得试样完全分散。

(3)然后在搅拌下加入 25mL 硝酸(1+1),加水稀释至 100mL。

(4)加入 2.00mL 氯离子标准溶液和 2mL 过氧化氢,盖上表面皿。

(5)加热煮沸,微沸 1~2min。

(6)冷却至室温,用水冲洗表面皿和玻璃棒,并从过氧化氢中取出玻璃棒,放入一根磁力搅拌棒。

(7)把烧杯放在磁力搅拌器上,用氯离子电位滴定装置测量溶液的电位,自溶液中插入氯离子电极和甘汞电极,开始搅拌。

(8)用硝酸银标准滴定溶液逐渐滴定,化学计量点前后,每次滴加 0.10mL 硝酸银标准滴定溶液,记录滴定管读数和对应的毫伏计读数。

(9)计量点前,毫伏计读数变化越来越大;过计量点后,每滴加一次溶液,变化又将减小。

(10)机械滴定至毫伏计读数变化不大时为止。

（11）用二次微商法计算或氯离子电位滴定装置计算出消耗的硝酸银标准滴定溶液的体积（V_{31}）。

（12）空白实验：吸取 2.00mL 氯离子标准溶液，放入 250mL 烧杯中，加水稀释至 100mL。加水 2mL 硝酸（1+1）和 2mL 过氧化氢。盖上表面皿，加水煮沸，微沸 1~2min。冷却至室温。按照规定方法用硝酸银标准溶液滴定，消耗硝酸银标准滴定溶液的体积为 V_{031}。

4.6.4　实验结果处理

实验后，氯离子含量按式（4.5）计算。

$$w_{cl^-} = \frac{T_{cl^-} \times (V_{31} - V_{031})}{m_{45} \times 1000} \times 100 = \frac{T_{cl^-} \times (V_{31} - V_{031}) \times 0.1}{m_{45}} \tag{4.5}$$

式中：w_{cl^-}——氯离子的百分率，%；

$\quad\quad T_{cl^-}$——硝酸银标准滴定溶液对氯离子的滴定度，mg/mL；

$\quad\quad V_{31}$——滴定时消耗硝酸银标准溶液的体积，mL；

$\quad\quad V_{031}$——滴定空白时消耗硝酸银标准滴定溶液的体积，mL；

$\quad\quad m_{45}$——试样的质量，g。

将氯离子实验结果与《通用硅酸盐水泥》（GB 175—2007）（含修改单）的规定值 0.06%（表 4.2）对照比较，判定该水泥氯离子含量是否合格。水泥氯离子含量不合格，判定该水泥为不合格品（表 4.1 和表 4.2）。

4.7　水泥细度实验——筛析法

4.7.1　实验原理

水泥细度，是水泥生产过程中的控制指标之一。水泥颗粒越细，与水发生反应的表面积就越大，水化反应速度就越快，有利于水泥活性的发挥。从理论上讲，水泥颗粒也不能太细，水泥颗粒过细，在空气中硬化收缩性较大，影响水泥磨的性能发挥，产量降低，电耗增高。水泥生产中，必须合理控制水泥细度，控制水泥的粒度分布。水泥生产过程中，细度控制主要控制表面积和 45μm 筛余。

水泥细度实验目的是测定水泥细度是否满足《通用硅酸盐水泥》（GB 175—2007）（含修改单）技术要求，属于选择性指标。硅酸盐水泥和普通硅酸盐水泥以比表面积表示细度，不小于 300m²/kg，采用比表面积法测定。矿渣硅酸盐水泥、火山灰质硅酸盐水泥、粉煤灰硅酸盐水泥和复合硅酸盐水泥以筛余表示，80μm 方孔筛筛余不大于 10% 或 45μm 方孔筛筛余不大于 30%，采用负压筛法测定。可见，水泥颗粒是很细的，约 90% 颗粒粒径小于 80μm，约 70% 颗粒粒径小于 45μm。规范明确了水泥细度的指标，但没有"水泥细度不合格，判定该水泥为不合格品"的说法。

测定水泥细度的水泥筛析方法有 3 种：负压筛析法、水筛法和手工筛析法，常用负压筛法。

负压筛析法，指通过负压源产生的恒定气流，在规定筛析时间内使实验筛内的水泥达到筛分效果。

水筛法，指将实验筛放在水筛座上，用规定压力的水流，在规定时间内使实验筛内的水泥达到筛分效果。

手工筛析法，指将实验筛放在接料盘(底盘)上，用手工按照规定的拍打速度和转动角度，对水泥进行筛析实验。

4.7.2　实验仪器

(1)实验筛：由圆形筛框和筛网组成，分负压筛和水筛两种，其结构尺寸如图4.1和图4.2所示。负压筛，应附有透明筛盖，筛盖与筛上口应有良好的密封性。

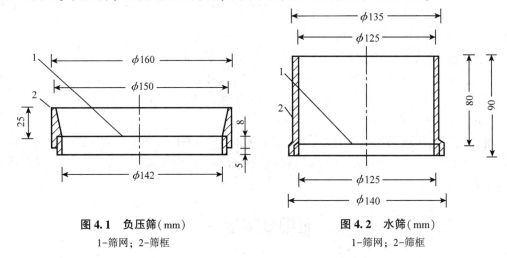

图 4.1　负压筛(mm)　　　　　　　图 4.2　水筛(mm)
1-筛网；2-筛框　　　　　　　　　1-筛网；2-筛框

筛网应紧绷在筛框上，筛网和筛框接触处，应用防水胶密封，防止水泥嵌入。

(2)负压筛析仪：由筛座、负压筛、负压源及收尘器组成。其中，筛座由转速为 30r/min±2r/min 的喷气嘴、负压表、控制板、微电机及壳体等部分构成，见图4.3。筛析仪负压可调范围为 4000~6000Pa。喷气嘴上口平面与筛网之间距离为 2~8mm。负压源和收尘器，由功率≥600W 的工业吸尘器和小型旋风收尘筒等组成或用其他具有同等功能的设备。

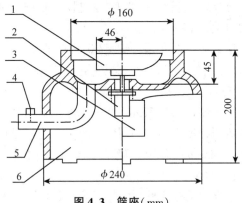

图 4.3　筛座(mm)
1-喷气嘴；2-微电机；3-控制板接口；4-负压表接口；5-负压源及收尘器接口；6-壳体

（3）水筛架和喷头：结构尺寸应符合《水泥物理检验仪器标准筛》（JC/T 728—2005）的规定，但其中水筛架上筛座内径为 140mm。

（4）天平：量程应大于 100g，感量不大于 0.01g。

4.7.3　实验步骤

实验前，所用实验筛应保持清洁，负压筛和手工筛应保持干燥。实验时，80μm 筛析实验称取试样 25g，45μm 筛析实验称取试样 10g。

（1）负压筛析法

①筛析实验前，应把负压筛放在筛座上，盖上筛盖，接通电源，检查控制系统，调节负压至 4000~6000Pa。

②称取试样，精确至 0.01g，置于洁净的负压筛中，放在筛座上，盖上筛盖，开动筛析仪连续筛析 2min，在此期间如有试样附着在筛盖上，可轻轻地敲击筛盖使试样落下。筛毕，用天平称量筛余物。

③当工作负压小于 4000MPa 时，应清理吸尘器内水泥，使负压恢复正常。

（2）水筛法

①筛析实验前，使水中无泥、砂，调整好水压及水筛架的位置，使其正常运转。喷头底面和筛网之间距离为 35~75mm。

②称取试样，精确至 0.01g，置于洁净的水筛中，用淡水冲洗至大部分细粉通过后，放在水筛架上，用水压为 0.05MPa±0.02MPa 的喷头连续冲洗 3min。筛毕，用少量水把筛余物冲至蒸发皿中，等水泥颗粒全部沉淀后，小心倒出清水，烘干并用天平称量全部筛余物。

（3）手工筛析法

①称取试样，精确至 0.01g，倒入手工筛内。

②用一只手持筛往复摇动，另一只手轻轻拍打，往复摇动和拍打过程应保持近于水平。拍打速度每分钟 120 次，每 40 次向同一方向转动 60°，使得试样均匀分布在筛网上，直至每分钟通过的试样量不超过 0.03g。

③称取全部筛余物质量。

4.7.4　实验结果处理

（1）水泥试样筛余百分数：按式（4.6）计算：

$$F = \frac{R_t}{m} \times 100 \qquad (4.6)$$

式中：F——水泥试样的筛余百分数，%；

　　　R_t——水泥筛余物的质量，g；

　　　m——水泥试样的质量，g。

（2）筛余结果的修正：为使实验结果可信，应采用实验筛修正系数方法修正计算结果。

（3）实验结果评定：合格评定时，每个样品应称取两个试样分别筛析，取筛余平均值为筛析结果。若两次筛余结果绝对误差大于 0.5% 时（筛余值大于 5.0% 时，可放至

1.0%），应再做一次实验。

筛析结果与《通用硅酸盐水泥》(GB 175—2007)(含修改单)中的规定对照比较：矿渣硅酸盐水泥、火山灰质硅酸盐水泥、粉煤灰硅酸盐水泥和复合硅酸盐水泥，80μm 方孔筛筛余不大于10%或45μm 方孔筛筛余不大于30%。

4.8　水泥比表面积实验——勃氏法

4.8.1　实验原理

实验目的同4.7.1。本实验依据《水泥比表面积测定方法　勃氏法》(GB/T 8074—2008)中介绍的水泥比表面积实验——勃氏法。

比表面积，指单位质量的水泥粉末所具有的总表面积，单位 cm^2/g 或 m^2/kg。

空隙率，指水泥实验试料层中颗粒间空隙的容积与试料层总的容积指标，用 ε 表示。

水泥磨得越细，其比表面积就越大，反之就越小。水泥的比表面积一般在 $350m^2/kg$ 左右。

比表面积实验室的相对湿度应不大于50%。

比表面积法原理：根据一定量的空气通过具有一定空隙率和固定厚度的水泥层时，空气所受阻力不同而引起流速的变化，从而来测定水泥的比表面积。在一定空隙率的水泥层中，空隙的大小和数量是颗粒尺寸的函数，同时也决定了通过料层的气流速度。

4.8.2　实验设备与试剂

(1)透气仪：水泥比表面积采用的透气仪为勃氏比表面积透气仪，分手动和自动两种。

(2)烘箱：控制温度灵敏度±1℃。

(3)分析天平：感量为 0.001g。

(4)秒表：精确至 0.5s。

(5)水泥样品：按《水泥取样方法》(GB/T 12573—2008)取样，先通过 0.9mm 方孔筛，再在 110℃±5℃下烘干，并在干燥器中冷却至室温。

(6)基准材料：应符合《水泥细度和比表面积标准样品》(GSB 14-1511—2014)和《水泥细度和比表面积标准样品》(GSB 14-1511—2019)。

(7)压力计液体：采用带有颜色的蒸馏水或直接采用无色蒸馏水。

(8)滤纸：采用中速定量滤纸。

(9)汞：分析纯。

4.8.3　实验步骤

(1)测定水泥密度：水泥密度依据《水泥密度测定方法》(GB/T 208—2014)测定(参见第1章)。

(2)漏气检测：将透气圆筒上口橡皮塞塞紧，接到压力计上。用抽气装置从压力计一臂中抽出部分气体，然后关闭阀门，观察是否漏气。如发现漏气，可用活塞油脂加以密封。

（3）空隙率 ε 确定：硅酸盐水泥 P. I 和 P. II 的空隙率采用 0.500±0.005，气体水泥或粉料的空隙率采用 0.530±0.005。

（4）确定试样量：比表面积试样量确定按式（4.7）计算。

$$m = \rho \times V \times (1 - \varepsilon) \qquad (4.7)$$

式中：m——需要的试样量，g；

　　　ρ——试样密度，g/cm³；

　　　V——试料层体积，按《勃氏透气仪》（JC/T 956—2014）测定，cm³；

　　　ε——试料层空隙率，查表 4.4（中国建材检验认证集团股份有限公司，2021）。

表 4.4　水泥层空隙率值

空隙率值 ε	$\sqrt{\varepsilon^3}$	空隙率值 ε	$\sqrt{\varepsilon^3}$
0.495	0.348	0.515	0.369
0.496	0.349	0.520	0.374
0.497	0.350	0.525	0.380
0.498	0.351	0.526	0.381
0.499	0.352	0.527	0.383
0.500	0.354	0.528	0.384
0.501	0.355	0.529	0.385
0.502	0.356	0.530	0.386
0.503	0.357	0.531	0.387
0.504	0.358	0.532	0.388
0.505	0.359	0.533	0.389
0.506	0.360	0.534	0.390
0.507	0.361	0.535	0.391
0.508	0.362	0.540	0.397
0.809	0.363	0.545	0.402
0.510	0.364	0.550	0.408

（5）试料层制备：将穿孔板放入透气圆筒的突缘上，用捣棒把一片滤纸放到穿孔板上，边缘放平并压紧。称取按上述确定的试样量，精确至 0.001g，倒入圆筒。轻敲圆筒的边，使水泥层表面平坦。再放入一片滤纸，用捣器均匀捣实试料直至捣器的支持环与圆筒顶边接触，并旋转 1~2 圈，慢慢取出捣器。穿孔板上的滤纸为直径 12.7mm 的边缘光滑的圆形滤纸片。每次测定需用新的滤纸。

（6）透气实验：把装有试料层的透气圆筒下锥面涂一薄层活塞油脂，然后把它插入压力计顶端锥型磨口处，旋转 1~2 圈。要保证紧密连接不致漏气，并不振动所制备的试料层。

打开微型电磁泵慢慢从压力计一臂中抽出空气，直到压力计内液面上升到扩大部分下端时关闭阀门。当压力计内液体的凹液面下降到第一条刻线时开始计时，如图 4.4 所示。

当液体的凹液面下降到第二条刻线时停止计时，记录液面从第一条刻度线到第二条刻度线所需的时间。以秒记录，并记录下实验时的温度（℃）。每次透气实验，应重新制备试料层。

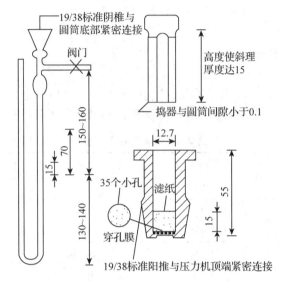

图 4.4 比表面积 U 型压力计示意图（mm）

4.8.4 实验结果处理

《水泥比表面积测定方法 勃氏法》（GB/T 8074—2008）推荐了 3 种情况，每一种情况又根据温差分为两类。

（1）当被测试样的密度、试料层中空隙率与标准样品相同时：

①实验时的温度与校准温度之差≤3℃时，被测水泥试样的比表面积按式（4.8）计算。

$$S = \frac{S_s\sqrt{T}}{\sqrt{T}} \tag{4.8}$$

②当实验时的温度与校准温度之差>3℃时，被测水泥试样的比表面积按式（4.9）计算。

$$S = \frac{S_s\sqrt{\eta_s}\sqrt{T}}{\sqrt{\eta}\sqrt{T_s}} \tag{4.9}$$

式中：S——被测试样的比表面积，cm^3/g；

S_s——标准样品的比表面积，cm^3/g；

T——被测试样实验时，压力计液面降落测得的时间，s；

T_s——标准样品实验时，压力计液面降落测得的时间，s；

η——被测试样实验温度下的空气黏度，$\mu Pa \cdot s$，见表 4.5；

η_s——标准样品实验温度下的空气黏度，$\mu Pa \cdot s$。

中国建材检验认证集团股份有限公司（2021）列出了上述参数，见表 4.5。

表 4.5　在不同温度下汞密度、空气黏度 η 和 $\sqrt{\eta}$

室温/℃	汞密度/(g/cm³)	空气黏度 η/(μPa·s)	$\sqrt{\eta}$ 值
8	13.58	17.49	4.18
10	13.57	17.59	4.19
12	13.57	17.68	4.20
14	13.56	17.78	4.22
16	13.56	17.88	4.23
18	13.55	17.98	4.24
20	13.55	18.08	4.25
22	13.54	18.18	4.26
24	13.54	18.28	4.28
26	13.53	18.37	4.29
28	13.53	18.47	4.30
30	13.52	18.57	4.31
32	13.52	18.67	4.32
34	13.51	18.76	4.33

（2）当被测试样的试料层中空隙率与标准样品试料层中的空隙率不同时：

①当实验时的温度与校准温度之差≤3℃时，被测水泥试样的比表面积按式（4.10）计算。

$$S = \frac{S_s \sqrt{T}(1 - \varepsilon_s)\ \sqrt{\varepsilon^3}}{\sqrt{T_s}(1 - \varepsilon)\ \sqrt{\varepsilon_s^3}} \tag{4.10}$$

②当实验时的温度与校准温度之差>3℃时，被测水泥试样的比表面积按式（4.11）计算。

$$S = \frac{S_s \sqrt{\eta_s}\sqrt{T}(1 - \varepsilon_s)\ \sqrt{\varepsilon^3}}{\sqrt{\eta}\sqrt{T_s}(1 - \varepsilon)\ \sqrt{\varepsilon_s^3}} \tag{4.11}$$

式中：ε——被测试样试料层中的空隙率；

ε_s——标准样品试料层中的空隙率；

其余符号意义同前。

（3）当被测试样的密度和孔隙率均与标准样品均不同时：

①当实验时的温度与校准温度之差≤3℃时，被测水泥试样的比表面积按式（4.12）计算。

$$S = \frac{S_s \rho_s \sqrt{T}(1 - \varepsilon_s)\ \sqrt{\varepsilon^3}}{\rho \sqrt{T_s}(1 - \varepsilon)\ \sqrt{\varepsilon_s^3}} \tag{4.12}$$

②当实验时的温度与校准温度之差>3℃时，被测水泥试样的比表面积按式（4.13）计算。

$$S = \frac{S_s \rho_s \sqrt{\eta_s} \sqrt{T} (1 - \varepsilon_s) \sqrt{\varepsilon^3}}{\rho \sqrt{\eta} \sqrt{T_s} (1 - \varepsilon) \sqrt{\varepsilon_s^3}} \qquad (4.13)$$

式中：ρ——被测试样的密度，g/cm^3；

$\quad\quad \rho_s$——标准样品的密度，g/cm^3；

$\quad\quad$ 其余符号意义同前。

4.8.5 实验结果处理

对于如何计算被测试样的比表面积，《水泥化验室工作手册》(2021)只有一个公式，见式(4.14)。

$$S = \frac{S_s \sqrt{T} (1 - \varepsilon_s) \sqrt{\varepsilon^3} \rho_s \sqrt{\eta_s}}{\sqrt{T_s} (1 - \varepsilon) \sqrt{\varepsilon_s^3} \rho \sqrt{\eta}} \qquad (4.14)$$

需要说明的是，《水泥化验室工作手册》(2021)推荐的式(4.14)与《水泥比表面积测定方法 勃氏法》(GB/T 8074—2008)所列的式(4.13)是一样的。也就是说，《水泥比表面积测定方法 勃氏法》(GB/T 8074—2008)所列的式(4.10)~式(4.13)，可以用一个式(4.13)表示，式(4.10)~式(4.12)是式(4.13)的特殊情况。

水泥比表面积，应由二次透气实验结果的平均值确定。如二次实验结果相差2%以上，应重新实验。计算结果保留至$10g/cm^3$。当同一种水泥，用手动勃氏透气仪测定的结果与自动勃氏透气仪测定的结果有争议时，以手动勃氏透气仪测定结果为准。

下面以某水泥厂的比表面积实验(勃氏法)的实测数据(实验温度20℃)为例，计算该水泥的比表面积，见表4.6。

表4.6 某水泥表面积实测数据一览表

序号	公式参数	测量值或已知值		参数来历
		第1组	第2组	
1	S_s	364.2	364.2	已知
2	T	97.6	98.4	实测
3	T_s	147.4	147.4	实测
4	η	18.08	18.08	已知
5	η_s	18.08	18.08	已知
6	ε	0.530	0.530	已知
7	ε_s	0.500	0.500	已知
8	ρ	3.02	3.02	实验数据
9	ρ_s	3.09	3.09	已知
	S_i	352	353	
	S	352(奇进/偶不进)		

将表4.6中，第1组参数代入式(4.14)计算得到被测试样的比表面积$S_1 = 352m^2/kg$，第2组参数代入式(4.14)计算得到被测试样的比表面积$S_2 = 353m^2/kg$，取平均值，被测试

样的比表面积 $S=352.5m^2/kg$。

结论：该水泥(被测试样)的比表面积 $S=352.5m^2/kg>300m^2/kg$，符合《通用硅酸盐水泥》(GB 175—2007)(含修改单)。

上例中(表 4.6)$\eta=\eta_s$，代入式(4.14)，式(4.14)化简后变成式(4.12)，而式(4.12)是最为常用公式，即比表面积实验(勃氏法)总结为：水泥比表面积实验(勃氏法)，经常出现的情况是，被测试样的密度和空隙率与标准样品均不同；实验时的温度与校准温度之差≤3℃；采用的计算公式为式(4.12)。

4.9 标准稠度用水量实验

4.9.1 实验原理

在《通用硅酸盐水泥》(GB 175—2007)(含修改单)的物理指标中，没有标准稠度用水量指标。因此，标准稠度用水量不是水泥的直接技术指标，而是间接指标。它是水泥凝结时间和安定性实验的标准加水量，也是为了消除实验条件的差异而利于比较的一个指标，水泥净浆必须有一个标准稠度的加水量。水泥标准稠度用水量实验非常重要，如果测不准水泥标准稠度用水量，则继续测定水泥的凝结时间和安定性是不准确的、没有意义的，它是水泥凝结时间实验和安定性实验的前提条件。

本实验的目的，就是测定水泥净浆达到标准稠度时的用水量。水泥标准稠度净浆，对标准试杆的沉入具有一定阻力；通过实验不同含水量水泥净浆的穿透性，以确定水泥标准稠度净浆中所需加入的水量，即标准稠度用水量。

水泥标准稠度用水量实验依据《水泥标准稠度用水量、凝结时间、安定性检验方法》(GB/T 1346—2011)。

4.9.2 实验仪器

(1)标准法维卡仪：标准稠度测定用试杆，有效长度为 50mm±1mm、由直径 10mm±0.05mm 的圆柱形耐腐蚀金属制成。测定凝结时间时取下试杆，用试针代替试杆(图 4.5)。试杆由钢制成，其有效长度初凝针为 50mm±1mm、终凝针为 30mm±1mm、直径 1.13mm±0.05mm 的圆柱体。滑动部分的总质量为 300g±1g。与试杆、试针联结的滑动杆表面应光滑，能靠重力自由下落，不得有紧涩和旷动现象。

盛装水泥净浆的试模应由耐腐蚀的、有足够硬度的金属制成。试模是深 40mm±0.2mm、顶内径 65mm±0.05mm、底内径 75mm±0.5mm 的截顶圆锥体，每只试模应配备一个大于试模、厚度≥2.5mm 的平板玻璃底板。

(2)水泥净浆搅拌机。

(3)天平：称量 1000g，感量 1g。

(4)量水器。

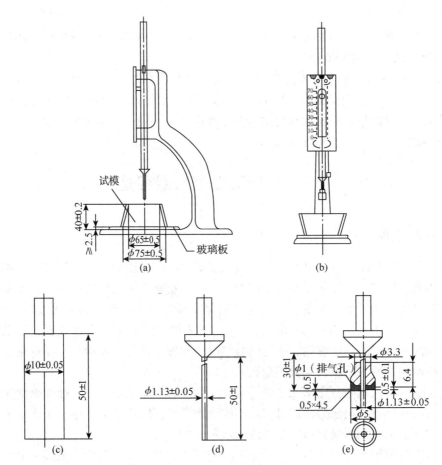

图4.5　测定水泥标准稠度和凝结时间用维卡仪及配件示意图
(a)初凝时间测定用立式试模的侧视图；(b)终凝时间测定用反转试模的前视图；
(c)标准稠度实验用试杆；(d)初凝时间实验用试针；(e)终凝时间实验用试针

4.9.3　实验步骤

4.9.3.1　实验室条件和标准养护条件

(1)实验室条件：《水泥标准稠度用水量、凝结时间、安定性检测方法》(GB/T 1346—2011)有关水泥标准稠度用水量、凝结时间、安定性检测的实验条件：实验室的温度为20℃±2℃，相对湿度不应低于50%；水泥试样、拌和水、仪器和用具的温度应与实验室一致。除了该实验，其他水泥实验的实验室条件也有这个规定。因此，水泥实验室必须安装空调。

(2)标准养护条件：湿气养护箱的温度为20℃±1℃，相对湿度不应低于90%。除了该实验，其他水泥实验的标准养护条件也有这个规定。

4.9.3.2　标准稠度用水量测定方法(标准法)

(1)实验前准备工作：维卡仪的滑动杆能自由滑动；试模和玻璃板用湿布擦拭，将试模放在底板上。调整至试杆接触玻璃板时指针对准零点；搅拌机运行正常。

（2）水泥净浆的拌制：用水泥净浆搅拌机搅拌，搅拌锅和搅拌叶片先用湿布擦，将拌和水倒入搅拌锅内，然后在 5~10s 内将称好的 500g 水泥（m_c）加入水中，防止水和水泥溅出；拌和时，先将锅放在搅拌机的锅座上，升至搅拌位置，启动搅拌机，低速搅拌 120s，停 15s，同时将叶片和锅壁上的水泥浆刮入锅中间，接着高速搅拌 120s 后停机。

（3）标准稠度用水量的测定步骤：拌和结束后，立即取适量水泥净浆一次性将其装入已置于玻璃板上的试模中，浆体超过试模上端，用宽约 25mm 的直边刀轻轻拍打超出试模部分的浆体 5 次以消除浆体中的孔隙，然后在试模上表面约 1/3 处，略倾斜于试模分别向外轻轻锯掉多余净浆，再从试模边沿轻抹顶部一次，使净浆表面光滑。在锯掉多余净浆和抹平的操作过程中，注意不要压实净浆；抹平后迅速将试模和底板移到维卡仪上，并将其中心定在试杆下，降低试杆直至与水泥净浆表面接触，拧紧螺丝 1~2s 后，突然放松，使试杆垂直自由地沉入水泥净浆中。在试杆停止沉入或释放试杆 30s 时记录试杆距底板之间的距离，升起试杆后，立即擦净；整个操作应在搅拌后 1.5min 内完成。以试杆沉入净浆并距底板 6mm±1mm 的水泥净浆为标准稠度净浆。其对应的拌和水量（m_w）为该水泥的标准稠度用水量（P），按水泥质量的百分比计算。

标准稠度用水量一般只做一次实验，达到标准稠度用水量时刻，再用试针在不同位置下沉确认两次。

4.9.3.3　标准稠度用水量测定方法（代用法）

（1）实验前准备工作：同标准法。

（2）水泥净浆的拌制：同标准法。

（3）标准稠度（调整水量法和不变水量法）的测定：采用代用法测定水泥标准稠度用水量，可用调整水量和不变水量两种方法中的任何一种测定。采用调整水量法拌和水量按经验加水，采用不变水量方法时拌和水量用 142.5mL。

拌和结束后，立即将拌制好的水泥净浆装入锥模中，用宽约 25mm 的直边刀在浆体表面轻轻插捣 5 次，再轻振 5 次，刮去多余的净浆；抹平后迅速放到试锥下面固定的位置上，当试锥降至净浆表面，拧紧螺丝 1~2s 后，突然放松，让试锥垂直地沉入水泥净浆中。到试锥停止下沉或释放试锥 30s 时记录试锥下沉深度。整个操作应在搅拌后 1.5min 内完成。

用调整水量法测定时，《水泥标准稠度用水量、凝结时间、安定性检验方法》（GB/T 1346—2011）规定以试锥下沉深度 30mm±1mm 时的净浆为标准稠度净浆。其对应的拌和水量为该水泥的标准稠度用水量（P），按水泥质量的百分比计算。如试锥下沉深度超出范围，需另称试样，调整水量，重新实验，直至达到 30mm±1mm 为止。

用不变水量方法测定时，根据式（4.15）或维卡仪上对应标尺计算得到标准稠度用水量 P。当试锥下沉深度小于 13mm 时，应该用调整水量法测定。

$$P = 33.4 - 0.185S \tag{4.15}$$

式中：P——标准稠度用水量，%；

　　　S——试锥下沉深度，mm。

4.9.4　实验结果处理

4.9.4.1　标准法

试杆沉入净浆与地板距6mm±1mm时的水泥净浆，为标准稠度净浆。其拌和用水量为该水泥标准稠度用水量P，按水泥质量的百分比计算，见式(4.16)。

$$P = \frac{m_w}{m_c} \times 100 \qquad (4.16)$$

式中：m_w——水泥从加水开始到标准稠度时刻累计掺加的拌和用水量，g；

m_c——水泥试样的质量，g。

需要说明的是，标准稠度用水量没有合格与否的规定，不同水泥的标准稠度用水量是不一样的。同一个水泥厂的同一品牌水泥，不同出厂日期的水泥，它们的标准稠度用水量也可能不一样。水泥标准稠度用水量以实测量值为准。

4.9.4.2　代用法

(1)调整用水量法：试锥下沉的深度为30mm±1mm时的拌和用水量为水泥的标准稠度用水量P，以水泥质量的百分数计，见式(4.16)。

(2)固定用水量法：用不变水量142.5mL方法测定时，根据式(4.15)或维卡仪上对应标尺计算得到标准稠度用水量P。

4.10　水泥凝结时间实验

4.10.1　实验原理

影响水泥凝结时间的因素是多方面的，凡是影响水泥水化速度的因素，如环境温度和湿度、熟料中游离氧化钙含量、氧化钾及氧化钠含量、熟料的矿物组成、水泥混合材料的含量、粉磨速度、水泥用水量、储存时间、石膏的形态和用量以及外加剂等，都会影响水泥的凝结时间。

《通用硅酸盐水泥》(GB 175—2007)(含修改单)规定，硅酸盐水泥的初凝时间不得小于45min，终凝时间不大于390min(即6.5h)。普通硅酸盐水泥和掺加水泥混合材料的硅酸盐水泥(包括矿渣硅酸盐水泥、火山灰硅酸盐水泥、粉煤灰硅酸盐水泥和复合硅酸盐水泥)的初凝时间不小于45min，终凝时间不大于600min(即10h)。

初凝时间和终凝时间中任何一项不符合要求，判断该水泥为不合格品。我国目前出产的普通水泥，初凝时间一般为1~3h，终凝时间为5~8h。

水泥的初凝和终凝时间，常作为评定水泥质量的依据之一。需要说明的是，水泥的凝结时间测定仅仅作为水泥的技术性质判定，它是在标准稠度用水量的情况下测定的凝结时间。

水泥凝结时间实验依据《水泥标准稠度用水量、凝结时间、安定性检验方法》(GB/T 1346—2011)。

测定水泥凝结时间实验的方法有维卡法和吉尔摩法两种。世界上大多数国家采用维卡法，各国只是在设备尺寸和养护条件上有所不同，其基本原理相同。

4.10.2　实验仪器

(1)标准法维卡仪：如图 4.5 所示。
(2)水泥净浆搅拌机。
(3)湿气养护箱。
(4)量筒或滴定管(量水器)：精度 0.5mL。

4.10.3　实验步骤

(1)测定前准备工作：将圆模放在玻璃板上，在内侧涂上一薄层机油。调整凝结时间测定仪的试针接触玻璃板，使指针对准零点。

(2)试样制备：以标准稠度用水量按 4.9 节制成标准稠度净浆，按要求装模和刮平后，立即放入湿气养护箱中。记录水泥全部加入水中的时间作为凝结的起始时间。

(3)初凝时间测定：试件在湿气养护箱中养护至加水后 30min 时进行第一次测定。测定时，从湿气养护箱中取出试模放在试针下，降低试针与水泥净浆表面接触。拧紧螺丝 1~2s 后，突然放松，使试杆垂直自由地沉入水泥净浆中。观察试针停止沉入或释放试针 30s 时指针的读数。临近初凝时，每隔 5min(或更短时间)测定一次。当试针沉至距底板 4mm±1mm 时为水泥达到初凝状态，由水泥全部加入水中至初凝状态的时间为水泥的初凝时间，用 min 来表示。

(4)终凝时间测定：为了准确观测试针沉入的状况，在终凝针上安装一个环形附件，如图 4.5 所示，即终凝时间测定需要换上终凝试针。完成初凝时间测定后，立即将试模连同浆体以平移的方式从玻璃板上取下，翻转 180°，直径大端向上、小端向下放在玻璃板上，再放入湿气养护箱中继续养护。临近终凝时每隔 15min(或更短时间)测定一次，当测针沉入试件 0.5mm 时，即环形附件开始不能在试件上留下痕迹时为水泥达到终凝状态，由水泥全部加入水中至终凝状态的时间为水泥的终凝时间，用 min 来表示。

(5)测定注意事项：在最初测定的操作时应轻轻扶持金属柱，使其徐徐下降，以防试针被撞弯，但结果以自由下落为准；在整个测试过程中试针沉入的位置至少要距离试模内壁 10mm。临近初凝时，每隔 5min(或更短时间)测定一次，临近终凝时每隔 15min(或更短时间)测定一次，达到初凝时应立即重复测一次，当两次结论相同时才能确定达到初凝状态。达到终凝时，需要在试体另外两个不同点测试，确定结论相同才能确定达到终凝状态。每次测定不能让试针落入原针孔，每次测试完毕需将试针擦净并将试模放回湿气养护箱内，整个测试过程要防止试模受振。

4.10.4　实验结果处理

(1)自加水起至试针沉入净浆中距底板 4mm±1mm 时，所需的时间为初凝时间，一般来说初凝时间应修约至 5min；自加水开始至试针沉入净浆中不超过 0.5mm(环形附件开始不能在净浆表面留下痕迹)时所需的时间为终凝时间，一般来说终凝时间应修约至 15min；凝结时间用 min 来表示。

（2）达到初凝或终凝时应立即重复测一次，当两次结论相同时才能定为达到初凝或终凝状态。

将水泥凝结时间的实验结果与《通用硅酸盐水泥》(GB 175—2007)（含修改单）规定（表 4.1）的凝结时间进行比较，凡是初凝时间和终凝时间中任何一项不符合要求的，判定该水泥为不合格品。

4.11　水泥安定性实验

4.11.1　实验原理

水泥安定性是水泥物理性能指标，是反映水泥质量的重要指标之一，世界各国在控制水泥质量时对体积安定性都十分重视。水泥安定性，是指水泥在凝结硬化过程中体积变化的均匀性。如果水泥硬化有水泥石产生剧烈的、不均匀的体积变化，即为安定性不良。安定性不良会使水泥制品或水泥混凝土结构中产生破坏应力，出现膨胀性裂缝，导致水泥石强度降低。若破坏应力高于水泥石强度，则会引起建筑物开裂、崩塌等严重质量事故。

中国建材检验认证集团股份有限公司（2021）分析了水泥安定性原因。引起水泥安定性不良的原因很多，主要有 3 种：熟料中游离氧化钙($f-CaO$)含量高、熟料中方镁石(MgO)含量高或掺入的石膏中三氧化硫(SO_3)含量高。

（1）熟料中形成游离氧化钙的原因

①低温游离氧化钙（又称欠烧游离氧化钙）。这是由于熟料欠烧生形成的，其形成温度一般在 $1100 \sim 1200 \, ℃$，这与建筑石灰的烧成温度基本相同。这种游离氧化钙结构疏松多孔，遇水反应较快，在水泥水化初期使水泥体积变化明显，在水泥终凝后试件表面会出现膨胀裂缝或爆裂现象。

②高温未化合的游离氧化钙（又称一次游离氧化钙）。这种游离氧化钙是由于生料饱和比过高、溶剂矿物少、生料太粗或混合不均匀、熟料在烧成带停留时间不足等原因造成的。这种游离氧化钙经 $1400 \sim 1450 \, ℃$ 的高温煅烧，且被包裹在熟料矿物中，结构也比较致密，不易水化，对水泥安定性的危害很大。

③熟料高温分解产生的游离氧化钙（又称二次游离氧化钙）。当熟料冷却速度很慢或有水汽作用时，熟料中硅酸三钙在 $1260 \, ℃$ 以下会分解为硅酸二钙和氧化钙，尤其在 $1150 \, ℃$ 时分解速度最快，分解出的氧化钙称为二次游离氧化钙。二次游离氧化钙水化很快，对水泥石的安定性影响较小，但会导致熟料强度明显下降。

（2）熟料中形成方镁石的原因：熟料中所含的方镁石主要是由原材料带入的。在硅酸盐水泥熟料煅烧过程中，由于氧化镁与二氧化硅、三氧化二铁的化学亲和力很小，因此，一般氧化镁不参与熟料矿物形成过程中的化学反应。熟料中氧化镁的存在形式主要有以下 3 种：①溶解于硅酸三钙等矿物中形成固溶体。②部分溶于玻璃体中。③以方镁石形式存在。前两种形式存在的氧化镁对硬化水泥浆体基本无破坏作用，而以方镁石形式存在时，氧化镁的水化速度非常慢，且水化后生成的氢氧化镁体积膨胀 148%，当方镁石达到一定含量时，会导致水泥安定性不良。

(3)水泥中三氧化硫形成的原因：水泥中的三氧化硫主要由掺入的石膏带入。三氧化硫含量过高时，在水泥硬化后，它还会继续与固态的水化铝酸钙发生反应，生成高硫型水化硫铝酸钙，体积膨胀 150%，也会引起水泥石开裂。

水泥安定性实验包括雷氏夹法(标准法)和试饼法(代用法)，按照标准稠度用水量制作试件，其前提条件是先测定水泥的标准稠度用水量。雷氏夹法是观测两个试针的相对位移所指示的水泥标准稠度净浆体积膨胀的程度，即水泥净浆在雷氏夹中沸煮后的外形变化来检验水泥的体积安定性。由于雷氏夹法便于操作和定量判断，一般采用雷氏夹法，本实验仅介绍雷氏夹法。水泥体积安定性实验依据《水泥标准稠度用水量、凝结时间、安定性检验方法》(GB/T 1346—2011)。

4.11.2　实验仪器

(1)沸煮箱：有效容积约为 410mm×240mm×310mm，箅板结构应不影响实验结果，箅板与加热器之间的距离大于 50mm。箱的内层由不易锈蚀的金属材料制成，能在 30min±5min 内将箱内的实验用水由室温升至沸腾并可保持沸腾状态 3h 以上，整个实验过程中不需补充水量。

(2)雷氏夹膨胀仪：由铜质材料制成，其结构如图 4.6 所示，当一根指针的根部先悬挂在一根金属丝或尼龙丝上，另一根指针的根部再挂上 300g 质量的砝码时，两根指针的针尖距离增加应在 17.5mm±2.5mm 范围内，当去掉砝码后针尖的距离能恢复至挂砝码前的状态。

(3)雷氏夹膨胀值测定仪：标尺最小刻度为 0.5mm。

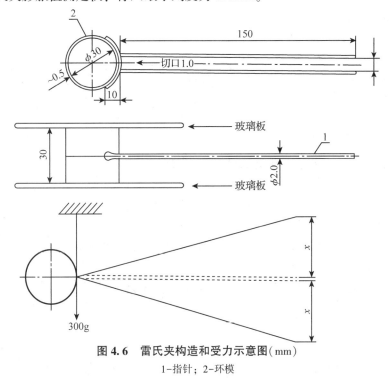

图 4.6　雷氏夹构造和受力示意图(mm)

1-指针；2-环模

(4)净浆搅拌机、养护箱、天平、量水器等。

4.11.3 实验步骤

(1)测定前准备工作：每个试样需成型两个试件，每个雷氏夹需配备两个边长或直径约80mm、厚度4~5mm的玻璃板，凡与水泥净浆接触的玻璃板和雷氏夹表面都要涂上一层矿物油。

(2)雷氏夹试件的成型：将预先准备好的雷氏夹放在已擦矿物油的玻璃板上，并立刻将已制好的标准稠度净浆一次性装满雷氏夹，装浆时一只手轻轻扶持雷氏夹，另一只手用宽约25mm的直边刀在浆体表面轻轻插捣3次，然后抹平，盖上涂油的玻璃板，接着立即将试件移至湿气养护箱内养护24h±2h。

(3)沸煮：调整好沸煮箱内的水位，使之在整个沸煮过程中都没过试件，不需中途添补实验用水，同时保证在30min±5min内将水煮沸。脱去玻璃板取下试件，此时试件和雷氏夹是连接为一体的，即雷氏夹上有水泥净浆试件，先测量雷氏夹指针尖端间的距离(A)，精确到0.5mm，接着将试件放入煮沸箱水中的试件架上，指针朝上，试件之间互不交叉，然后在30min±5min内加热水至沸腾，并恒沸180min±5min。

(4)测量雷氏夹针尖端距离：沸煮结束后，立即放掉沸煮箱中的热水，打开箱盖，待箱体冷却至室温，取出试件，测量雷氏夹针尖端距离。

(5)注意事项

①由于雷氏夹结构材质较薄，环模直径小，指示针较长，且对弹性有严格要求，在操作时应小心谨慎，勿施大力，以免造成损坏变形。

②雷氏夹使用前需自检核查弹性，在雷氏夹根部施加300g质量砝码，增大值应在17.5mm±2.5mm范围内。

③标准稠度净浆应一次性填满雷氏夹，在浆体表面轻轻插捣3次，缺口大小尽量保证原状，避免撑开尺寸过大，膨胀后超出雷氏夹所能承受的弹性范围，破坏雷氏夹的弹性。

④煮沸时，水位高度应保证整个过程全浸试件，中途不能添补沸煮用水。

⑤沸煮后应将试件冷却至初测量值时的室温一致，不允许加冷水急速冷却。

4.11.4 实验结果处理

测量煮沸后雷氏夹(带有煮沸后试件)指针尖端的距离(C)，准确至0.5mm，当两个试件沸煮后增加距离(C-A，俗称张度)的平均值不大于5.0mm时，即认为该水泥安定性合格。当两个试件沸煮增加距离(C-A)的平均值大于5.0mm时，应用同一样品立即重做一次实验，以复验结果为准。

安定性不合格的水泥判断为不合格品，不得用于土木工程上。

4.12 水泥胶砂强度实验方法——ISO法

4.12.1 实验原理

《水泥胶砂强度检验方法(ISO法)》(GB/T 17671—2021)规定水泥胶砂强度检验方法

（ISO 法）的方法概要、实验室和设备、胶砂组成、胶砂的制备、试体的制备、试体的养护、实验程序、实验结果、中国 ISO 标准砂和代用设备的验收检验。

《水泥胶砂强度实验方法（ISO 法）》，为 40mm×40mm×160mm 棱柱体的水泥抗压强度和抗折强度测定。

试体由按质量计的 1 份水泥、3 份中国 ISO 标准砂、半份的水（水灰比为 0.50）拌制的一组塑性胶砂制成。

胶砂用行星式胶砂搅拌机搅拌，在振实台上成型。

试体连模一起在湿气养护箱中养护 24h，然后脱模在水中养护至强度实验。

到实验龄期时，将试体从水中取出，先进行抗折强度实验，折断后每截再进行抗压强度实验。

水泥胶砂强度实验是为了测定水泥的强度等级或检验水泥强度是否满足规范相应强度等级的要求。水泥胶砂强度是水泥最为重要的物理性质，也是水泥的力学性能。水泥胶砂强度实验是水泥的重要实验之一，《通用硅酸盐水泥》（GB 175—2007）（含修改单）规定了不同水泥品种、不同等级的所有水泥的 3d 强度（抗折和抗压）和 28d 强度（抗折和抗压）的下限值（表 4.7）。

表 4.7　通用硅酸盐水泥品种及强度等级　　　　　MPa

品种	强度等级	抗压强度		抗折强度	
		3d	28d	3d	28d
硅酸盐水泥	42.5	≥17.0	≥42.5	≥3.5	≥6.5
	42.5R	≥22.0		≥4.0	
	52.5	≥23.0	≥52.5	≥4.0	≥7.0
	52.5R	≥27.0		≥5.0	
	62.5	≥28.0	≥62.5	≥5.0	≥8.0
	62.5R	≥32.0		≥5.5	
普通硅酸盐水泥	42.5	≥17.0	≥42.5	≥3.5	≥6.5
	42.5R	≥22.0		≥4.0	
	52.5	≥23.0	≥52.5	≥4.0	≥7.0
	52.5R	≥27.0		≥5.0	
矿渣硅酸盐水泥 火山灰硅酸盐水泥 粉煤灰硅酸盐水泥	32.5	≥10.0	≥32.5	≥2.5	≥5.5
	32.5R	≥15.0		≥3.5	
	42.5	≥15.0	≥42.5	≥3.5	≥6.5
	42.5R	≥19.0		≥4.0	
	52.5	≥21.0	≥52.5	≥4.0	≥7.0
	52.5R	≥23.0		≥4.5	
复合硅酸盐水泥	42.5	≥15.0	≥42.5	≥3.5	≥6.5
	42.5R	≥19.0		≥4.0	
	52.5	≥21.0	≥52.5	≥4.0	≥7.0
	52.5R	≥23.0		≥4.5	

4.12.2 实验室和设备

（1）实验室：试体成型实验室的温度应保持在 20℃±2℃，相对湿度应不低于 50%。实验用水泥、中国 ISO 标准砂和水的温度应与实验室温度相同。

（2）养护箱：试体带模养护的养护箱或雾室温度保持在 20℃±1℃，相对湿度不低于 90%，这也是水泥胶砂强度实验的标准养护条件。

养护箱的温度和湿度，在工作期间至少每 4h 记录一次，在自动控制的情况下记录次数可以减至每天记录 2 次。在温度给定范围内，控制所设定的温度应为此范围中值。

（3）养护水池：水样用养护水池（带篦子）的材料不应与水泥发生反应。试体养护池水温应保持在 20℃±1℃。试体养护池的水温在工作期间每天至少记录 1 次。

（4）金属丝网实验筛：用于 ISO 标准砂的颗粒分布筛分实验，方孔筛尺寸规格为 2.00mm、1.60mm、1.00mm、0.50mm、0.16mm 和 0.08mm。

（5）行星式胶砂搅拌机：应符合《行星式水泥胶砂搅拌机》（JC/T 681—2005）要求，其搅拌叶片和搅拌锅以相反方向转动。叶片和锅由耐磨的金属材料制成，叶片与锅底、锅壁之间的间隙为叶片与锅壁之间的最近距离，应每月检查一次。用多台搅拌机工作时，搅拌锅和搅拌叶片应保持配对使用。

（6）试模：水泥胶砂试件试模应符合《水泥胶砂试模》（JC/T 726—2005）要求。

试模有 3 个水平的模槽组成，可同时成型 3 条截面为 40mm×40mm、长为 160mm 的棱形试体。试模为可装卸的三联模，由隔板、端板、底座等部分组成，可同时成型。水泥胶砂实验试模及试件如图 4.7 所示。

当试模的任何一个公差超过规定的要求时，就应更换。在组装备用的干净试模时，应用黄干油等密封材料涂覆模型的外接缝。试模的内表面应涂上一薄层模型油或机油。

成型操作时，在试模上面加一个壁高 20mm 的金属模套，当从上往下看时，模套壁与模型内壁应该重叠，超出内壁不应大于 1mm。

为控制料层厚度和刮平胶砂，应备有两个播料器和一个金属刮平直尺。

图 4.7 水泥胶砂实验试模及试件照片

（7）水泥胶振实台：应符合《水泥胶砂实体成型振动台》（JC/T 682—2005）要求。由装有两个对称偏心轮的电动机产生振动，使用时固定于混凝土基座上。振实台应安装在高度约 400mm 的混凝土基座上。混凝土基座体积约 0.25m³，重约 600kg。为防止外部振动影响振实效果，可在整个混凝土基座下放一层厚约 5mm 的天然橡胶弹性衬垫。将仪器用地脚螺丝固定在基座上，安装后设备呈水平状态，仪器底座与基座之间要铺一层砂浆以确保它们完全接触。

(8)抗折强度试验机：应符合《水泥胶砂电动抗折试验机》(JC/T 724—2005)要求。

通过 3 根圆柱轴的 3 个竖向平面应该平行，并在实验时继续保持平行和等距离垂直试体的方向，其中一根支撑圆柱和加荷圆柱能轻微地倾斜使圆柱与试体完全接触，以便荷载沿试体宽度方向均匀分布，同时不产生任何扭转应力(图 4.8)。

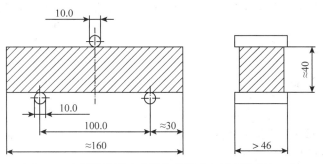

图 4.8　水泥胶砂强度实验抗折强度加荷示意图(mm)

抗折强度也可用抗压强度试验机来测定，此时应使用符合上述规定的夹具。

(9)抗压强度试验机：应符合《水泥胶砂强度自动压力试验机》(JC/T 960—2005)要求。

(10)抗压夹具：水泥胶砂强度实验抗压之前，应按照规定安装抗压夹具(图 4.9)。抗压夹具应符合《40mm×40mm 水泥抗压夹具》(JC/T 683—2005)要求。当需要使用抗压夹具时，应把它放在压力试验机的上下压板之间，并与压力机处于同一轴线，以便将压力机的荷载传递至胶砂试体表面。

(11)天平：感量不大于 1g。

(12)计时器：感量不大于 1s。

(13)加水器：感量不大于 1mL。

图 4.9　水泥胶砂强度抗压试验机及抗压夹具

4.12.3　胶砂组成

(1)ISO 基准砂：是由 SiO_2 含量不低于 98%、天然的圆形硅质砂组成，其颗粒分布见表 4.8。

表 4.8　ISO 基准砂的颗粒分布范围

方孔筛/mm	2.00	1.60	1.00	0.50	0.16	0.08
累计筛余范围/%	0	7±5	33±5	67±5	87±5	99±1

(2)中国 ISO 标准砂：应符合表 4.8 的颗粒分布要求，通过对有代表性样品的筛分来测定。每个筛的筛析实验应进行至每分钟通过量小于 0.5g 为止。

中国 ISO 标准砂的湿含量小于 0.2%，通过代表性样品在 105~110℃下烘干至恒重后的质量损失来测定，以干材料的质量百分率表示。

中国 ISO 标准砂生产厂在生产期间这种测定每天至少应进行 1 次。

中国 ISO 标准砂以 1350g±5g 容量的塑料袋包装。所用塑料袋不应影响强度实验结果，且每袋标准砂的颗粒分布应符合规定(表 4.8)的含量要求。使用前，中国 ISO 标准砂应妥善存放，避免破损、污染和受潮。

(3)水泥：水泥样品应储存在气密的容器里，这个容器不应与水泥发生反应。

(4)水：胶砂强度实验用水应符合《分析实验室用水规格和试验方法》(GB/T 6682—2008)规定的三级水，其他实验可用饮用水。

4.12.4 胶砂的制备

(1)胶砂的配合比：为 1 份水、3 份中国 ISO 标准砂和 0.5 份水(水灰比 0.5)。每锅材料，需要 450g±2g 水泥、1350g±2g 中国 ISO 标准砂和 225g±1g 或 225mL±1mL 水。一锅胶砂，成型 3 条胶砂试件。

(2)胶砂的搅拌：胶砂搅拌机一般自动控制，也可以手动控制。

①把水加入胶砂搅拌锅内，再加入水泥，把锅固定在固定架上，上升至工作位置。

②立即开动机器，先低速搅拌 30s，在第二个 30s 开始的同时均匀地将沙子加入。把搅拌机调整至高速再搅拌 30s。

③暂停搅拌 90s，在暂停开始的前 15s 内，将搅拌锅放下，用刮刀将叶片、锅壁和锅底上的胶砂刮入锅中。

④最后，在高速下继续搅拌 60s。

4.12.5 试件成型

胶砂制备后，立即进入振捣成型阶段，试件振捣成型分为用振实台成型和振动台成型两种情况。

(1)用振实台成型：将空试模和模套固定在振实台上，用料勺将锅壁上的胶砂清理到锅内，翻转搅拌胶砂使其均匀，然后将胶砂分两次装入试模。装第一层时，每个槽里约放 300g 胶砂，先用料勺沿试模长度方向滑动胶砂以布满模槽，再用大布料器垂直架在模套顶部沿每个模槽来回一次将料层布平，接着振实 60 次。再装入第二层胶砂，用料勺沿试模长度方向划动胶砂以布满模槽，但不能接触已振实胶砂，再用小布料器布平，振实 60 次。每次振实时可将一块用水湿过拧干、比模套尺寸稍大的棉纱布盖在模套上以防振实时胶砂飞溅。

移走模套，从振实台上取下试模，用一金属直边尺以近似 90°的角度架在试模顶的一端，然后沿试模长度方向以横向锯割动作慢慢向另一端移动，将超过试模部分的胶砂刮去。锯割的次数取决于胶砂的稀稠程度，较稠的胶砂需要多次锯割，锯割动作要慢，以防拉动已经振实的胶砂。用拧干的湿毛巾将试模端板顶部的胶砂擦拭干净，再用同一直边尺以近乎水平的角度将试体表面抹平。抹平的次数要尽量少，总次数不应超过 3 次。最后将试模周边的胶砂擦除干净。

用毛笔或其他方法对试体进行编号。两个龄期以上的试体，在编号时应将同一试模中的 3 条试体分在两个以上龄期内。

(2)用振动台成型:在胶砂搅拌机搅拌胶砂的同时,将试模和下料漏斗卡紧在振实台的中心。将搅拌好的全部胶砂均匀地装入下料漏斗中,开动振动台,胶砂通过漏斗流入试模。振动120s后停止振动。振动完毕,取下试模,用刮平尺按规定的刮平手法刮去其高出试模的胶砂并抹平、编号。

4.12.6　试件养护

(1)脱模前的处理和养护:在试模上盖一块玻璃板,也可用相似尺寸的钢板或不渗水的、与水泥不发生反应的材料制成的其他板。盖板不应与水泥胶砂接触,盖板与试模之间的距离应控制在2~3mm。立即将做好标记的试模放入养护室或湿气养护箱的水平架子上养护,湿空气应能与试模各边接触。养护时不应将试模放在其他试模上。一直养护到规定的脱模时间,然后取出,脱模。

(2)脱模:脱模阶段胶砂强度较低,脱模应非常小心。脱模时可以采用橡皮锤或脱模器。

对于24h龄期的,应在破型实验前20min内脱模。对于24h以上龄期的,应在试件成型后20~24h脱模。

(3)水中养护:将做好临时标记的试件立即水平或竖直放在20℃±1℃的清洁水中养护,水平放置时刮平面应朝上。

试件放在不易腐烂的篦子上,彼此间保持一定间距,让水与试体的6个面接触。养护期间试件间隔或试体上表面的水深不应小于5mm。

每个养护池只养护同类型的水泥试件。

最初用自来水装满养护池,随后随时加水保持适当的水位,在养护期间可以更换不超过50%的水。

(4)强度实验试体的龄期:除24h龄期或延迟至48h脱模的试件外,任何到龄期的试件应在实验(破型)前提前从水中取出。揩去试件表面沉积物,并用湿布覆盖至实验为止。

试体龄期是从水泥加水搅拌开始实验时算起。不同龄期的实验时间范围见表4.9。

表 4.9　水泥胶砂试件不同龄期的实验时间范围

龄期	实验时间
24h	24h±15min
48h	48h±30min
72h	72h±45min
7d	7d±2h
>28d	28d±8h

4.12.7　实验步骤

(1)抗折强度实验:试件到达龄期后,首先进行抗折强度测定,抗折强度试验机应符合《水泥胶砂电动抗折试验机》(JC/T 724—2005)要求。

将试件的一个侧面放在试验机的支撑圆柱上,试件长轴垂直于支撑圆柱,通过加荷圆柱以 50N/s±10N/s 的速率均匀地将荷载垂直地加在棱柱体相对侧面上，直至折断。

保持两个半截棱柱体处于潮湿状态直至抗压强度实验。

抗折强度按式(4.17)计算：

$$R_f = \frac{3F_f \times L}{2b^3} \tag{4.17}$$

式中：R_f——抗折强度，MPa；

F_f——折断时施加在棱柱体中部的荷载，N；

L——支撑圆柱体之间的支撑中心的距离，mm，一般为 100mm(试件长度 160mm，两段各 30mm)；

b——棱柱体正方形截面的边长，mm。

(2)抗压强度测定：抗折强度实验完成后，取出两个半截试件，进行抗压强度实验。抗压强度实验仪器应符合《水泥胶砂强度自动压力试验机》(JC/T 960—2005)要求。在半截面棱柱体的侧面实施抗压。

在整个施加荷载过程中以 2400N/s±200N/s 的速率均匀地加载直至破坏。

抗压强度按式(4.18)计算：

$$R_c = \frac{F_c}{A} \tag{4.18}$$

式中：R_c——抗压强度，MPa；

F_c——破坏时的最大的荷载，N；

A——受压面积，mm²，一般为 40mm×40mm。

4.12.8 实验结果处理

(1)抗折强度实验值确定

①当 3 个试件的抗折强度值较为平均时，以一组 3 个试件棱柱体抗折强度的平均值作为该组的抗折强度值。

②当 3 个试件中有一个抗折强度值超出平均值±10%时，应剔除该测量值，再取剩余两个的平均值作为该组的抗折强度值。

③当 3 个试件中有 2 个抗折强度值超出平均值±10%时，应剔除这两个测量值，以剩余一个作为该组的抗折强度值。

抗折强度精确至 0.1MPa。

水泥胶砂抗折强度确定，应掌握 3 个关键词：总平均值、剩余平均值、剩余值。总平均值，指所有试件测量值较为平均时取总的平均值。剩余平均值，指有一个测量值超出平均值的±10%时，剔除之，然后取剩余的平均值。剩余值，指当 3 个试件中有 2 个超出平均值的±10%时，取剩余一个的值。

(2)抗压强度：胶砂试件 3d 抗折强度一组有 3 个试件，而一个试件折断成 2 个。这样胶砂试件 3d 抗压强度一组共有 6 个试件。按照下列规定确定该组 3d 抗压强度值。

①当 6 个试件抗压强度测量值较为平均时，取 6 个试件抗压强度测量值的平均值，作为该组胶砂试件的抗压强度值。

②当 6 个试件抗压强度测量值中有 1 个超出平均值±10%时，剔除该测量值后，再分两种情况：第一种情况，剩余 5 个试件的抗压强度测量值较为平均时，取这 5 个试件的抗压强度测量值的平均值，作为该组胶砂试件的抗压强度值。第二种情况，剩余 5 个试件的抗压强度测量值中，如果再有 1 个超出这 5 个测量值的平均值的±10%时，该组实验无效，实验结果作废。

③当 6 个胶砂试件抗压强度测量值中有 2 个或 2 个以上超出平均值±10%时，该组实验无效，实验结果作废。

抗压强度精确至 0.1MPa。

水泥胶砂抗压强度确定，应掌握两个关键词：总平均值、剩余平均值。总平均值，指所有试件测量值较为平均时取总的平均值。剩余平均值，指有一个测量值超出平均值±10%时，剔除之，取剩余的平均值。

（3）水泥胶砂强度实验结论：综合上述水泥胶砂的抗折强度和抗压强度实验确定的值，与规范规定（表 4.7）对照比较，判定该水泥的胶砂强度是否符合规范要求。如果符合，该水泥胶砂强度合格；否则，该水泥胶砂强度不合格。

4.13　水泥胶砂流动度实验

4.13.1　实验原理

水泥胶砂流动度实验目的，就是测定水泥胶砂的流动度。水泥胶砂流动度实验依据《水泥胶砂流动度测定方法》（GB/T 2419—2005）进行。胶砂，按照《水泥胶砂强度检验方法（ISO 法）》（GB/T 17671—2021）制备。

火山灰质硅酸盐水泥、粉煤灰硅酸盐水泥、复合硅酸盐水泥和掺火山灰质混合材料的普通硅酸盐水泥在进行水泥胶砂强度实验时，其用水量按 0.50 水灰比和胶砂流动度不小于 180mm 来确定。当流动度小于 180mm 时，应以 0.01 的整数倍数递增的方法将水灰比调整至胶砂流动度不小于 180mm。

水泥胶砂流动度实验原理，是通过测定一定配合比的水泥胶砂在规定振动状态下的扩展范围来衡量其流动度。

4.13.2　实验仪器与材料

（1）水泥胶砂流动度测定仪（简称跳桌）：如图 4.10 所示，跳桌主要由机架和跳动部分组成。

机架是由铸铁铸造的，由 3 根相隔 120°分布的增强筋延伸至整个机架高度范围。机架孔周围环状打磨。机架孔轴线与圆盘上表面垂直。当圆盘下落和机架接触时，接触面保持光滑，并与圆盘上表面呈平行状态，同时，

图 4.10　水泥胶砂流动度测定仪

在 360°范围内完全接触。

跳动部分由圆盘形桌面和推拉杆组成,二者质量为 4.35kg,以推杆为圆心均匀分布。圆盘形桌面用布氏硬度不小于 200HB 的钢铸造,直径 300mm,边缘厚 5mm。其上表面光滑平整,镀硬铬,表面粗糙度介于 0.8~1.6 范围内。桌面中线刻圆直径 125mm,用来标识锥形试模位置。从圆形盘外边缘指向圆心有 8 条线条,相邻两条线间隔 45°。桌面由 6 根辐射状筋组成,相邻两条筋间隔 60°。圆盘表面的平面度不大于 0.100mm。跳动部分下落瞬间,托轮不应与凸轮接触。跳桌落距 10.0mm。

(2)胶砂搅拌机:应符合《行星式水泥胶砂搅拌机》(JC/T 681—2005)要求。

(3)试模:由截锥圆模和模套组成,由金属材料制作,内表面加工光滑。圆模规格为:高度 60mm,上口内径 70mm,下口内径 100mm,下口外径 120mm,模壁厚度 5mm。

(4)捣棒:由金属制作,直径 20mm,长 200mm。捣棒底面与侧面成直角,其下部分光滑,上部分手柄滚花。

(5)卡尺:量程 300mm,感量 0.5mm。

(6)小刀:刀口平直,长约 80mm。

(7)天平:量程不小于 1000g,感量不大于 1g。

4.13.3 实验步骤

(1)如果跳桌超过 24h 未使用,实验前应先空跳一个周期(25 次)。

(2)按照《水泥胶砂强度检验方法(ISO 法)》(GB/T 17671—2021)规定制备胶砂。同时,用潮湿棉布擦拭跳桌台面、试模内壁、捣棒以及与胶砂接触的用具,将试模放到跳桌台面中线并用润湿棉布覆盖。

(3)将拌和好的胶砂分两层迅速装入试模,第一层装至截锥圆模高度的 2/3 处,用小刀在相互垂直两个方向上各划 5 次,再用捣棒由边缘至中心均匀捣压 15 次(图 4.11)。随后,装第二层胶砂,装至高出截锥圆模 20mm,用小刀在相互垂直方向上各划 5 次,再用捣棒由边缘至中线均匀捣压 10 次(图 4.12)。捣压后胶砂应略高于试模,捣压深度,第一层至胶砂高度的 1/2,第二层捣实不超过已捣实底层表面。装胶砂和捣压时,用手扶稳试模,不要使其移动。

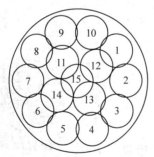

图 4.11 胶砂流动度实验第一层捣压平面位置示意图

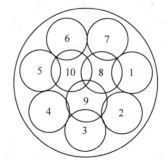

图 4.12 胶砂流动度实验第二层捣压平面位置示意图

(4)捣压结束,取下套模,将小刀倾斜,从中间向边缘分两次以近似水平的角度抹去高出截锥圆模的胶砂，并擦去掉落在桌面上的胶砂。将截锥圆模垂直向上轻轻提起，立即启动开关，使得跳桌跳动，以每秒一次的频率在 25s 内完成 25 次跳动。

（5）整个流动度实验，从胶砂加水开始到测定扩散直径完毕，应在 6min 内完成。

4.13.4　实验结果处理

（1）计算：胶砂流动度实验结束，跳动完毕，用卡尺测量胶砂底面相互垂直的两个方向的直径，其平均值作为该水量相应的水泥胶砂流动度，保留整数。

（2）实验结果判定：实测流动度与《通用硅酸盐水泥》（GB 175—2007）（含修改单）规定的胶砂流动度对照比较。实测水泥胶砂的流动度不小于 180mm，则流动度合格。

第 5 章 普通混凝土实验

5.1 概述

土木工程重要材料中，钢材通过规定的抽样和实验比较容易判断钢材是否符合设计和规范要求。如果符合，则该钢材可以用在相应工程上；如果不符合，则该钢材不得用在相应工程上。显然，钢材的品质控制只有钢材生产厂家才能做到，工程单位是无法提升钢材品质的，只能对钢材进行抽样检测，进而判断该钢材是否可以用于相应工程，而水泥混凝土，是由多种物质组成的复合材料，仅仅其中的原材料水泥、细集料、粗集料、掺合料、外加剂抽样检测合格是不够的，还需要对水泥混凝土本身开展实验检测，工程上还可以提升水泥混凝土的品质。当然，用于工程上的水泥混凝土是否满足规范和设计要求，是否可以提升品质，还需要在原材料检测、配合比设计、拌和物性能实验、力学性能实验、混凝土强度评定、混凝土凝结时间等诸多方面进行扎实的工作。这就不难理解，相对于钢材，水泥混凝土更容易出现质量问题。显然，工程现场如何把握水泥混凝土质量，则更复杂、更困难、更具挑战性。

本章重点介绍水泥混凝土拌和物性能、凝结时间、力学性能、强度评定、抗渗等重要实验。其中，拌和物性能实验中，明确坍落度实验结果判定，并延伸到实际工程配合比设计报告。混凝土凝结时间，分析了其与水泥凝结时间的异同点，展示了混凝土凝结时间计算原理及 Excel 操作步骤，讨论现行规范对混凝土凝结时间实验的局限性。力学性能实验，增加了混凝土强度评定内容和钻芯取样实验，因为实际工程中能够评定水泥混凝土强度（涉及质量鉴定评定）的，只有浇筑混凝土时随机取样的试件和随机钻芯取样的试件强度。回弹和超声回弹测定的混凝土强度可以作为测量值，只能推定混凝土强度，即不能评定混凝土强度，不能作为涉及质量鉴定、评定的依据。随着地下工程的增加，混凝土抗渗越来越重要，本教材增加了混凝土抗渗实验。

5.2 混凝土拌和物取样及试样的制备

5.2.1 实验原理

水泥混凝土拌和物实验依据《普通混凝土拌和物性能试验方法标准》(GB/T 50080—

2016)进行。

(1)集料最大粒径：应符合相关标准规定，也应结合设计和工程实际情况。大体积的混凝土(如基础混凝土)集料最大粒径可适当大一些，截面尺寸小且配筋密集的混凝土的最大粒径可以适当小一些。集料最大粒径不是随意变化的，而是在配合比设计阶段就已经结合设计、规范和工程实际情况确定了下来，在施工过程应严格按照批准的配合比选择集料及其相应最大粒径范畴。

(2)实验环境条件：实验环境温度 20℃±5℃，相对湿度不宜小于 50%，所用材料、实验设备、容器及辅助设备的温度，与实验室温度应保持一致。

(3)现场实验要求：现场实验时，应避免混凝土拌和物试样受到风、雪及阳光直射影响。

(4)压力试验机要求：实验用压力机或万能试验机，应符合《液压式万能试验机》(GB/T 3159—2008)和《试验机通用技术要求》(GB/T 2611—2007)的规定，其测量精度 1%，试件破坏荷载应大于压力机量程的 20% 且小于 80%。压力机同时应具有加荷速度指示装置或加荷速度控制装置，上下压板平整并有足够刚度，可均匀地连续加荷卸荷，可保持规定荷载，开机停机均灵活自如，能够满足试件破坏型吨位要求(陈志源，2012)。

目前较为常用的压力试验机规格，有 300kN(30t)和 2000kN(200t)两种。选择压力试验机时，要特别注意其额定量程与破坏荷载之间的关系。对于 30t 的压力试验机，适用于破坏荷载较小的，例如低标号混凝土和砂浆等，破坏荷载宜为 6t(30t×20%)~24t(30t×80%)。对于 200t 的压力试验机，适用于破坏荷载较大的，如中、高标号混凝土等，破坏荷载宜为 40t(200t×20%)~160t(200t×80%)。

(5)搅拌机：应符合《混凝土实验用搅拌机》(JG 244—2009)要求。

(6)实验设备：使用前应经过校准。

5.2.2　试样制备

(1)混凝土拌和物取样位置及数量：施工现场取样时，同一组混凝土拌和物的取样应从同一盘混凝土或同一车混凝土中取样。一般来说，施工现场取样数量满足实验即可。

实验室取样时，取样数量应多于实验所需量的 1.5 倍，且不宜小于 20L。在进行配合比实验和验证时，需要满足工作性和 28d 强度要求，一般取样 25L 或 30L。

(2)代表性取样：混凝土拌和物的取样应具有代表性，宜采用多次采样的方法。施工现场一般在同一盘混凝土或同一车混凝土中的约 1/4 处、1/2 处和 3/4 处分别取样，从第一次到最后一次取样不宜超过 15min，然后人工搅拌均匀。

(3)从取样完毕到开始做各项性能实验不宜超过 5min。

(4)实验室制备混凝土拌和物规定

①混凝土拌和物应采用搅拌机搅拌，搅拌前应将搅拌机冲洗干净，并预拌少量同种混凝土拌和物或水胶比相同的砂浆，搅拌机内壁挂浆后将剩余料卸出。

②称好的粗骨料、细骨料、胶凝材料和水应依次加入搅拌机，难溶和不溶的粉状外加剂宜与胶凝材料同时加入搅拌机，液体和可溶外加剂宜与拌和水同时加入搅拌机。

③混凝土拌和物宜搅拌 2min 以上，直至搅拌均匀。

④混凝土拌和物一次搅拌量，不宜少于搅拌机公称容量的 1/4，不应大于搅拌机公称容量，且不应少于 20L。

（5）实验室拌和混凝土时，材料用量应以质量计。称量精度：骨料为±1%；水、水泥、掺合料、外加剂均为±0.5%。

（6）取样应记录下列内容并写入实验或检测报告：

①实验或取样日期、时间和实验或取样人。

②工程名称、结构部位。

③混凝土加水时间和搅拌时间。

④混凝土标记。

⑤取样方法。

⑥试样编号。

⑦试样数量。

⑧温度、湿度及取样时的天气情况。

⑨取样混凝土的温度。

（7）实验室制备混凝土拌和物记录除包括取样记录外，还应增加下列记录：

①实验环境温度。

②实验环境湿度。

③各种原材料品种、规格、产地及性能指标。

④混凝土配合比和每盘混凝土的材料用量。

实验应采用建立台账的方式，进行有效管理；取样记录和实验记录，应把关键信息写进台账。

5.3　混凝土坍落度及经时损失实验

5.3.1　坍落度实验

5.3.1.1　实验原理

坍落度，适用于骨料最大粒径不大于 40mm、坍落度不小于 10mm 的混凝土拌和物的稠度测定。坍落度实验所用的坍落度仪如图 5.1 所示。

按照《混凝土质量控制标准》（GB 50164—2011），混凝土拌和物的坍落度的等级划分，见表 5.1。

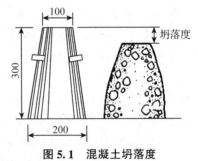

图 5.1　混凝土坍落度
测定示意图（mm）

表 5.1　混凝土拌和物的坍落度等级划分

等级	S1	S2	S3	S4	S5
坍落度/mm	10~40	50~90	100~150	160~210	≥220

5.3.1.2　实验仪器

（1）坍落度实验用坍落度仪：应符合《混凝土坍落度仪》（JG/T 248—2009）。

（2）钢尺：2 把，钢尺的量程不应小于 30mm，感量不应大于 1mm。

（3）底板：应采用平面尺寸不小于 1500mm×1500mm、厚度不应小于 3mm 的钢板，其挠度不应大于 3mm。

5.3.1.3　实验步骤

（1）坍落度筒内壁和底板上应无明水。底板应放置在坚实水平面上，并把筒放在底板中心，然后用脚踩住两边的脚踏板，坍落度筒在装料时应保持在固定的位置。

（2）把按要求取得的混凝土试样用小铲分 3 层均匀装入筒内，捣实后每层高度约为筒高的 1/3。每层用捣棒插捣 25 次。插捣应沿螺旋方向由外向中心进行，各次插捣处应在截面上均匀分布。插捣筒边混凝土时，捣棒可以稍稍倾斜。插捣底层时，捣棒应贯穿整个深度，插捣第二层和顶层时，捣棒应插透本层至下一层的表面；浇灌顶层时，混凝土应灌到高出筒口。插捣过程中，如混凝土沉落到低于筒口，则应随时添加。顶层插捣后，刮去多余的混凝土，并用抹刀抹平。

（3）清除筒边底板上的混凝土后，垂直平稳地提起坍落筒。坍落筒的提离过程在 5～10s 完成；从开始装料到提坍落筒的整个过程应不间断地进行，并应在 150s 内完成。

（4）提起坍落筒后，测量筒高与坍落后混凝土试体最高点之间的高度差，即为该混凝土拌和物的坍落度值；坍落度筒提离后，如混凝土发生崩塌或一边崩坏现象，则应重新取样另行测定；如第二次实验仍出现上述现象，则表示该混凝土和易性不好，应予记录备查。

（5）观察坍落后的混凝土试体的黏聚性和保水性。黏聚性的检查方法是用捣棒在已坍落的混凝土锥体侧面轻轻敲打，此时如果锥体逐渐下沉，则表示黏聚性良好，如果锥体倒塌、部分崩裂或出现离析现象，则表示黏聚性不好。保水性以混凝土拌和物稀浆析出的程度来评定，坍落度筒提起后如有较多的稀浆从底部析出，锥体部分的混凝土也因失浆而骨料外漏，则表明此混凝土拌和物的保水性能不好。如果坍落度筒提起后无稀浆或仅有少量稀浆自底部析出，则表示此混凝土拌和物保水性良好。

混凝土拌和物坍落度测量精确至 1mm，结果应修约至 5mm。

混凝土拌和物稠度实验报告内容除了 5.2 节的实验记录内容外，还应记录混凝土拌和物坍落度值。

5.3.1.4　实验结果处理

坍落度没有统一的标准。在混凝土配合比设计之前，应根据工程实际情况确定合理的坍落度范围。例如，对于一般混凝土，当配筋密、截面尺寸小，坍落度可大一些（如 70～90mm）；对于配筋稀疏、截面尺寸大的基础混凝土，坍落度可小一些（如 30～50mm）。对于泵送混凝土，坍落度普遍较大，一般可以在 120～160mm。对于桩基础水下混凝土，坍落度一般控制在 180～220mm。

一旦确定了混凝土坍落度，并根据这个坍落度进行配合比设计和验证，且审批配合比设计报告被通过，这个坍落度就是设计坍落度，也就是该混凝土的坍落度是否符合设计要求的判定标准。

施工现场随机抽样混凝土拌和物的坍落度实测量值，应该在已经批准的混凝土设计坍落度范围之内。如果实测坍落度与批准的混凝土设计坍落度相差较大，应该查明原因，采取有效的补救措施。

实际工程的坍落度与混凝土配合比设计密切相关。

5.3.2 坍落度经时损失实验

5.3.2.1 概述

混凝土拌和物经过一段时间以后，坍落度较拌和物初期测定的坍落度有所减少，其坍落度减少量称为坍落度损失，又称为经时损失。

一般混凝土坍落度损失不大，对混凝土影响也不大，但是对于有特殊要求的混凝土，如果坍落度损失过大，将会造成较为严重的后果甚至可能导致混凝土报废。例如，在高层建筑、公路桥梁和铁路桥梁上广泛使用的桩基础水下混凝土，公路桥梁和铁路桥梁上使用非常广泛的需要连续浇筑成型的连续梁桥和简支梁桥的单根预制梁板，这些重要混凝土必须采取有效措施防止经时损失过大。

《混凝土质量控制标准》（GB 50164—2011）规定：混凝土拌和物的坍落度经时损失不应影响混凝土的正常施工。泵送混凝土拌和物的坍落度经时损失不宜大于30mm/h。

5.3.2.2 实验仪器

经时损失实验采用坍落度仪，应符合《混凝土坍落度仪》（JG/T 248—2009）要求。另外，还需要塑料桶或金属桶、计时器等。

5.3.2.3 实验步骤

(1)自混凝土加水开始计时，按照规定搅拌混凝土拌和物。

(2)测量刚刚出机或刚刚拌和好的混凝土拌和物的初始坍落度值（h_0）。

(3)将进行坍落度实验的全部混凝土拌和物试样装入塑料桶或不被水泥浆腐蚀的金属桶内，用桶盖或塑料薄膜密封静置。

(4)静置60min后，将桶内混凝土拌和物试样全部倒入搅拌机，重新搅拌20s，重新进行坍落度实验，然后测定重新搅拌的混凝土拌和物的坍落度值（h_{60}）。

(5)计算初始坍落度与60min坍落度的差值（$\Delta h = h_0 - h_{60}$）。

(6)比较经时损失 Δh 与预期经时损失限值。

如果经时损失过大，需要分析原因，必要时需要重新调整配合比。

5.4 混凝土扩展度及扩展度经时损失实验

5.4.1 扩展度实验

一般混凝土采用人工搬移和常规振捣，其扩展度是没有问题的，但是对于难以人工振捣且浇筑平面面积较大的混凝土，如桩径很大的水下混凝土、自密实混凝土等，混凝土需要依靠自身扩展流动来充满被浇筑范围内的空间，其扩展度就显得尤其重要。

《混凝土质量控制标准》(GB 50164—2011)规定，泵送高强混凝土的扩展度不宜小于 500mm；自密实混凝土的扩展度不宜小于 600mm。

5.4.1.1　实验原理

扩展度适用于骨料最大粒径不大于 40mm、坍落度不小于 10mm 的混凝土拌和物的扩展度测定。

按照《混凝土质量控制标准》(GB 50164—2011)，混凝土拌和物的坍落度、维勃稠度和扩展度的等级划分见表 5.2。

表 5.2　混凝土拌和物的扩展度坍落度等级划分

等级	F1	F2	F3	F4	F5	F6
扩展直径/mm	≤340	350~410	420~480	490~550	560~620	≥630

5.4.1.2　实验仪器

扩展度实验仪器，同坍落度实验仪器。

5.4.1.3　实验步骤

(1)拓展度实验混凝土拌和物装料和插捣要求同坍落度实验。

(2)清除坍落度筒边底板上的混凝土，垂直平稳地提起坍落度筒，坍落度筒的提离过程宜控制在 3~7s。

(3)当混凝土拌和物不再扩散或扩散持续时间已经达到 50s 时，采用钢尺测量混凝土拌和物扩展面的最大直径，以及与最大直径呈垂直方向的直径。取两个测量值的算术平均值作为坍落度的扩展度值。

扩展度实验从开始装料到测得混凝土扩展度值的整个过程应连续进行，并在 4min 内完成。

混凝土拌和物扩展度测量精确至 1mm，结果修约至 5mm。

如果发现粗骨料在中央堆集或边缘有水泥析出，表示此混凝土拌和物抗离析分层，应予以记录。

5.4.2　扩展度经时损失实验

扩展度经时损失与坍落度经时损失实验几乎一样，所不同的是测量目标。扩展度经时损失实验步骤：

(1)自混凝土加水开始计时，按照规定搅拌混凝土拌和物。

(2)测量刚刚出机或刚刚拌和好的混凝土拌和物的初始扩展度值(L_0)。

(3)将进行坍落度实验的全部混凝土拌和物试样装入塑料桶或不被水泥浆腐蚀的金属桶内，用桶盖或塑料薄膜密封静置。

(4)静置 60min 后，将桶内混凝土拌和物试样全部倒入搅拌机，重新搅拌 20s，重新进行扩展度实验，测定重新搅拌的混凝土拌和物的扩展度值(L_{60})。

(5)计算初始扩展度与 60min 扩展度的差值($\Delta L = L_0 - L_{60}$)。

(6)比较经时损失 ΔL 与预期经时损失限值。

5.5 混凝土维勃稠度实验——维勃稠度法

5.5.1 维勃稠度法适用条件

坍落度是针对一般混凝土拌和物的工作性，而维勃稠度是针对干硬性混凝土拌和物的工作性。

维勃稠度法，适用于骨料最大粒径不大于40mm，维勃稠度在5~30s的混凝土拌和物稠度测定。

按照《混凝土质量控制标准》（GB 50164—2011），混凝土拌和物的维勃稠度的等级划分见表5.3。

表 5.3　混凝土拌和物的维勃稠度等级划分

等级	V0	V1	V2	V3	V4
维勃稠度/mm	≥31	30~21	20~11	10~6	5~3

5.5.2 实验步骤

维勃稠度测定示意图如图5.2所示。维勃稠度实验步骤如下：

（1）维勃稠度实验所用维勃稠度仪应放置在水平面上，用湿布把容器、坍落度筒、喂料斗内壁及其他用具润湿。

（2）将喂料斗提到坍落度筒上方扣紧，校正容器位置，使其中心位置与喂料斗中心重合，然后拧紧固定螺丝。

（3）把按要求取样或制作的混凝土拌和物试样用小铲分3层经喂料斗均匀地装入筒内，装料及插捣的方法同坍落度法。

（4）把喂料斗转离开，垂直地提起坍落度筒，此时应注意不要使混凝土产生横向的扭动。

图 5.2　混凝土维勃稠度测定示意图

（5）把透明圆盘转到混凝土圆台体顶面，放松测杆螺丝，降下圆盘，使其轻轻接触到混凝土顶面。

（6）拧紧定位螺丝，并检查测杆螺钉是否已经完全放松。

（7）在开启振动台的同时用秒表计时。当振动到透明圆盘的底面被水泥浆布满的瞬间时停止计时，并关闭振动台。

5.5.3 实验结果处理

秒表显示时间即为该混凝土拌和物的维勃稠度值，精确至1s。

混凝土拌和物稠度实验报告内容除了应有5.2节的实验记录内容外，还应报告混凝土拌和物维勃稠度值。

5.6　混凝土凝结时间实验

5.6.1　概述

混凝土凝结时间的概念和分类，同水泥的凝结时间。虽然概念相同，但水泥的凝结时间不能等同于实际工作中水泥浆、水泥混凝土等的凝结时间。

水泥与水泥混凝土的凝结时间存在较大区别：

(1)测定规范、方法和仪器不同。水泥的凝结时间测定采用维卡仪，依据《水泥标准稠度用水量、凝结时间、安定性检验方法》(GB/T 1346—2011)。混凝土的凝结时间采用贯入阻力仪测定，测定方法见《普通混凝土拌和物性能试验方法标准》(GB/T 50080—2016)。

混凝土的凝结时间影响因素有很多，混凝土组成材料、粉煤灰掺和料、气温、外加剂等都可能影响混凝土的凝结时间，混凝土凝结时间的确定应以实测为准。

《普通混凝土拌和物性能试验方法标准》(GB/T 50080—2016)明确：在制备或现场取样的混凝土拌和物试样中，用5mm标准筛，用筛出砂浆测定混凝土凝结时间。用砂浆的凝结时间，来近似代替混凝土凝结时间，这对混凝土凝结时间的准确性是有影响的，且贯入阻力法操作和计算较为烦琐，具有相当大的难度。因此，开发或研究出简单实用的、适合水泥混凝土的凝结时间实验的新方法，是一个值得探讨的新课题。

(2)工程意义不同。水泥的凝结时间是水泥的技术性质之一。水泥的凝结时间具有规范意义，不符合规范就判定为不合格品，水泥凝结时间与施工现场没有直接关联。

水泥混凝土凝结时间具有工程意义。混凝土凝结时间与施工现场有直接关系，混凝土的初凝时间不合格可能导致某些混凝土报废。混凝土的凝结时间根据工程实际情况，应处于合理范围，初凝时间过短，新拌混凝土的拌和、运输、浇筑和振捣时间就很紧张；混凝土终凝时间过长，可能对施工进度产生不利影响。

下面以某工程桩基为例，说明混凝土凝结时间的重要性。某桩基桩径2.5m，桩长77m，设计单桩竖向承载力3300t，采用水下混凝土。水下混凝土实际浇筑时间超过初凝时间，该桩浇筑至距桩底约15m时，发生无法继续浇筑进而断桩的质量事故。施工单位的后续对策是重新回填重新冲孔重新浇筑，重新冲孔过程中采用电磁吸铁，把报废的桩基的钢筋残渣吸上地面(图5.3)。

图 5.3　某桩基断桩后重新冲孔的钢筋残渣照片

混凝土凝结时间实验较为烦琐，理论计算较为复杂，测定精度不高。施工现场开展混凝土凝结时间实验的并不多。

水泥混凝土凝结时间实验方法常用贯入阻力法，原理是从混凝土拌和物中筛出砂浆，测定砂浆的凝结时间作为水泥混凝土的凝结时间。该方法适用于坍落度值不为 0 的混凝土拌和物，不适用于坍落度为 0 的干硬性混凝土。

5.6.2　实验仪器

贯入阻力仪由加荷装置、测针、砂浆试样筒和标准筛组成，可以手动，也可以自动，如图 5.4 所示。贯入阻力仪应符合下列要求。

（1）加荷装置：最大测量值应不小于 1000N，精度为 ±10N。

（2）测针：长为 100mm，在距离贯入端 25mm 处应有明显标记，承压面积分为 100mm²、50mm² 和 20mm²。

（3）砂浆试样筒：上口径为 160mm，下口径为 150mm，净高为 150mm 刚性不透水的金属圆筒，并配有盖子。

（4）标准筛：筛孔为 5mm 的符号现行国家标准、规定的金属方孔筛，并应符合《试验筛技术要求和检验　第 2 部分：金属穿孔板试验筛》（GB/T 6003.2—2012）。

（5）振动台：应符合《混凝土试验用振动台》（JG/T 245—2009）。

（6）捣棒：应符合《混凝土坍落度仪》（JG/T 248—2009）。

图 5.4　贯入阻力仪

5.6.3　实验步骤

（1）从按相应标准制备或现场取样的混凝土拌和物试样中，用 5mm 标准筛筛出砂浆，每次应筛净，然后将其拌和均匀。

（2）将砂浆一次分别装入 3 个试样筒中，做 3 个实验。取样混凝土坍落度不大于 90mm 的混凝土宜用振动台振实砂浆；取样混凝土坍落度大于 90mm 的宜用捣棒人工捣实。

（3）用振动台振实砂浆时，振动应持续到表面出浆为止，不得过振；用捣棒人工捣实时，应沿螺旋方向由外向中心均匀插捣 25 次，然后用橡皮锤轻轻敲打筒壁，直至插捣孔消失为止。振实或插捣后，砂浆表面应低于砂浆试样筒口约 10mm；砂浆试样筒应立即加盖。

（4）砂浆试样制备完毕编号后，置于温度为 20℃±2℃ 的环境中待试，并在以后的整个过程中，环境温度始终保持在 20℃±2℃。在整个测试过程中，除在吸取泌水或进行贯入实验外，试样筒应始终加盖。现场同条件测试时，应与现场条件保持一致。

（5）凝结时间测定从水泥加水接触瞬间开始计时。根据混凝土拌和物的性能，确定测针实验时间，以后每隔 0.5h 测试一次，在临近初、终凝时间时可增加测定次数，缩短测试间隔时间。

（6）在每次测试前 2min，将一片 20mm±5mm 厚的垫块垫入筒底一侧使其倾斜，用吸管吸去表面的泌水，吸水后平稳地复原。

（7）测试时将砂浆试样筒置于贯入阻力仪上，测试端部与砂浆表面接触，然后在 10s±2s 内均匀地使测针贯入砂浆 25mm±2mm 深度，记录贯入压力，精确至 10N；记录测试时间，精确至 1min；记录环境温度，精确至 0.5℃。

（8）每个砂浆筒每次测 1~2 个点，各测点的间距应大于测针直径的 2 倍且不小于15mm，测点与试样筒壁的距离应不小于 25mm。

（9）贯入阻力测试在 0.2~28MPa 应至少进行 6 次，直至贯入阻力大于 28MPa 为止。

（10）在测试过程中应根据砂浆凝结状况，适时更换测针，更换测针宜按表 5.4 规定选用。

表 5.4　测针选用规定表

贯入阻力/MPa	0.2~3.5	3.5~20	20~28
测针面积/mm^2	100	50	20

5.6.4　实验结果处理

（1）贯入阻力：按式（5.1）计算。

$$f_{PR} = \frac{P}{A} \tag{5.1}$$

式中：f_{PR}——贯入阻力，MPa，精确至 0.1MPa；

$\quad\quad P$——贯入压力，N；

$\quad\quad A$——测针面积，mm^2，计算时应根据表 5.4 选择测针。

（2）凝结时间计算

①水泥混凝土凝结时间：宜通过线性回归方法按式（5.2）确定。

根据式（5.2）可求得单位面积贯入阻力为 3.5MPa 时对应的时间为初凝时间，单位面积贯入阻力为 28MPa 时对应的时间为终凝时间。

$$\ln t = a + b \times \ln f_{PR} \tag{5.2}$$

式中：t——单位面积贯入阻力对应的测试时间，min；

$\quad\quad a$、b——线性回归系数。

②初凝时间和终凝时间计算：由式（5.2）可以推导出贯入阻力为 3.5MPa 时为初凝时间 t_s，见式（5.3）。由式（5.2）可以推导出贯入阻力为 28MPa 时为终凝时间 t_e，见式（5.4）。

$$t_s = e^{[a+b\ln(3.5)]} \tag{5.3}$$

$$t_e = e^{[a+b\ln(28)]} \tag{5.4}$$

式中：t_s——初凝时间，min；

$\quad\quad t_e$——终凝时间，min；

$\quad\quad a$、b——由式（5.2）线形回归计算出来的线性回归系数。

凝结时间也可用绘图拟合方法确定，以贯入阻力为纵坐标，经过的时间为横坐标（精确至 1min），绘制出贯入阻力与时间之间的关系曲线，以 3.5MPa 和 28MPa 划两条平行于横坐标的直线，分别与曲线相交的两个交点的横坐标即为混凝土拌和物的初凝和终凝时间。

用 3 个实验结果的初凝和终凝时间的算术平均值作为此次实验的初凝和终凝时间。如果 3 个测量值的最大值或最小值中有一个与中间值之差超过中间值的 10%，则以中间值为实验结果；如果最大值和最小值与中间值之差超过中间值的 10%，则此次实验无效。

凝结时间用 h：min 表示，并修约至 5min。

5.6.5　实验报告

混凝土拌和物凝结时间实验报告内容除应包括 5.2 节的内容外，还应包括：

（1）每次做贯入阻力实验时所对应的环境温度、时间、贯入压力、测针面积和计算出来的贯入阻力值。

（2）根据贯入阻力和时间绘制的关系曲线。

（3）混凝土拌和物的初凝时间和终凝时间。

（4）其他应说明的情况。

5.6.6　凝结时间 Excel 计算原理

借助 Excel 计算不一定要按照《普通混凝土拌和物性能试验方法标准》（GB/T 50080—2016）推荐的线形回归[式（5.2）]，采用公式本身的幂函数形式（非线性回归），依然可以方便地使用 Excel，实现自动计算，必要时仍需要借助计算器。

下面由式（5.2）演变成式（5.5），式（5.5）为公式本身的幂函数形式（非线性回归）。

$$t = c \times (f_{PR})^d \tag{5.5}$$

式中：c、d——非线性回归系数，其中 $c=e^a$、$d=b$，其余符号意义同前。

式（5.5）即非线性回归法的方程，事实上是幂函数方程。式（5.5）的本质就是通过实测的一组凝结时间 t 和贯入阻力 f_{PR}，通过非线性回归（幂函数）拟合出系数 c、d。在拟合出系数 c、d 后，将贯入阻力 3.5MPa 代入式（5.5），就可以计算得到初凝时间 t_s；将贯入阻力 28MPa 代入式（5.5），就可以计算得到初凝时间 t_e。

5.6.7　凝结时间的 Excel 操作步骤

首先将测定的凝结时间数据输入 Excel 表格中→插入散点图→右击刚刚插入的空白散点图，点击"选择数据"→弹出的对话框中在"图例项（系列）"这一栏中点击"添加"→弹出的对话框中"系列名称"输入"非线性回归法""X 轴系列值"中添加"贯入阻力 f_{PR}"那一列的数据、"Y 轴系列值"中添加"时间 t"那一列的数据，添加完成后点击"确定"→双击纵、横坐标，将坐标轴边界最小、最大值分别设置为合适的区间→在添加的散点图中，点击其中任意一个散点，右击选择"添加趋势线"→弹出的对话框中"趋势线选项"选择"幂"，并勾选上"显示公式"→得出公式（5.5）中的非线性回归系数 c、d 及回归曲线图。

下面以某实际工程为背景，来分析凝结时间的 Excel 计算的操作步骤。已知混凝土 C40，普通硅酸盐水泥 P.O42.5R，该 C40 混凝土的凝结时间实验数据见表 5.5。

表 5.5　贯入阻力实验数据

序号	贯入阻力 f_{PR}/MPa	时间 t/min	测针面积/mm^2
1	2	330	50
2	3.3	371	50
3	3.6	380	50
4	7.6	432	50
5	13.3	461	50
6	21.3	498	20
7	31.4	519	20

在 Excel 中按照上述步骤添加散点图后，得出的拟合曲线及非线性回归系数 c、d，代入式(5.5)即得到下式：

$$t = c \times (f_{PR})^d = 304.63 \times (f_{PR})^{0.16}$$

再将 $f_{PR} = 3.5$ MPa、$f_{PR} = 28$ MPa 代入上式，利用计算器就可求出初凝时间 $t_s = 373$min、终凝时间 $t_e = 519$min，如图 5.5 所示。

总之，混凝土凝结时间的 Excel 操作步骤，关键是利用非线性回归方程(幂函数)计算出系数 c、d。

线性回归法和非线性回归法(幂函数)均可计算出混凝土的凝结时间。采用 Excel 进行计算操作时，把水泥混凝土凝结时间更换成实验的实测数据，则回归曲线方程(包括线性和非线性)即可自动形成，非常便捷。

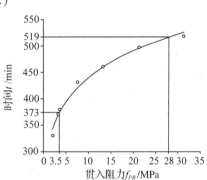

图 5.5　回归法确定凝结时间

5.7　混凝土立方体抗压强度实验

普通混凝土立方体抗压强度实验根据《普通混凝土力学性能试验方法标准》(GB/T 50081—2019)进行。

混凝土立方体抗压强度，是混凝土力学性能中最为重要的指标，也是混凝土强度评定中的重要指标，也是使用最为普遍并容易被大众接受的力学性能指标。

5.7.1　实验仪器

在 5.2.1 节中已作介绍，立方体抗压强度实验仪器主要有水泥混凝土搅拌机、振动台、压力试验机等。

5.7.2　试件制作与养护

5.7.2.1　试件的制作

混凝土立方体抗压强度实验的试件制作，同混凝土拌和物和成型阶段一样。

混凝土立方体抗压强度试件尺寸和数量应符合下列规定：

（1）标准试件为边长150mm的立方体试件。

（2）非标准试件为边长100mm和200mm的立方体试件，采用非标准试件时，应按表5.6规定乘以强度换算系数。

（3）每组试件为3个。

表 5.6　立方体抗压强度试件尺寸及强度换算系数

试件尺寸/mm	集料最大粒径/mm	抗压强度换算系数
100×100×100	31.5	0.95
150×150×150	40	1.00
200×200×200	63	1.05

5.7.2.2　试件的养护

（1）试件成型后应立即用不透水的薄膜覆盖表面。

（2）采用标准养护的试件，在温度为20℃±5℃的环境中静置1~2昼夜，然后编号、拆模。拆模后立即放入温度为20℃±2℃、相对湿度为95%以上的标准养护室中养护，或在温度为20℃±2℃的不流动的氢氧化钙饱和溶液中养护，标准养护室内的试件应放在支架上，彼此间隔10~20mm，试件表面应保持潮湿，并不得被水直接冲淋。水泥混凝土试件与水泥试件养护条件对比见表5.7。

表 5.7　水泥混凝土试件与水泥胶砂试件养护条件对比

种类	养护条件				
	实验室养护		养护箱标准养护		其他养护
	温度/℃	湿度/%	温度/℃	湿度/%	
水泥胶砂	20±2	≥50	20±1	≥90(水池100)	
水泥混凝土	20±5	≥50	20±2	≥95(水池100)	不流动的氢氧化钙饱和溶液

（3）试样养护龄期：从搅拌加水开始计时，标准养护龄期为28d。工程上，规范推荐了根据需求的龄期，如1d、3d、7d、28d、56d、60d、84d、90d、180d等，这些龄期的允许偏差见表5.8。

表 5.8　立方体抗压强度试件养护龄期允许偏差

养护龄期	1d	3d	7d	28d	56d 或 60d	≥84d
允许偏差	±30min	±2h	±6h	±20h	±24h	±48h

（4）同条件养护试件的拆模时间可与实际构件的拆模时间相同，拆模后，试件仍需保持同条件养护。

5.7.3　实验步骤

（1）试件从养护地点取出后应及时进行实验，将试件表面与上下承压面擦净。

（2）将试件安放在试验机的下压板或垫板上，试件的承压面应与成型时的顶面垂直。

试件的中心应与试验机下压板中心对准，开动试验机，当上压板与试件或钢垫板接近时，调整球座，使接触均衡。

（3）在实验过程中应连续均匀地加荷。当混凝土立方体抗压强度等级<30MPa 时，加荷速度 0.3~0.5MPa/s。当混凝土立方体抗压强度等级为 30~60MPa 时，加荷速度 0.5~0.8MPa/s。混凝土强度等级≥C60 时，加荷速度 0.8~1.0MPa/s。

事实上，一般压力试验机加荷速度单位标注的是 kN/s，以标准试件为例压力试验机允许量程和加荷速度见表 5.9。

（4）当试件接近破坏开始急剧变形时，调整试验机油门，直至完全破坏，记录破坏荷载。

表 5.9　压力试验机运行量程和加荷速度参考表

序号	混凝土强度等级	压力机额定压力/kN	加荷速度/(kN/s)	
			下限	上限
1	C10	300/1000	6.7	11.3
2	C15	1000		
3	C20	1000/2000		
4	C25	1000/2000		
5	C30	1000/2000	11.3	18.0
6	C35	1000/2000		
7	C40	2000		
8	C50	2000		
9	C55	2000		

5.7.4　实验结果处理

（1）混凝土立方体抗压强度计算公式：立方体抗压强度按式（5.6）计算。目前不少数字压力试验机能够实现自动显示强度数值，无须计算。

$$f_{cc} = \frac{F}{A} \tag{5.6}$$

式中：f_{cc}——混凝土立方体试件抗压强度，MPa，精确至 0.1MPa；

　　　F——试件破坏荷载，N；

　　　A——试件承压面积，mm^2。

（2）一组混凝土立方体抗压强度实验值的确定：一组混凝土立方体抗压强度 3 个试件，抗压强度值的确定应符合下列规定：

①当 3 个试件的测量值比较均匀时，以 3 个试件测量值的算术平均值作为该组试件的强度值。

②当 3 个测量值中的最大值或最小值中，如果有一个与中间值的差值超过中间值的 15%，则把最大值或最小值一并舍除，取中间值作为该组试件的抗压强度值。

③当最大值和最小值与中间值的差均超过中间值的 15% 时，则该组试件的实验结果无效。

（3）比较一组水泥混凝土强度确定和水泥胶砂强度确定：水泥混凝土强度确定，掌握两个关键词：平均值、中间值。平均值，意思是所有试件测量值较为平均时，取平均值。中间值，意思是有一个测量值超出中间值±15%时，剔除一头一尾测量值，取剩余的中间值。

水泥胶砂强度确定，掌握关键词：总平均值、剩余平均值。总平均值，意思是所有试件测量值较为平均时，取总的平均值。剩余平均值，意思是有一个测量值超出平均值±10%时，剔除之，取剩余的平均值。

需要强调的是，一组水泥混凝土立方体抗压强度确定后，只能说明该组混凝土的立方体抗压强度值的大小，通过该强度值无法单独判断是否合格，还需要依据《混凝土强度评定标准》（GB/T 50107—2010），进行混凝土强度综合评定。

（4）混凝土立方体抗压强度试件取样：根据《混凝土强度检验评定标准》（GB/T 50107—2010）规定的检验评定方法要求，制订检验批的划分和相应的取样计划。

混凝土强度试样，应在混凝土的浇筑地点随机抽取。

试件的取样频率和数量应符合下列规定（一般1次至少2组）：

①每100盘，但不超过100m³的同配合比混凝土，取样次数不少于1次。

②每工作班拌制的同配合比混凝土，不足100盘和100m³时其取样次数不少于1次。

③当一次连续浇筑的同配合比混凝土超过1000m³时，每200m³取样不少于1次。

④对房屋建筑，每一楼层同一配合比的混凝土，取样不少于1次。

⑤每批混凝土应制作的试件总组数，除满足本规定混凝土强度评定所必需的组数外，还应留置为检验结构或构件施工阶段混凝土强度所必需的试件组数。

（5）交通系统混凝土立方体抗压强度试件取样：依据《公路工程质量检验评定标准 第一册　土建工程》（JTG F80/1—2017），立方体抗压强度试件取样规定如下：

①不同强度等级及不同配合比的混凝土应在浇筑地点或拌和地点随机取样，分别制取试件。

②浇筑一般体积的结构物（如基础、墩台等）时，每一单元结构物应制取2组试件。

③连续浇筑大体积结构时，每80~200m³或一工作班应制取2组试件。

④上部结构的主要构件长16m以下应制取1组，长16~30m制取2组，长31~50m制取3组，长50m以上则不少于5组。小型构件每批或每工作班至少应制取2组。

⑤每根钻孔桩至少应制取2组；桩长20m以上者不少于3组；桩径大、浇筑时间很长时，不少于4组。如换工作班时，每工作班应制取2组。

5.7.5　混凝土强度评定

在工程分部或分项工程验收之前，应按照《普通混凝土力学性能试验方法标准》（GB/T 50081—2019），进行单组水泥混凝土立方体抗压强度实验，确定单组混凝土立方体抗压强度值。然后，按照《混凝土强度检验评定标准》（GB/T 50107—2010），进行混凝土强度综合评定。

水泥混凝土强度评定，又称为综合评定，应同时满足平均值条件和极限值条件的规定。水泥混凝土强度评定方法分为（数理）统计方法和非（数理）统计方法。

5.7.5.1　用统计方法评定混凝土强度

当连续生产的混凝土，生产条件在较长时间内保持一致，且同一品种、同一强度等级混凝土的强度变异性保持稳定时，采用该方法。

（1）一个检验批的样本容量应为连续的 3 组试件，其强度应同时符合式（5.7）和式（5.8）。

$$m_{fcu} \geq f_{cu,k} + 0.7\sigma_0 \tag{5.7}$$

$$f_{cu,min} \geq f_{cu,k} - 0.7\sigma_0 \tag{5.8}$$

式中：m_{fcu}——同一检验批混凝土立方体抗压强度的平均值，MPa，精确至 0.1MPa；

　　　$f_{cu,k}$——混凝土立方体抗压强度标准值，MPa，精确至 0.1MPa；

　　　σ_0——检验批混凝土立方体抗压强度的标准差，MPa，精确至 0.01MPa，按式（5.9）计算，当检验批混凝土强度标准差 σ_0 计算值小于 2.5MPa 时，应取 2.5MPa；

　　　$f_{cu,min}$——同一检验批混凝土立方体抗压强度的最小值，精确至 0.1MPa。

$$\sigma_0 = \sqrt{\frac{\sum f_{cu,i}^2 - nm_{fcu}^2}{n-1}} \quad \text{或} \quad \sigma = \sqrt{\frac{\sum_{i=1}^{n}(f_{cu,i} - m_{fcu})^2}{n-1}} \tag{5.9}$$

式中：n——前一检验期内的样本容量，在该检验期内样本容量不应少于 45 组；

　　　$f_{cu,i}$——前一个检验期内同一品种、同一强度等级的第 i 组混凝土试件的立方体抗压强度代表值，MPa，精确至 0.1MPa，该检验期不应少于 60d，也不得大于 90d；

　　　其余符号意义同前。

（2）同时满足条件：当混凝土强度等级不高于 C20 时，其强度的最小值应满足式（5.10）。

$$f_{cu,min} \geq 0.85f_{cu,k} \tag{5.10}$$

当混凝土强度等级高于 C20 时，其强度的最小值应满足式（5.11）。

$$f_{cu,min} \geq 0.90f_{cu,k} \tag{5.11}$$

（3）当样本容量 $n \geq 10$ 组时的统计方法应同时满足式（5.12）和式（5.13）。

$$m_{fcu} \geq f_{cu,k} + \lambda_1\sigma_0 \tag{5.12}$$

$$f_{cu,min} \geq \lambda_2 f_{cu,k} \tag{5.13}$$

式中：λ_1、λ_2——合格评定系数，见表 5.10；

　　　其余符号意义同前。

表 5.10　混凝土强度的合格评定系数

试件组数	10~14	15~19	20~45
λ_1	1.15	1.05	0.95
λ_2	0.90	0.85	0.85

5.7.5.2　用非统计方法评定混凝土强度

当用于评定的样本容量小于 10 组时，应采用非统计方法评定混凝土强度。

按非统计方法评定混凝土强度，其强度应同时满足式（5.14）和式（5.15）。

$$m_{fcu} \geq \lambda_3 f_{cu,k} \tag{5.14}$$

$$f_{cu,min} \geq \lambda_4 f_{cu,k} \tag{5.15}$$

式中：λ_3、λ_4——合格评定系数，见表 5.11；

其余符号意义同前。

表 5.11 混凝土强度的非统计法合格评定系数

混凝土强度等级	<C60	≥C60
λ_3	1.15	1.10
λ_4	0.95	0.95

5.7.5.3 混凝土强度的合格性评定

当检验结果同时满足平均值条件和极限值条件的规定时，则该批混凝土强度评定为合格；当不能同时满足平均值条件和极限值条件的规定时，该批混凝土强度评定为不合格。

对评定为不合格批的混凝土，可按国家现行的有关规定，根据实际情况，采取重新检验(钻芯取样、静载实验等)、不做处理、返工、修补、退步验收等方法处理。

5.8 混凝土强度钻芯法检测实验

5.8.1 实验原理

当因一些特殊原因无法判断混凝土强度时，可以采用钻芯法检测混凝土强度。钻芯法检测混凝土强度直观且贴近混凝土现实养护环境，但是易造成结构性破坏，钻芯取样及切割打磨试件要求较高，钻芯后结构修补较为困难。本节依据《钻芯法检测混凝土强度技术规程》(CECS 03—2007)撰写。

5.8.2 实验仪器

钻取芯样及芯样加工、测量的主要设备与仪器均应有产品合格证，计量器具应有检定证书并在有效使用期内。

(1)钻芯机：应具有足够的刚度、操作灵活、固定和移动方便，并有冷却系统。

(2)钻头：钻取芯样时宜采用人造金刚石薄壁钻头。钻头胎体不得有肉眼可见的裂缝、缺边、少角、倾斜及喇叭口变形。

(3)锯切机和磨平机：锯切芯样时使用的锯切机和磨平芯样的磨平机应具有冷却系统和牢固夹紧芯样的装置；配套使用的人造金刚石圆锯片应有足够的刚度。

(4)补平装置：芯样宜采用补平装置(或研磨机)进行芯样端面加工。补平装置除应保证芯样的端面平整外，还应保证芯样端面与芯样轴线垂直。

(5)探测钢筋位置的定位仪：应适用于现场操作，最大探测深度不应小于 60mm，探测位置偏差不宜大于±5mm。

(6)压力试验机：同普通混凝土立方体抗压强度所使用的压力试验机。

5.8.3　术语及一般规定

5.8.3.1　术语

(1)混凝土抗压强度值：由芯样试件得到的结构混凝土抗压强度值，在检测龄期相当于边长为 150mm 立方体试块的抗压强度。

(2)混凝土强度推定值：结构混凝土强度推定值，在检测龄期相当于边长为 150mm 立方体试块抗压强度分布中的 0.05 分位值的估计值。

(3)置信度：被测试样的真值落在某一区间的概率。

(4)推定区间：被测试样的真值，落在指定置信度的范围。该范围由用于强度推定的上限值和下限值界定。

(5)标准芯样试件：取芯质量应符合要求，且芯样公称直径为 100mm、高径比为 1∶1 的混凝土圆柱体试件。

(6)检测批：在相同的混凝土强度等级、生产工艺、原材料、配合比、成型工艺、养护条件下生产并提交检测的一定数量的构件。

(7)随机取样：在检测批中随机地、等概率地抽取任意一个个体。

5.8.3.2　一般规定

(1)从结构中钻取的混凝土芯样应加工成符合规定的芯样试件。

(2)芯样试件混凝土的强度应通过对芯样试件施加作用力的实验方法确定。

(3)抗压实验的芯样试件宜使用标准芯样试件，其公式直径不宜小于骨料最大粒径的 3 倍；也可采用小直径芯样试件，但其公称直径不应小于 70mm 且不得小于骨料最大粒径的 2 倍。

(4)钻芯法可用于确定检验批或单个构件的混凝土强度推定值，也可用于钻芯修正方法修正间接强度检测方法得到的混凝土抗压强度换算值。

5.8.4　钻芯确定混凝土强度推定值

(1)取样规定

①芯样试件的数量应根据检验批的容量确定。标准芯样试件的最小样本不宜少于 15 个，小直径芯样试件的数量应适当增加。

②芯样应从检验批的结构构件中随机抽取，每个芯样应取自一个构件或结构的局部部位，且芯样位置应符合 5.8.6 小节的要求。

(2)推定值确定

①检验批混凝土强度推定值应计算推定区间，推定区间的上限值和下限值按式(5.16)~式(5.19)计算。

$$f_{cu,e1} = f_{cu,cor,m} - k_1 S_{cor} \tag{5.16}$$

$$f_{cu,e2} = f_{cu,cor,m} - k_2 S_{cor} \tag{5.17}$$

$$f_{cu,cor,m} = \frac{\sum_{i=1}^{n} f_{cu,cor,i}}{n} \tag{5.18}$$

$$S_{cor} = \sqrt{\dfrac{\sum\limits_{i=1}^{n}\left(f_{cu,cor,i} - f_{cu,cor,m}\right)^2}{n-1}} \tag{5.19}$$

式中：$f_{cu,e1}$——混凝土抗压强度推定值上限值，精确至 0.1MPa；

　　　$f_{cu,e2}$——混凝土抗压强度推定值下限值，精确至 0.1MPa；

　　　$f_{cu,cor,m}$——芯样试件的混凝土抗压强度平均值，精确至 0.1MPa；

　　　k_1、k_2——推定区间上限值系数和下限值系数，见表 5.12；

　　　S_{cor}——芯样试件抗压强度样本标准差，精确至 0.1MPa；

　　　$f_{cu,cor,i}$——单个芯样试件抗压强度样本标准差，精确至 0.1MPa。

②$f_{cu,e1}$ 和 $f_{cu,e2}$ 所构成推定区间的置信度宜为 0.85，$f_{cu,e1}$ 与 $f_{cu,e2}$ 之间的差值不宜大于 5.0MPa 和 0.10 倍 $f_{cu,cor,m}$ 两者的较大值。

③宜以 $f_{cu,e1}$ 作为检验批混凝土强度的推定值。

（3）钻芯确定检验批混凝土强度推定值时，可剔除芯样试件抗压强度样本中的异常值。

表 5.12　置信度 0.85 条件下推定期间上、下限系数

试件数 n	$k_1(0.10)$	$k_2(0.05)$	试件数 n	$k_1(0.10)$	$k_2(0.05)$
15	1.222	2.566	37	1.360	2.149
16	1.234	2.524	38	1.363	2.141
17	1.244	2.486	39	1.366	2.133
18	1.254	2.453	40	1.369	2.125
19	1.263	2.423	41	1.372	2.118
20	1.271	2.396	42	1.375	2.111
21	1.279	2.371	43	1.378	2.105
22	1.286	2.349	44	1.381	2.098
23	1.293	2.328	45	1.383	2.092
24	1.300	2.309	46	1.386	2.086
25	1.306	2.292	47	1.389	2.081
26	1.311	2.275	48	1.391	2.075
27	1.317	2.260	49	1.393	2.070
28	1.322	2.246	50	1.396	2.065
29	1.327	2.232	60	1.415	2.022
30	1.332	2.220	70	1.431	1.990
31	1.336	2.208	80	1.444	1.964
32	1.341	2.197	90	1.454	1.944
33	1.345	1.186	100	1.463	1.927
34	1.349	2.176	110	1.471	1.912
35	1.352	2.167	120	1.478	1.899
36	1.356	2.158	—	—	—

剔除规则应按现行国家标准《数据的统计处理和解释　正态样本离群值的判断和处理》（GB/T 4883—2008）的规定执行。当确有实验依据时，可对芯样试件抗压强度样本的标准差 S_{cor} 进行符合实际情况的修正或调整。

（4）钻芯确定单个构件的混凝土强度推定值时，有效芯样试件的数量不应少于 3 个；对于较小构件，有效芯样试件的数量不得少于 2 个。

（5）单个构件的混凝土强度推定值不再进行数据的舍弃，而应按有效芯样试件混凝土抗压强度值中的最小值确定。

5.8.5　钻芯修正方法

（1）对间接测强方法进行钻芯修正时，宜采用修正量的方法，也可采用其他形式的修正方法。

（2）当采用修正量的方法时，芯样试件的数量和取芯位置应符合下列要求。

①标准芯样试件的数量不应少于 6 个，小直径芯样试件数量宜适当增加。

②芯样应从采用间接检测方法的结构中随机抽取，取芯位置应符合 5.8.6 小节的规定。

③当采用的间接检测方法为无损检测方法时，钻芯位置应与间接检测方法相应的测区重合。

④当采用的间接检测方法对结构构件有损伤时，钻芯位置应布置在相应测区的附近。

（3）钻芯修正后的换算强度可按式（5.20）和式（5.21）计算。

$$f_{cu,i0}^{c} = f_{cu,i}^{c} + \Delta f \tag{5.20}$$

$$\Delta f = f_{cu,cor,m} - f_{cu,mj}^{c} \tag{5.21}$$

式中：$f_{cu,i0}^{c}$——修正后的换算强度；

$\quad\quad f_{cu,i}^{c}$——修正前的换算强度；

$\quad\quad \Delta f$——修正量；

$\quad\quad f_{cu,mj}^{c}$——所用间接检测方法对应芯样测区的换算强度的算数平均值。

（4）由钻芯修正方法确定检验批的混凝土强度推定值时，应采用修正后的样本算术平均值和标准差，并按 5.8.4 小节规定的方法确定。

5.8.6　芯样的钻取

（1）采用钻芯法检测结构混凝土强度前，应具备下列资料：

①工程名称（或代号）及设计、施工、监理、建设单位名称。

②结构或构件种类、外形尺寸及数量。

③设计混凝土强度等级。

④检测龄期、原材料（水泥品种、粗骨料粒径）和抗压强度实验报告。

⑤结构或构件质量状况和施工中存在问题的记录。

⑥有关结构设计施工图等。

（2）芯样钻取宜在结构或构件的下列部位：

①结构或构件受力较小的部位。

②混凝土强度具有代表性的部位。

③便于钻芯机安放与操作的部位。

④避开主筋、预埋件和管线的位置。

(3)钻芯机就位并安放平稳后，应将钻芯机固定。固定的方法应根据钻芯机的构造和施工现场的具体情况确定。

(4)钻芯机在未安装钻头之前，应先通电检查主轴旋转方向(三相电动机)。

(5)钻芯时用于冷却钻头和排除混凝土碎屑的冷却水流量宜为 3~5L/min。

(6)钻取芯样时应控制进钻的速度。

(7)芯样应进行标记。当所取芯样高度和质量不能满足要求时，应重新钻取芯样。

(8)芯样应采取保护措施，避免在运输和储存中损坏。

(9)钻芯后留下的空洞应及时进行修补。

(10)在钻芯工作完毕后，应对钻芯机和芯样加工设备进行维修保养。

(11)钻芯操作应遵守国家有关安全生产和劳动保护的规定，能够遵守钻芯现场安全生产的有关规定。

5.8.7　芯样的加工和试件的技术要求

(1)抗压芯样试件的高度与直径之比(H/d)宜为 1.00。

(2)芯样试件内不宜含有钢筋。当不能满足此项要求时，抗压试件应符合下列要求：

①标准芯样试件，每个试件内最多允许有 2 根直径小于 10mm 的钢筋。

②公称直径小于 100mm 的芯样试件，每个试件内最多只允许有 1 根直径小于 10mm 的钢筋。

③芯样内的钢筋应与芯样试件的轴线基本垂直并离开端面 10mm 以上。

(3)锯切后的芯样应进行端面处理，宜采取在磨平机上磨平端面的处理方法。承受轴向压力芯样试件的端面，也可采取下列处理方法：

①用环氧胶泥或聚合物水泥砂浆补平。

②抗压强度低于 40MPa 的芯样试件，可采用水泥砂浆、水泥净浆或聚合物水泥砂浆补平，补平层厚度不宜大于 5mm；也可采用硫黄胶泥补平，补平层厚度不宜大于 1.5mm。

(4)测量芯样试件的尺寸

①平均直径用游标卡尺在芯样试件中部相互垂直的两个位置测量，取测量的算术平均值作为芯样试件的直径，精确至 0.5mm。

②芯样试件高度用钢卷尺或钢板尺进行测量，精确至 1mm。

③垂直度用游标量角器测量芯样试件两个端面与母线的夹角，精确至 0.1°。

④平整度用钢板尺或角尺紧靠在芯样试件端面上，一面转动钢板尺，一面用塞尺测量钢板尺与芯样试件端面之间的缝隙，也可采用其他专用设备测量。

(5)芯样试件尺寸偏差及外观质量超过下列数值时，相应的测试数据无效：

①芯样试件的实际高径比(h/d)小于要求高径比的 0.95 或 1.05；

②沿芯样试件高度的任一直径与平均直径相差大于 2mm；

③抗压芯样试件端面的不平整度在 100mm 长度内大于 0.1mm。

④芯样试件端面与轴线的不垂直度大于 1°。

⑤芯样有裂缝或有其他较大缺陷。

5.8.8　芯样试件的实验和抗压强度的计算

（1）芯样试件应在自然干燥状态下进行抗压实验。

（2）当结构工作条件比较潮湿，需要确定潮湿状态下混凝土的强度时，芯样试件宜在20℃±5℃的清水中浸泡40~48h，从水中取出后立即进行实验。

（3）芯样试件抗压实验的操作，应符合现行国家标准《混凝土物理力学性能试验方法标准》（GB/T 50081—2019）中对立方体试块抗压实验的规定。

（4）混凝土的抗压强度值，应根据混凝土原材料和施工工艺通过实验确定，也可按下一条规定确定。

（5）芯样试件的混凝土抗压强度值可按式（5.22）计算：

$$f_{cu,cor} = \frac{F_C}{A} \tag{5.22}$$

式中：$f_{cu,cor}$——芯样试件的混凝土抗压强度值，MPa；

　　　F_C——芯样试件的抗压实验测得的最大压力，N；

　　　A——芯样试件抗压截面面积，mm^2。

在混凝土强度试件取样不足或取样试件无效、现有资料难以评定混凝土强度时，可以采用钻芯取样评定混凝土强度。钻芯取样可能对结构造成一定的破坏。随着技术的进步，目前混凝土强度后检查，可以采用《超声回弹综合法检查混凝土抗压强度技术规程》（T/CECS 02—2020）进行无损检测，超声回弹不破坏结构。超声回弹可以推定混凝土强度，但仍不能作为评定依据。

5.9　混凝土劈裂抗拉强度实验

5.9.1　实验原理

混凝土在轴向拉力作用下，单位面积所承受的最大拉力，称为轴向抗拉强度 f_{ts}。水泥混凝土是典型的脆性材料，抗拉强度较低，一般为抗压强度的1/15左右。由于混凝土具有抗压强度较低、脆性、非均质性等特点，一般无法直接测定混凝土的抗拉强度。目前，我国《混凝土物理力学性能试验方法标准》（GB/T 50081—2019）采用劈裂抗拉强度衡量混凝土的抗拉强度，因是间接测定混凝土的抗拉强度，其测量值与实验垫条形式、尺寸、有无垫层、加荷方向、粗集料最大粒径等因素有关。

5.9.2　实验仪器

（1）压力试验机：应符合混凝土立方体抗压强度的压力试验机的要求。

（2）垫块：应采用横截面半径为75mm的钢制弧形垫块，如图5.6所示。

（3）垫条：由普通胶合板或硬质纤维板制成，宽度20mm，厚度约3mm，长度不小于试件长度。

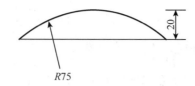

图 5.6 混凝土劈裂抗拉强度实验用垫块(mm)

(4)定位支架：应为钢支架。

5.9.3 试件的制作与养护

(1)试件制作：标准试件，边长为 150mm 的立方体试件；非标准试件，边长为 100mm 和 200mm 的立方体试件；每组试件为 3 个。

(2)试件养护：同混凝土立方体抗压强度试件。

5.9.4 实验步骤

(1)试件到达实验龄期后，从养护地点取出后，应检测其尺寸及形状，尽快安排实验。

(2)试件放置试验机前，应将试件表面与上、下承压板面擦拭干净。在试件成型时的顶面和地面中部画出相互平行的直线，确定劈裂面的位置。

(3)将试件放在试验机下承压板的中心位置，劈裂承压面和劈裂面应与试件成型时的顶面垂直。在上、下压板与试件之间垫以圆弧形垫块及垫条各一个，垫块与垫条应与试件上、下面的中心线对准并与成型时的顶面垂直。宜把垫条及试件安装在定位架上使用。

(4)开启试验机，试件表面与上、下承压板或钢垫板应均匀接触。

(5)加荷速度：当混凝土立方体抗压强度等级<30MPa 时，加荷速度 0.02~0.05MPa/s。当混凝土立方体抗压强度等级为 30~60MPa 时，加荷速度 0.05~0.08MPa/s。当混凝土立方体抗压强度等级≥C60 时，加荷速度 0.08~0.10MPa/s。

(6)采用手动控制压力机加荷速度时，当试件接近破坏时，应停止调整试验机油门，直至破坏，然后记录破坏荷载。

(7)试件劈裂面应垂直于承压面，当断裂面不垂直于承压面时，应做好记录。

5.9.5 实验结果处理

(1)混凝土劈裂抗拉强度计算公式：按式(5.23)计算。目前不少数字压力试验机能够实现自动显示强度数字，无须计算。

$$f_{ts} = \frac{2F}{\pi A} = 0.637 \frac{F}{A} \tag{5.23}$$

式中：f_{ts}——混凝土劈裂抗拉强度，MPa，精确至 0.01MPa；

F——试件破坏荷载，N；

A——试件劈裂面面积，mm²。

(2)一组混凝土劈裂抗拉强度实验值的确定：与混凝土立方体抗压强度实验值的确定完全一样。

一组混凝土劈裂抗拉强度 3 个试件，抗拉强度值的确定应符合下列规定：

①当 3 个试件的测量值比较均匀时，以 3 个试件测量值的算术平均值作为该组试件的强度值。

②当 3 个测量值中的最大值或最小值中有一个与中间值的差值超过中间值的 15% 时，则把最大值或最小值一并舍除，取中间值作为该组试件的抗拉强度值。

③当最大值和最小值与中间值的差均超过中间值的 15% 时，则该组试件的实验结果无效。需要说明的是，实验无效，可能是实验人员或者仪器设备出现问题，并不意味着水泥混凝土强度有问题。

5.10　混凝土弯拉强度实验

5.10.1　实验原理

一般结构水泥混凝土强调抗压强度，而道路水泥混凝土路面强调弯拉强度。

本实验依据为《公路工程水泥及水泥混凝土实验规范》（JTG 3420—2020）和《公路水泥混凝土路面设计规范》（JTG D40—2011）。公路水泥混凝土路面的水泥混凝土弯拉强度标准值，见表 5.13。显然，弯拉强度比抗压强度小得多。

弯拉强度实验的目的，就是测定水泥混凝土的弯拉强度。

表 5.13　公路水泥混凝土路面的水泥混凝土弯拉强度标准值

交通荷载等级		极重、特重、重交通	中等交通	轻交通
弯拉强度标准值/MPa	水泥混凝土	≥5.0	≥4.5	≥4.0
	钢纤维混凝土	≥6.0	≥5.5	≥5.0

5.10.2　实验仪器与材料

（1）压力机或万能试验机：与水泥混凝土立方体抗压强度要求基本相似。

（2）弯拉实验装置：三分点处双点加荷和三点自由支承式混凝土弯拉强度与弯拉弹性模量实验装置，弯拉强度加荷如图 5.7 所示。

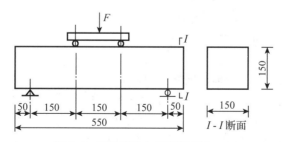

图 5.7　弯拉强度加荷示意图（mm）

5.10.3　试件制作与养护

（1）弯拉强度试件制作与养护同抗压强度试件。

（2）弯拉强度标准试件为 150mm×150mm×550mm 的长方体。在试件中部 1/3 区段内表面不得有直径超过 5mm、深度超过 2mm 的孔洞。

采用 100mm×100mm×400mm 非标准试件时，在三分点加荷的实验方法同前，但所取得的弯拉强度值应乘以尺寸换算系数 0.85。当混凝土强度等级大于或等于 C60 时，应采用 150mm×150mm×550mm 标准试件。

（3）混凝土弯拉强度试件应以同龄期者为 1 组，每组为 3 根同条件制作和养护的试件。

5.10.4　实验步骤

（1）试件取出后，用湿毛巾覆盖并及时进行实验，保持试件干湿状态不变。在试件中部量出其宽度和高度，精确至 1mm。

（2）调整两个可移动支座，将试件安装在支座上，试件成型时的侧面朝上，几何对中后，应使支座及承压面与活动船形垫块的接触面平稳、均匀，否则应垫平。

（3）加荷

①加荷时，应保持均匀、连续。当混凝土立方体抗压强度等级<30MPa 时，加荷速度 0.02～0.05MPa/s。当混凝土立方体抗压强度等级为 30～60MPa 时，加荷速度 0.05～0.08MPa/s。混凝土强度等级≥C60 时，加荷速度 0～0.10MPa/s。

②当试件接近破坏而开始迅速变形时，不得调整试验机油门，直至试件破坏，记下破坏极限荷载 F。

③记录下最大荷载和试件下边断裂的位置。

5.10.5　实验结果处理

（1）当断面发生在两个加荷点之间时，混凝土弯拉强度按式(5.24)计算。

$$f_f = \frac{FL}{bh^2} \tag{5.24}$$

式中：f_f——混凝土弯拉强度，MPa，精确至 0.01MPa；

　　　F——极限荷载，N；

　　　L——支座间距离，mm，$L=450mm$；

　　　b——试件宽度，mm，$b=150mm$；

　　　h——试件高度，mm，$h=150mm$。

（2）实验值的确定

①3 个试件断裂面均位于加荷点内侧。与混凝土立方体抗压强度实验值的确定完全一样：当 3 个试件测量值较为平均时，以 3 个试件测量值的算术平均值为测定值；当 3 个试件测量值的最大值或最小值中如有一个与中间值之差超过中间值的 15%，则把最大值和最小值舍去，以中间值作为试件的弯拉强度；当有两个测量值与中间值的差值均超过 15%时，则该组实验结果无效。

②至少有一个试件断裂面位于加荷点外侧。3 个试件中如有一个断裂面位于加荷点外侧，则混凝土弯拉强度按另外两个试件的实验结果计算。如这两个测量值的差值不大于这两个测量值中最小值的 15%，则以两个测量值的平均值为测试结果，否则结果无效。如有

两试件均出现断裂面位于加荷点外侧,则该组结果无效。

5.10.6　弯拉强度评定

公路路面的弯拉强度,按照《公路工程质量检验评定标准　第一册　土建工程》(JTG F80/1—2017)附录 C 进行水泥混凝土弯拉强度综合评定。

5.11　混凝土抗渗实验

5.11.1　实验原理

混凝土的抗渗性是混凝土抵抗压力液体(水、油、溶液等)渗透作用的能力。抗渗性是决定混凝土耐久性最主要的因素,对于受压水(或油)作用的工程,如地下建筑、水池、水塔、压力水管、水坝、油罐以及港工、海工等,开展水泥混凝土抗渗实验检测其抗渗性能尤为重要。

本实验为逐级加压法测定水泥混凝土抗渗实验,以评定混凝土抗渗能力或确定混凝土抗渗等级。

5.11.2　实验仪器与材料

(1)水泥混凝土抗渗仪:应符合《混凝土抗渗仪》(JG/T 249—2009)要求,水泥混凝土抗渗仪如图 5.8 所示。

图 5.8　水泥混凝土抗渗仪

(2)成型试模:上口内直径 175mm、下口内直径 185mm、高 150mm 的圆台体标准试件。

(3)密封材料:如石蜡(内掺松香约 2%)。

(4)螺旋加压器、烘箱、电炉等。

5.11.3　实验步骤

(1)实验准备:按照规定制作试件,一组 6 个。试件成型后 24h 拆模,标准养护时间 28d。

（2）试件到达龄期后取出，擦净表面，待表面干燥后，在试件侧面滚涂一层熔化的密封材料石蜡，然后立即在螺旋加压器上压入经过烘箱或电炉预热过的机架试模中，使试件底面和试模底平齐，待试模冷却后，即可解除压力，装在抗渗仪上进行实验。

（3）实验时，水压从 0.1MPa 开始，每隔 8h 增加水压 0.1MPa，并随时观察试件断面渗水情况，一直加至 6 个试件中有 3 个试件表面出现渗水，记下此时的水压力，即可停止实验。

（4）在实验过程中，如水从试件周边渗出，说明密封不好，应停止实验，重新密封，待密封后继续加压实验。

5.11.4　实验结果处理

混凝土的抗渗性用抗渗等级 P 表示。根据《普通混凝土长期性能和耐久性能试验方法标准》（GB/T 50082—2009）和《公路工程水泥及水泥混凝土试验规程》（JTG 3420—2020）的规定，混凝土抗渗等级测定采用顶面内径为 175mm、底面内径为 185mm、高为 150mm 的圆台体标准试件，标准养护条件下养护 28d，在规定实验条件下测至 6 个试件中有 3 个试件端面渗水为止，则混凝土的抗渗等级以 6 个试件中 4 个未出现渗水时的最大水压力计算，混凝土的抗渗性计算见式（5.25）。

$$P = 10H - 1 \tag{5.25}$$

式中：P——混凝土抗渗等级；

　　　H——6 个试件中 3 个渗水时的水压力，MPa。

混凝土抗渗等级分为 P4、P6、P8、P10 及 P12 五级，对应表示混凝土能抵抗 0.4、0.6、0.8、1.0、1.2MPa 的水压力而不渗水。设计时应按工程实际承受的水压选择抗渗等级。如果压力加至 1.2MPa，经过 8h，第 3 个试件仍未渗水，则停止实验，试件的抗渗等级以 P12 表示。

实验实测抗渗等级不低于设计等级，该混凝土抗渗等级合格。

第6章 砂浆实验

6.1 砂浆拌和物拌制与取样

6.1.1 实验原理

掌握建筑砂浆拌和物取样及拌制方法，为测试和调整建筑砂浆的工作性能和砂浆配合比设计做好准备。建筑砂浆拌和物取样及拌制方法参照标准为《建筑砂浆基本性能试验方法标准》(JGJ/T 70—2009)。

6.1.2 实验仪器

(1)砂浆搅拌机。
(2)磅秤。
(3)其他器具：拌和铁板、铁铲、抹刀、量筒。

6.1.3 实验方法

6.1.3.1 一般规定

(1)建筑砂浆实验用料应根据不同要求，可以从同一盘搅拌或同一车运送的砂浆中取出；实验室取样时，可以从拌和的砂浆中取出，所取试样数量应多于实验用料的1~3倍。

(2)实验室拌制砂浆进行实验时，实验材料应与现场用料一致，并提前运入室内，使砂风干；拌和时室温应为20℃±5℃；水泥若有结块应充分混合均匀，并通过孔径为0.9mm的筛。砂子应过孔径为5mm的筛。

(3)拌制砂浆时，所用材料应以质量计量，称量精度为：水泥、外加剂等为±0.5%，砂、石灰膏等为±1%。

(4)拌制前应将搅拌机、拌和铁板、铁铲、抹刀等工具表面用水润湿，注意拌和铁板上不能积水。

(5)搅拌时，可用机械搅拌或人工搅拌。用搅拌机搅拌时，其搅拌量不宜少于搅拌机容量的20%，搅拌时间不宜少于2min。

6.1.3.2 搅拌方法

(1)人工拌和法
①按确定的砂浆配合比，用磅秤、台秤称取好各项材料的用量。

②将拌和铁板与拌和铁铲等用湿布润湿，然后将称量好的砂子平摊在拌和铁板上，再倒入水泥，用铁铲自拌和铁板一端翻至另一端，如此反复，至将混合物拌制到颜色均匀为止。

③将拌制均匀的混合物集中成堆，在堆中间做一凹槽，将称量好的石灰膏或黏土膏倒入凹槽中，再加入适量的水将石灰膏或黏土膏稀释(如为水泥砂浆，则将称量好的水倒一部分到凹槽里)，然后与水泥、砂一起拌和，用量筒逐次加水进行拌和，每翻拌一次，需用拌和铁铲将全部砂浆压切一次，需仔细拌和均匀，直至混合物颜色一致、和易性符合要求为止。拌和时间一般需 5min。

(2)机械拌和法

①按照确定的砂浆配合比，先用磅秤、台秤称取好各项材料的用量。

②正式拌和前应先对砂浆搅拌机进行挂浆，就是用相同配合比的砂、水泥、水先拌制适量的砂浆，然后倒入搅拌机，在搅拌机中进行搅拌，使搅拌机内壁黏附一层薄水泥砂浆，然后倒出多余砂浆。这样可防止正式拌和时水泥浆挂失而影响砂浆的配合比，保证拌制质量。

③称量好砂、水泥和水的用量，然后按照水、砂、水泥的顺序倒入搅拌机内。

④开动搅拌机，进行搅拌，搅拌时间为 3min。

⑤搅拌停止，将砂浆拌和物从搅拌机中倒在拌和铁板上，再用铁铲翻拌两次，至砂浆拌和物混合均匀为止。

6.2 砂浆流动性实验

6.2.1 实验原理

检验砂浆的流动性，主要用于控制配合比或施工过程中的砂浆稠度，从而达到控制用水量的目的，以保证施工质量。

6.2.2 实验仪器

(1)砂浆稠度仪：应由试锥、盛浆容器和支座 3 部分组成。试锥由钢材或铜材制成，试锥高度为 145mm，锥底直径为 75mm，试锥连同滑杆的质量为 300g±2g；盛浆容器由钢板制成，筒高为 180mm，锥底直径为 150mm；支座包括底座、支架及刻度盘，由铸铁、钢或其他金属制成(图 6.1)。

(2)其他器具：磅秤、台秤、量筒、拌和铁板、铁铲、抹刀。

6.2.3 实验步骤

(1)首先用少量润滑油轻擦滑杆，再将滑杆上多余的油用吸油纸擦净，使滑杆能自由滑动。

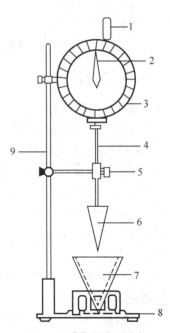

图 6.1 砂浆稠度测定仪
1-测杆；2-指针；3-刻度盘；
4-滑杆；5-制动螺丝；6-试锥；
7-盛浆容器；8-底座；9-支架

（2）用湿布擦净盛浆容器和试锥表面，再将砂浆拌和物一次性装入容器；砂浆表面宜低于容器口 10mm，用捣棒自容器中心向边缘均匀地插捣 25 次，然后轻轻将容器摇动或敲击 5~6 下，使砂浆表面平整，随后将容器置于稠度测定仪的底座上。

（3）拧开制动螺丝，向下移动滑杆，当试锥尖端与砂浆表面刚接触时，拧紧制动螺丝，使齿条测杆下端接触滑杆上端，并将指针对准零点。

（4）拧开制动螺丝，同时计时，10s 时立即拧紧螺丝，将齿条测杆下端接触滑杆上端，从刻度盘上读出下沉深度（精确至 1mm），即为砂浆稠度值。

（5）盛浆容器内的砂浆，只允许测定一次稠度，重复测定时，应重新取样测定。

6.2.4　实验结果处理

（1）同盘砂浆应取两次实验结果的算术平均值作为测定值，并精确至 1mm。

（2）当两次实验值之差大于 10mm 时，应重新取样测定。

实际工程的稠度与砂浆配合比设计密切相关。

6.3　砂浆分层度实验

6.3.1　实验原理

确定砂浆保存水分的能力，测定砂浆拌和物在运输、停放和使用过程中的离析、保水能力及砂浆内部各组分之间的相对稳定性，以评定砂浆的和易性。

6.3.2　实验仪器

（1）砂浆分层度测定仪：如图 6.2 所示。

（2）其他器具：木槌、秒表、一端为弹头形的金属捣棒。

6.3.3　实验步骤

（1）将拌和好的砂浆进行稠度实验，并记录数据。

（2）将砂浆拌和物一次性装入分层度筒内，待装满后，用木槌在分层度筒周围距离大致相等的 4 个不同部位轻轻敲击 1~2 下；当砂浆沉落到低于筒口时，应随时添加，然后刮去多余的砂浆并用抹刀抹平。

（3）静置 30min 后，去掉上节 200mm 砂浆，然后将剩余的 100mm 砂浆倒在拌和锅内拌 2min，再按照标准测其稠度。前后测得的稠度之差即为该砂浆的分层度值。

6.3.4　实验结果处理

（1）应取两次实验结果的算术平均值作为该砂浆的分层度值，精确至 1mm。

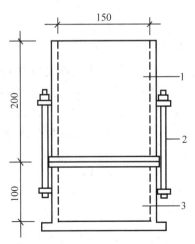

图 6.2　砂浆分层度测定仪（mm）
1-无底圆筒；2-连接螺栓；3-有底圆筒

（2）砂浆的分层度值宜在 10~30mm，如果大于 30mm，则易发生分层、离析和泌水等现象；如果小于 10mm，则砂浆过干，不宜铺设且容易产生干缩裂缝；如果两次分层度测试值之差大于 20mm，则应重新取样进行测试。

6.4 砂浆抗压强度实验

6.4.1 实验原理

测定建筑砂浆立方体的抗压强度，以便确定砂浆的强度等级并判断其是否达到设计要求。

6.4.2 实验仪器

（1）压力试验机：应采用精度不大于±2%的试验机，其量程应能使试件的预期破坏荷载值不小于全量程的 20%，也不大于全量程的 80%。

（2）砂浆试模：边长为 70.7mm×70.7mm×70.7mm 有底、无底的金属试模。

（3）其他器具：钢捣棒、批灰刀、垫板、抹刀、刷子。

6.4.3 实验步骤

6.4.3.1 制备试件

（1）用于吸水基底的砂浆试件的制备

①将无底试模的内壁涂刷脱模剂或薄层机油，再把吸水性较好的湿纸平整地铺在普通黏土砖上（砖的吸水率不小于 10%，含水率不大于 2%），然后把无底试模放在普通黏土砖上。

②将拌好的砂浆一次性装入试模并装满，然后用钢捣棒均匀地由外向里按螺旋方向插捣 25 次，再用批灰刀沿模壁插捣数次，使砂浆高出试模顶面 6~8mm，这样做是为了防止低稠度砂浆插捣后留下孔洞。

③15~30min 后，当砂浆表面开始呈现麻斑状态时，将高出部分的砂浆沿试模顶部削去并抹平。

（2）用于不吸水基底的砂浆试件的制备

①将砂浆分两层装入有底的试模内，每层用钢捣棒均匀地插捣 12 次，然后用抹刀沿模壁插捣数次。

②静置 15~20min 后，使砂浆高出试模顶面 6~8mm，然后用抹刀刮掉多余的砂浆，并抹平表面。

6.4.3.2 养护试件

（1）试件制作后应在温度为 20℃±5℃的环境下静置 24h±2h，对试件进行编号、拆模。当气温较低时，或者凝结时间大于 24h 的砂浆，可适当延长时间，但不应超过 2d。

（2）试件拆模后应立即放入温度为 20℃±2℃、相对湿度为 90%以上的标准养护室中养护。养护期间，试件彼此间隔不得小于 10mm，混合砂浆、湿拌砂浆试件上面应覆盖，防止有水滴在试件上。

6.4.3.3　操作步骤

（1）试件从养护地点取出后应及时进行实验。实验前应将试件表面擦拭干净，测量尺寸，并检查其外观，并应计算试件的承压面积。当实测尺寸与公称尺寸之差不超过 1mm 时，可按照公称尺寸进行计算。

（2）将试件安放在试验机的下压板或下垫板上，试件的承压面应与成型时的顶面垂直，试件中心应与试验机下压板或下垫板中心对准。开动试验机，当上压板与试件或上垫板接近时，调整球座，使接触面均衡受压。承压实验应连续而均匀地加荷，加荷速度应为 0.5~1.5kN/s；砂浆强度不大于 2.5MPa 时，宜取下限。当试件接近破坏而开始迅速变形时，停止调整试验机油门，直至试件完全破坏，然后记录破坏荷载。

6.4.4　实验结果处理

（1）砂浆立方体抗压强度按式（6.1）计算：

$$f_{\mathrm{m,cn}} = K\frac{N_u}{A} \tag{6.1}$$

式中：$f_{\mathrm{m,cn}}$——砂浆立方体试件抗压强度，精确至 0.1MPa；

N_u——试件破坏荷载，N；

A——试件承压面积，mm^2；

K——换算系数，《建筑砂浆基本性能试验方法标准》（JGJ/T 70—2009）取 1.35，《公路工程水泥及水泥混凝土试验规程》（JTG 3420—2020）取 1.00。

（2）立方体抗压强度实验的实验结果确定：一组砂浆立方体抗压强度的确定，同水泥混凝土立方体抗压强度的确定。一组砂浆按下列要求确定其 28d 强度。

①当 3 个测量值较为平均时，以 3 个试件测量值的算术平均值作为该组试件的砂浆立方体抗压强度平均值，精确至 0.1MPa。

②当 3 个测量值的最大值或最小值中有一个与中间的差值超过中间值的 15%，把最大值及最小值一并舍去，取中间值作为该组试件的抗压强度值。

③当两个测量值与中间值的差值均超过中间值的 15%，该组实验结果无效。

砂浆强度确定掌握 3 个关键词：平均值、中间值、±15%。砂浆强度确定的关键词应与水泥、水泥混凝土比较，见表 6.1。

表 6.1　单组水泥、水泥混凝土、砂浆强度确定的关键词对比

材料种类	关键词			
	较为平均时	误差范围	剩余平均值	中间值
水泥	取总平均值	±10%	√	
水泥混凝土	取总平均值	±15%		√
砂浆（JGJ/T 70—2009）	1.35 倍平均值	±15%		√
砂浆（JTG 3420—2020）	1.00 倍平均值			

6.4.5　砂浆强度综合评定

（1）多组砂浆 28d 抗压强度综合评定，涉及《砌体结构工程施工质量验收规范》（GB

50203—2011)和《公路工程质量检验评定标准　第一册　土建工程》(JTGF 80/1—2017)两个规范，二者是相同的。

①平均值条件：同一个验收批砂浆试块强度平均值≥设计强度等级值的1.1倍。

②最小值条件：同一个验收批砂浆试块抗压强度的最小值≥设计强度等级值的85%。

同时满足平均值和最小值条件，才能评定该检验批砂浆立方体抗压强度合格。

(2)砂浆强度评定之前试件的制取组数：评定水泥砂浆的强度应以标准养护28d的视距为准，试件边长70.7mm的立方体，每组3个试件。制取组数应符合下列规定：

①不同强度等级及不同配合比的水泥砂浆应随机取样，分别制取试件。

②重要砌筑物，每工作班应制取2组。

③一般及次要砌筑物，每工作班可制取1组。

④试件组数应不少于3组。

第7章 沥青实验

7.1 概述

7.1.1 沥青和改性沥青必检项目

沥青是有机胶凝材料，应用较为广泛，其中用得最多的是道路沥青类路面。交通部门针对公路方面使用的沥青及沥青混合料制定了一系列规范，这也是国内沥青及沥青混合料方面最为全面、最为权威的系列规范。

公路路面用沥青种类很多，其中公路路面上沥青混合料常用的沥青有道路石油沥青和改性沥青。

依据《公路沥青路面施工技术规范》(JTG F40—2004)，道路石油沥青有针入度、延度、软化点、密度、薄膜或旋转薄膜加热(质量变化、残留物针入度比、老化后延度)、闪点、蜡含量、与粗集料的黏附性、动力黏度、溶解度10个实验项目，见表7.1。改性沥青必检项目有针入度、延度、软化点、储存稳定性(离析或48h软化点差)、运动黏度、粘韧性、韧性、弹性恢复率、薄膜或旋转薄膜加热(质量变化、残留物针入度比、老化后延度)、闪点9个实验项目，见表7.2。这些项目实验，依据《公路工程沥青及沥青混合料试验规程》(JTG E20—2011)。本章重点围绕道路石油沥青必检项目进行介绍。

表 7.1　道路石油沥青必检项目

序号	检测项目	参数实验规程	取样数量出处	抽检频率出处
1	针入度	《公路工程沥青及沥青混合料试验规程》(TG E20—2011)JP21	《公路工程沥青及沥青混合料试验规程》(JTG E20—2011)P101.2	《公路沥青路面施工技术规范》(JTG F40—2004)P6211.4.3
2	延度	《公路工程沥青及沥青混合料试验规程》(JTG E20—2011)P26	《公路工程沥青及沥青混合料试验规程》(JTG E20—2011)P101.2	《公路沥青路面施工技术规范》(JTG F40—2004)P6211.4.3
3	软化点	《公路工程沥青及沥青混合料试验规程》(JTG E20—2011)P30	《公路工程沥青及沥青混合料试验规程》(JTG E20—2011)P101.2	《公路沥青路面施工技术规范》(JTG F40—2004)P6211.4.3
4	密度	《公路工程沥青及沥青混合料试验规程》(JTG E20—2011)P16	《公路工程沥青及沥青混合料试验规程》(JTG E20—2011)P101.2	—

（续）

序号	检测项目	参数实验规程	取样数量出处	抽检频率出处
5	薄膜或旋转薄膜加热(质量变化、残留物针入度比、老化后延度)	《公路工程沥青及沥青混合料试验规程》(JTG E20—2011)P3842	《公路工程沥青及沥青混合料试验规程》(JTG E20—2011)P101.2	—
6	闪点	《公路工程沥青及沥青混合料试验规程》(JTG E20—2011)P46	《公路工程沥青及沥青混合料试验规程》(JTG E20—2011)P101.2	—
7	蜡含量	《公路工程沥青及沥青混合料试验规程》(JTG E20—2011)P59	《公路工程沥青及沥青混合料试验规程》(JTG E20—2011)P101.2	《公路沥青路面施工技术规范》(JTG F40—2004)P6211.4.3
8	与粗集料的黏附性	《公路工程沥青及沥青混合料试验规程》(JTG E20—2011)P65	《公路工程沥青及沥青混合料试验规程》(JTG E20—2011)P101.2	—
9	动力黏度	《公路工程沥青及沥青混合料试验规程》(JTG E20—2011)P86	《公路工程沥青及沥青混合料试验规程》(JTG E20—2011)P101.2	—
10	溶解度	《公路工程沥青及沥青混合料试验规程》(JTG E20—2011)P33	《公路工程沥青及沥青混合料试验规程》(JTG E20—2011)P101.2	—

表7.2 改性沥青必检项目

序号	检测项目	参数实验规程	取样数量出处	抽检频率出处
1	针入度	《公路工程沥青及沥青混合料试验规程》(JTG E20—2011)P21	《公路工程沥青及沥青混合料试验规程》(TG E20—2011)JP101.2	《公路沥青路面施工技术规范》(JTG F40—2004)P6311.4.3
2	延度	《公路工程沥青及沥青混合料试验规程》(JTG E20—2011)P26	《公路工程沥青及沥青混合料试验规程》(JTG E20—2011)P101.2	《公路沥青路面施工技术规范》(JTG F40—2004)P6311.4.3
3	软化点	《公路工程沥青及沥青混合料试验规程》(JTG E20—2011)P30	《公路工程沥青及沥青混合料试验规程》(JTG E20—2011)P101.2	《公路沥青路面施工技术规范》(JTG F40—2004)P6311.4.3
4	储存稳定性(离析或48h软化点差)	《公路工程沥青及沥青混合料试验规程》(JTG E20—2011)P173	《公路工程沥青及沥青混合料试验规程》(JTG E20—2011)P101.2	《公路沥青路面施工技术规范》(JTG F40—2004)P6311.4.3
5	运动黏度	《公路工程沥青及沥青混合料试验规程》(JTG E20—2011)P81	《公路工程沥青及沥青混合料试验规程》(JTG E20—2011)P101.2	—
6	粘韧性、韧性	《公路工程沥青及沥青混合料试验规程》(JTG E20—2011)P102	《公路工程沥青及沥青混合料试验规程》(JTG E20—2011)JP101.2	—
7	弹性恢复率	《公路工程沥青及沥青混合料试验规程》(JTG E20—2011)P175	《公路工程沥青及沥青混合料试验规程》(JTG E20—2011)P101.2	《公路沥青路面施工技术规范》(JTGF40—2004)P6311.4.3
8	薄膜或旋转薄膜加热(质量变化、残留物针入度比、老化后延度)	《公路工程沥青及沥青混合料试验规程》(JTG E20—2011)P3842	《公路工程沥青及沥青混合料试验规程》(JTG E20—2011)P101.2	—
9	闪点	《公路工程沥青及沥青混合料试验规程》(JTG E20—2011)P46	《公路工程沥青及沥青混合料试验规程》(JTG E20—2011)P101.2	—

道路石油沥青技术要求，见表7.3。

表 7.3　道路石油沥青技术要求

指标	单位	等级	160号	130号	110号			90号					70号					50号	30号
针入度(25℃, 5s, 100g)	0.1mm		140~200	120~140	100~120			80~100					60~80					40~60	20~40
适用的气候分区			注[4]	注[4]	2-1	2-2	3-2	1-1	1-2	1-3	2-2	2-3	1-3	1-4	2-2	2-3	2-4	1-4	注
针入度指数 PI		A	−1.5 ~ +1.0																
		B	−1.8 ~ +1.0																
软化点(R&B) 不小于	℃	A	38	40	43			45			44		46			45		49	55
		B	36	39	42			43			42		44			43		46	53
		C	35	37	41			42					43					45	50
60℃动力黏度 不小于	Pa·s	A	—	60	120			160			140		180			160		200	260
10℃延度 不小于	cm	A	50	50	40			45	30	20	30	20	20	15	25	20	15	15	10
		B	30	30	30			30	20	15	20	15	15	10	20	15	10	10	8
15℃延度 不小于	cm	A	100															80	50
		B	100																
		C	80	80	60			50					40					30	20
蜡含量(蒸馏法) 不大于	%	A	2.2																
		B	3.0																
		C	4.5																
闪点, 不小于	℃		230					245					260						
溶解度, 不小于	%		99.5																
密度(15℃)	g/cm³		实测记录																
TFOT(或RTFOT)后																			
质量变化, 不大于	%		±0.8																
残留针入度比(25℃), 不小于	%	A	48	54	55			57					61					63	65
		B	45	50	52			54					58					60	62
		C	40	45	48			50					54					58	60
残留延度(10℃), 不小于	g/cm	A	12	12	10			8					6					4	—
		B	10	10	8			6					4					2	—
残留延度(15℃), 不小于	cm	C	40	35	30			20					15					10	—

7.1.2 沥青和改性沥青实验报告

沥青实验取样依据《公路工程沥青及沥青混合料试验规程》(JTG E20—2011)中的T0601—2011沥青取样方法。

7.2 沥青针入度实验

7.2.1 实验原理

针入度实验目的就是测定沥青的针入度和针入度指数。

针入度实验,适用于测定道路石油沥青、聚合物改性沥青针入度以及液体石油沥青蒸馏或乳化沥青蒸发后残留的针入度,以0.1mm计。针入度标准实验条件:25℃,荷重100g,贯入时间5s。沥青针入度测定可以采用《沥青针入度测定法》(GB/T 4509—2010)和《公路工程沥青及沥青混合料试验规程》(JTG E20—2011),一般交通部门的方法更为专业,本实验依据为《公路工程沥青及沥青混合料试验规程》(JTG E20—2011)中的 T 0604—2011沥青针入度实验。

针入度指数PI,描述沥青的温度敏感性,宜在15℃、25℃、30℃ 3个或3个以上温度条件下测定针入度后,按规定的方法计算得到。若30℃时的针入度值过大,可采用5℃代替。当量软化点T_{800},相当于沥青针入度为800时的温度,用来评价沥青的高温稳定性。当量脆点$T_{1.2}$,相当于沥青针入度为1.2时的温度,用来评价沥青的低温抗裂性能。

7.2.2 实验仪器与材料

(1)针入度仪:为提高测试精度,针入度实验宜采用能够自动计时的针入度仪进行测定,要求针和针连杆必须在无明显摩擦下垂直运动,针的贯入深度必须准确至0.1mm。针和针连杆组合件总质量50g±0.05g,另附50g±0.05g砝码一只,实验时总质量为100g±0.05g。仪器应有放置平底玻璃保温皿的平台,并有调节水平的装置,针连杆应与平台相垂直。应有针连杆制动按钮,使针连杆可自由下落。针连杆应易于拆装,以便检查其质量。仪器还设有可自由转动与调节距离的悬臂,其端部有一面小镜或聚光灯泡,借以观察针尖与试样表面接触情况。当采用其他实验条件时,应在实验结果中注明。

(2)标准针:由硬化回火的不锈钢制成,洛氏硬度HRC为54~60,表面粗糙度Ra为0.2~0.3μm,针及针连杆总质量2.5g±0.05g。针杆上打印有号码标志。标准针设有固定用装置盒(筒),以免碰撞针尖。每根针必须附有计量部门的检验单,并定期检验。

(3)盛样皿:金属制,圆柱形平底。小盛样皿的内径55mm,深35mm(适用于针入度小于200的试样);大盛样皿内径70mm,深45mm(适用于针入度为200~350的试样);对针入度大于350的实验需使用特殊盛样皿,其深度不小于60mm,溶剂不小于125mL。

(4)恒温水槽:容量不小于10L,控温的准确度为0.1℃。水槽中设有一带孔的搁架,位于水面下不得少于100mm,距水槽底不得少于50mm处。

(5)平底玻璃皿:容量不少于1L,深度不小于80mm。内设一个不锈钢三腿支架,能使盛样皿稳定。

　　(6)温度计或温度传感器:精度为 0.1℃。

　　(7)计时器:精度为 0.1s。

　　(8)位移计或位移传感器:精度为 0.1mm。

　　(9)盛样皿盖:平板玻璃,直径不小于盛样皿开口尺寸。

　　(10)溶剂:三氯乙烯等。

　　(11)其他器具:电炉或沙浴、石棉网、金属锅或瓷坩埚等。

7.2.3　实验步骤

7.2.3.1　实验准备工作

　　按实验要求将恒温水槽调节到要求的实验温度 25℃,或 15℃、30℃(5℃),保持稳定。

　　将试样注入盛样皿中,试样高度应超过预计针入度值 10mm,并盖上盛样皿,以防落入灰尘。盛有试样的盛样皿在 15～30℃室温中冷却不少于 1.5h(小盛样皿)、2h(大盛样皿)或 3h(特殊盛样皿)后,应移入保持规定室温±0.1℃的恒温水槽中,并应保持不少于 1.5h(小盛样皿)、2h(大盛样皿)或 2.5h(特殊盛样皿)。

　　调整针入度仪使之水平。检查针连杆和导轨,以确认无水和其他外来物,无明显摩擦。用三氯乙烯或其他溶剂清洗标准针,并擦干。将标准针插入针连杆,用螺丝固紧。按实验条件、加上附加砝码。

7.2.3.2　针入度实验步骤

　　(1)取出达到恒温的盛样皿,并移入水温控制在实验温度±0.1℃(可用恒温水槽中的水)的平底玻璃皿中的三脚支架上,试样表面以上的水层深度不小于 10mm。

　　(2)将盛有试样的平底玻璃皿置于针入度仪的平台上。慢慢放下针连杆,用适当位置的反光镜或灯光反射镜观察,使针尖恰好与试样表面接触,将位移计或刻度盘指针复位为零。

　　(3)开始实验,按下释放键,计时至 5s 时自动停止。

　　(4)读取位移计或刻度盘指针的读数,准确至 0.1mm。

　　(5)同一试样平行实验至少 3 次,各测试点之间及与盛样皿边缘的距离不应小于 10mm。每次实验后应将盛有盛样皿的平底玻璃皿放入恒温水槽,使平底玻璃皿中水温保持实验温度。每次实验应换一根干净标准针或将标准针取下用蘸有三氯乙烯溶剂的棉花或布揩净,再用干棉花或布擦干。

　　(6)测定针入度大于 200 的沥青试样时,至少用 3 根标准针,每次实验后将针留在试样中,直至 3 次平行实验完成后,才能将标准针取出。

　　(7)测定针入度 PI 时,按同样的方法在 15℃、25℃、30℃(或 5℃)3 个或 3 个以上(必要时增加 10℃、20℃)温度条件下分别测定沥青的针入度,用于仲裁实验的温度条件应为 5 个。

7.2.4　实验结果处理

7.2.4.1　计算

　　根据测试结果,按以下方法计算针入度指数、当量软化点及当量脆点。

（1）公式计算法

①将 3 个或 3 个以上不同温度条件下测试的针入度值取对数，令 $y = \lg P$，$x = T$，按式（7.1）的针入度对数与温度的直线关系，进行 $y = a + bx$ 一元一次方程的直线回归，求取针入度温度指数 $A_{\lg Pen}$。

$$\lg P = K + A_{\lg Pen} \times T \tag{7.1}$$

式中：$\lg P$——不同温度条件下测得的针入度值的对数；

K——回归方程的常项系数 a；

T——实验温度，℃。

按式（7.1）回归时必须进行相关性检验，直线回归相关系数 R 不得小于 0.997（置信度 95%），否则，实验无效。

②按式（7.2）确定沥青的针入度指数 PI。

$$PI = \frac{20 - 500A_{\lg Pen}}{1 + 50A_{\lg Pen}} \tag{7.2}$$

式中：PI——针入度指数；

$A_{\lg Pen}$——回归方程的系数 b；

其余符号意义同前。

③按式（7.3）确定沥青的当量软化点 T_{800}。

$$T_{800} = \frac{\lg 800 - K}{A_{\lg Pen}} = \frac{2.9031 - K}{A_{\lg Pen}} \tag{7.3}$$

式中：T_{800}——沥青的当量软化点；

其余符号意义同前。

④按式（7.4）确定沥青的当量脆点 $T_{1.2}$。

$$T_{1.2} = \frac{\lg 1.2 - K}{A_{\lg Pen}} = \frac{\lg 0.0792 - K}{A_{\lg Pen}} \tag{7.4}$$

式中：$T_{1.2}$——沥青的当量脆点；

其余符号意义同前。

⑤按式（7.5）确定沥青的当量脆点增量 ΔT。

$$\Delta T = T_{800} - T_{1.2} = \frac{2.8239}{A_{\lg Pen}} \tag{7.5}$$

式中：ΔT——沥青的当量脆点增量；

其余符号意义同前。

（2）诺模图法：将 3 个或 3 个以上不同温度条件下测试的针入度值绘制于图 7.1 的针入度温度关系诺模图中，按最小二乘法则绘制回归直线，将直线向两端延长，分别与针入度为 800 及 1.2 的水平线相交，交点的温度即为当量软化点 T_{800} 和当量脆点 $T_{1.2}$。以图中 O 点为原点，绘制回归直线的平行线，与 PI 线相交，读取交点处的 PI 值即为该沥青的针入度指数。此法不能检验针入度对数与温度直线回归的相关系数，仅供快速草算时使用。

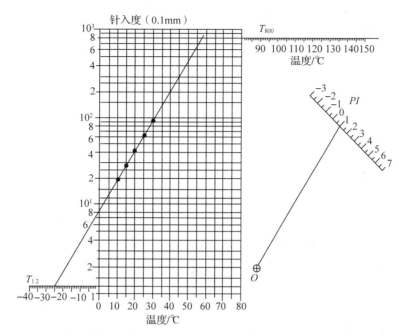

图 7.1 确定道路沥青 PI、T_{800}、$T_{1.2}$ 的针入度温度关系诺模图

7.2.4.2 实验报告

(1)应报告标准温度(25℃)的针入度及其他实验温度 T 所对应的针入度,以及由此求取针入度指数 PI、当量软化点 T_{800}、当量脆点 $T_{1.2}$ 的方法和结果。当采用公式计算法时,应报告按式(7.1)回归的直线相关系数 R。

(2)同一试样 3 次平行实验结果的最大值和最小值之差在表 7.4 所示允许误差范围内时,计算 3 次实验结果的平均值,取整数作为针入度实验结果,以 0.1mm 计。

表 7.4 针入度允许误差   0.1mm

针入度	允许误差
0~49	2
50~149	4
150~249	12
250~500	20

(3)实验误差要求:当实验结果小于 50(0.1mm)时,重复性实验的允许误差为 2 (0.1mm),再现性实验的允许误差为 4(0.1mm)。当实验结果大于或等于 50(0.1mm)时,重复性实验的允许误差为平均值的 4%,再现性实验的允许误差为平均值的 8%。

7.2.4.3 实验结果判定

(1)针入度判定:实验实测针入度与《公路沥青路面施工技术规范》(JTG F40—2004)规定(表 7.3)对照比较,实测沥青针入度在限制范围内,该沥青针入度合格。例如,90 号沥青针入度要求(表 7.3)为 80~100,只要该沥青实测量值在此区间即为合格。

(2)针入度指数:是由针入度实验实测针入度计算出来或诺模图读出来,作为该针入度指数实测量值。实验针入度指数实测量值与《公路沥青路面施工技术规范》(JTG F40—2004)规定(表7.3)对照比较，针入度指数实测在限制范围内，该沥青针入度合格。例如，90号沥青针入度指数要求(表7.3)为-1.5 ~ +1.0(A级)，只要该沥青针入度指数实测量值在此区间即为合格。

7.3 沥青延度实验

7.3.1 实验原理

沥青延度实验目的就是测定沥青的延度。沥青延度实验有两个规范，《沥青延度测定法》(GB/T 4508—2010)和《公路工程沥青及沥青混合料试验规程》(JTJ E20—2011)。本实验依据为《公路工程沥青及沥青混合料试验规程》(JTJ E20—2011)中的 T 0605—2011 沥青延度实验，适用于测定道路石油沥青、聚合物改性沥青、液体沥青蒸馏残留物和乳化沥青蒸发残留物等材料的延度。

沥青延度的实验温度与拉伸速率可根据要求采用，通常采用的实验温度为25℃、15℃、10℃或5℃，拉伸速度为5cm/min±0.25cm/min。当低温采用1cm/min±0.5cm/min拉伸速度时，应在报告中注明。

通过测定沥青的延度，可以评定其塑性的好坏，可以评定其塑性并依延度值确定沥青的牌号。

7.3.2 实验仪器与材料

(1)延度仪：延度仪的测量长度不宜大于150cm，内设有自动控温、控速系统，应满足试件浸没于水中，能保持规定的实验温度及规定的拉伸速度，且实验时应无明显振动。能将试样浸没于带标尺的长方形容器的水中，内部装有移动速度为5cm/min±0.5cm/min的拉伸滑板。仪器在开始动时应无明显的振动。沥青延度仪如图7.2所示。

(2)试样模具：由两个端模和两个侧模组成。试模内表面粗糙度 Ra 为 0.2μm。

(3)试模底板：玻璃板或磨光的铜板、不锈钢板(表面粗糙度 Ra 为 0.2μm)。

(4)恒温水槽：容量至少为10L，控制温度的准确度为0.1℃。水槽中应设有带孔搁架，距水槽不得少于50mm。试件浸入水中深度不小于100mm。

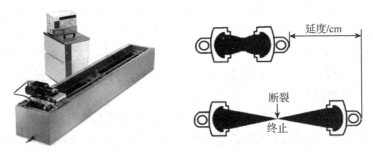

图7.2 沥青延度仪及延度测定示意图

(5)温度计：量程 0~50℃，感量 0.1℃。

(6)沙浴或可控制温度的密闭电炉，沙浴用煤气灯或电加热。

(7)甘油滑石粉隔离剂：甘油与滑石粉的质量比 2:1。

(8)其他器具：平刮刀、石棉网、酒精、食盐等。

7.3.3　实验步骤

7.3.3.1　实验准备工作

将隔离剂拌和均匀，涂于磨光的金属板上及侧模的内侧面，将试模在金属垫板上组装并卡紧。

按规定的方法准备试样，然后将试样仔细地自试模的一端至另一端往返数次缓缓注入模中，最后略高出试模。灌模时不得使气泡混入。

试件在室温中冷却不少于 1.5h，然后用热刮刀刮除高出试模的沥青，使沥青面与试模面齐平。沥青的刮法应自试模的中间刮向两端，且表面应刮得平滑。将试模连同底板再放入规定实验温度的水槽中保温 1.5h。

检查延度仪延伸速度是否符合规定要求，然后移动滑板使其指针正对标尺的零点。将延度仪注水，并保温达到实验温度±0.1℃。

7.3.3.2　沥青延度实验步骤

(1)将保温后的试件连同底板移入延度仪的水槽中，然后将盛有试样的试模自玻璃板或不锈钢板上取下，将试模两端的孔分别套在滑板及槽端固定板的金属柱上，并取下侧模。水面距试件表面不小于 25mm。

(2)开动延度仪，并注意观察试样的延伸情况。此时应注意，在实验过程中，水温应始终保持在实验温度规定范围内，且仪器不得有振动，水面不得有晃动，当水槽采用循环水时，应暂时中断循环，停止水流。在实验中，当发现沥青细丝浮于水面或沉入槽底时，应在水中加入酒精或食盐，调整水的密度至与试样相近后，重新实验。

(3)试件拉断时，读取指针所指标尺上的读数，以 cm 计。在正常情况下，试件延伸时应呈锥尖状，拉断时实际断面接近于零。如不能得到这种结果，则应在报告中注明。

7.3.4　实验结果处理

(1)实验报告：同一样品，每次平行实验不少于 3 个，如 3 个测定结果均大于 100cm，实验结果记录"＞100cm"；特殊需要也可分别记录实测量值。3 个测定结果中，当有一个以上的测定值小于 100cm 时，若最大值或最小值与平均值之差满足重复性实验要求，则取 3 个测定结果的平均值的整数作为延度实验结果，若平均值大于 100cm，记作"＞100cm"；若最大值或最小值与平均值之差不符合重复性实验要求时，应重新进行实验。

允许误差：当实验结果小于 100cm 时，重复性实验的允许误差为平均值的 20%，再现性实验的允许误差为平均值的 30%。

(2)实验结果判定：实验实测延度与《公路沥青路面施工技术规范》(JTG F40—2004)规定(表 7.3)对照比较，实测沥青延度不小于规定值，则该沥青延度合格。

7.4 沥青软化点实验

7.4.1 实验原理

沥青软化点实验目的就是测定沥青的软化点。软化点实验有两个规范，《沥青软化点测定法环球法》(GB/T 4057—2014)(环球法)和《公路工程沥青及沥青混合料试验规程》(JTJ E20—2011)。本实验依据为《公路工程沥青及沥青混合料试验规程》(JTJ E20—2011)中的 T 0606—2011 沥青软化点实验(环球法)。测定沥青的软化点，可以评定其温度感应性并以软化点值确定沥青的牌号。测定石油沥青的软化点，以确定沥青的耐热性。

本方法适用于测定道路石油沥青、聚合物改性沥青的软化点，也适用于测定液体石油沥青、煤沥青蒸馏残留物或乳化沥青蒸发残留物的软化点。

7.4.2 实验仪器与材料

(1)沥青软化点实验仪：组成如图 7.3~图 7.5 所示。

①钢球：直径为 9.53mm，质量为 3.50g±0.05g 的钢制圆球。

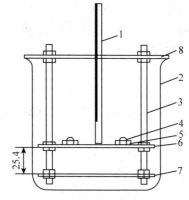

图 7.3 环球法软化点测定仪

1-温度计；2-玻璃杯；3-支柱；4-钢球；
5-铜环；6-中托板；7-下托板；8-上盖板

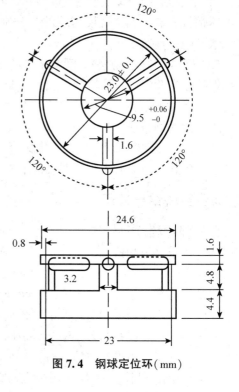

图 7.4 钢球定位环(mm)

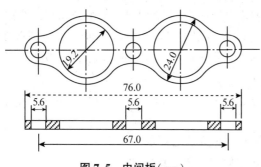

图 7.5 中间板(mm)

②试样环：用黄铜制成的锥环或肩环。

③钢球定位环：用黄铜或不锈钢制成，能使钢球定位于试样中央。

④金属支架：由两个主杆和三层平行的金属板组成。上层为一圆盘，直径略大于烧杯直径，中间有一圆孔，用以插放温度计。板上有两个孔，各放置金属环，中间有一个小孔可支持温度计的测温端部。一侧立杆距环上面 51mm 处有水高标记。环距下层底板为 25.4mm，而下底板距烧杯底不小于 12.7mm，也不得大于 19mm。三层金属板和两个主杆由两个螺母固定在一起。

⑤耐热玻璃烧杯：容量 800~100mL，直径不小于 86mm，高不小于 120mm。

⑥温度计：量程 0~100℃，感量 0.5℃。

(2)加热炉：装有温度调节器的电炉或其他加热炉具(液化石油气、天然气等)。应采用带有振荡搅拌机的加热电炉，振荡子置于烧杯底部。

(3)温度传感器：当采用自动软化点仪时，各项要求应与上述(1)和(2)中所述相同，温度采用温度传感器测定，并能自动显示或记录，且应对自动装置的准确性经常校验。

(4)试样底板：金属板(表面粗糙度应达 0.8μm)或玻璃板。

(5)恒温水槽：控温的准确度为 ±0.5℃。

(6)平直刮刀。

(7)甘油滑石粉隔离剂：甘油与滑石粉的质量比为 2∶1。

(8)蒸馏水或纯净水。

(9)其他器具：石棉网等。

7.4.3　实验步骤

7.4.3.1　实验准备工作

将试样环置于涂有甘油滑石粉隔离剂的试样底板上。按规定方法将准备好的沥青试样注入试样环内至略高出环面为止。如估计试样软化点高于 120℃，则试样环和试样底板(不用玻璃板)均应预热至 80~100℃。

试样在室温下冷却 30min，用热刮刀刮除环面上的试样，使其与环面齐平。

7.4.3.2　软化点(环球法)实验步骤

(1)试样软化点在 80℃ 以下

①将装有试样的试样环连同试样底板置于 5℃±0.5℃ 水的恒温水槽中至少 15min，同时将金属支架、钢球、钢球定位环等置于相同水槽中。

②烧杯内注入新煮沸并冷却至 5℃ 的蒸馏水或纯净水，水面略低于立杆上的深度标记。

③从恒温水槽中取出盛有试样的试样环放置在支架中层板的圆孔中，套上定位环；然后将整个环架放入烧杯中，调整水面至深度标记，并保持水温 5℃±0.5℃。环架上任何部分不得附有气泡。将 0~100℃ 的温度计由上层板中心孔垂直插入，使端部测温头底部与试样环下面齐平。

④将盛有水和环架的烧杯移至放有石棉网的加热炉具上，然后将钢球放在定位环中间的试样中央，立即开动电磁振荡搅拌器，使水微微振荡，并开始加热，使得杯中水温在 3min 内调节至维持每分钟上升 5℃±0.5℃。在加热过程中，应记得每分钟上升的温度值，

如温度上升速度超出此范围，则实验应重做。

⑤试样受热软化逐渐下坠，至与下层底板表面接触时，立即读取温度，准确至 0.5℃。

（2）试样软化点在 80℃ 以上

①将装有试样的试样环连同试样底板置于装有 32℃±1℃ 甘油的恒温水槽中至少 15min，同时将金属支架、钢球、钢球定位环等置于甘油中。

②在烧杯内注入预加热至 32℃ 的甘油，其液面略低于立杆上的深度标记。

③从恒温水槽中取出装有试样的试样环，按上述试样软化点在 80℃ 以下的方法进行测定，准确至 1℃。

7.4.4 实验结果处理

（1）软化点实验报告：同一试样进行平行实验两次，当两次测定值的差值符合重复性实验运行误差要求时，取其平均值作为软化点的实验结果，准确至 0.5℃。

允许误差：当实验软化点小于 80℃ 时，重复性实验的允许误差为 1℃，再现性实验的允许误差为 4℃；当实验软化点大于或等于 80℃ 时，重复性实验的允许误差为 2℃，再现性实验的允许误差为 8℃。

（2）软化点实验结果判定：实验实测软化点与《公路沥青路面施工技术规范》（JTG F40—2004）规定（表 7.3）对照比较，实测沥青软化点不小于规定值，则该沥青软化点合格。

7.5 沥青密度和相对密度实验

7.5.1 实验原理

非绝对密实材料的密度实验，如水泥密度测定依据《水泥密度测定方法》（GB/T 208—2014），采用李氏瓶法，参见第 1 章。水泥的比表面积实验中需要用到水泥密度。

沥青密度和相对密度测定采用的方法和仪器设备与水泥密度不同，沥青密度和相对密度实验依据为《公路工程沥青及沥青混合料试验规程》（JTJ E20—2011）中的 T 0603—2011 沥青密度和相对密度实验。

沥青的密度和相对密度与沥青的路用性能无直接关系，基本上是由原油先天决定的。测定沥青密度目的，是供沥青储存期间体积与质量换算用，密度实验过程中顺便就测定出了沥青相对密度。测定沥青相对密度目的，是因为在沥青混合料配合比设计中需要用到沥青相对密度。

7.5.2 实验仪器与材料

（1）比重瓶：采用玻璃制成，瓶塞下部与瓶口需经仔细研磨。瓶塞中间有一个垂直孔，其下部为凹形，以便由孔中排出空气（图 7.6）。比重瓶的容积为 20～30mL，质量不超过 40g。

（2）恒温水槽：温控精确至 0.1℃。

（3）烘箱：装有温度自动调节器。

（4）天平：感量不大于 1mg。

（5）滤筛：0.6mm、2.36mm 各一个。

（6）温度计：量程 0~50℃，感量 0.1℃。

（7）烧杯：600~800mL。

（8）真空干燥剂。

（9）洗液：玻璃仪器清洗液、三氯乙烯（分析纯）等。

（10）蒸馏水（或纯净水）。

（11）表面活性剂：洗衣粉（或洗涤灵）。

（12）其他器具：软布、滤纸等。

图 7.6   比重瓶

7.5.3   实验步骤

7.5.3.1   实验准备工作

用洗液、水、蒸馏水先后仔细洗涤比重瓶，然后烘干并称其质量（m_1），准确至 1mg。将盛有冷却蒸馏水的烧杯浸入恒温水槽中保温，在烧杯中插入温度计，水的深度必须超过比重瓶顶部 40mm 以上，使恒温水槽及烧杯中的蒸馏水达到规定的实验温度（误差 ±0.1℃）。

7.5.3.2   比重瓶水值的测定步骤

（1）将比重瓶及瓶塞放入恒温水槽中的烧杯里，烧杯浸没水中的深度不少于 100mm，烧杯口漏出水面，并用夹具将其固定牢固。

（2）待烧杯中水温再次达到规定温度并保持 30min 后，将瓶塞塞入瓶口，使多余的水由瓶塞上的毛细孔中挤出，此时比重瓶内不得有气泡。

（3）将烧杯从水槽中取出，再从烧杯中取出比重瓶，立即用干净软布将瓶塞顶部擦拭一次，再迅速擦干比重瓶外面的水分，称其质量（m_2），精确至 1mg。瓶塞顶部只能擦拭一次，即使由于膨胀瓶塞上有小水滴也不能再次擦拭。

7.5.3.3   液体沥青试样的实验步骤

（1）液体沥青试样过 0.6mm 筛后，注入干燥的比重瓶中至满，不得混入气泡。

（2）将盛有试样的比重瓶及瓶塞移入恒温水槽内盛有水的烧瓶中，水面应在瓶口下约 40mm，不得使水浸入瓶内。测定恒温水槽温度，误差 ±0.1℃。

（3）待烧瓶内的水温达到要求的温度后保温 30min，然后将瓶塞塞上，使多余的试样由瓶塞的毛细孔挤出。用蘸有三氯乙烯的棉花擦净孔口挤出的试样，并保持孔中充满试样。

（4）从水中取出比重瓶，立即用干净软布擦去瓶外的水分或黏附的试样（不得再次擦拭孔口），称其质量（m_3），精确至 0.001g。

黏稠沥青试样的实验步骤和固体沥青试样的实验步骤，参见《公路工程沥青及沥青混合料试验规程》（JTJ E20—2011）中的 T 0603—2011 沥青密度和相对密度实验。

7.5.4   实验结果处理

（1）计算：实验温度下，液体沥青试样的密度按式（7.6）计算，相对密度按式（7.7）

计算。

$$\rho_b = \frac{m_3 - m_1}{m_2 - m_1} \times \rho_w \tag{7.6}$$

$$\gamma_b = \frac{m_3 - m_1}{m_2 - m_1} \tag{7.7}$$

式中：ρ_b——试样在实验温度下的密度，g/cm^3；

γ_b——试样在实验温度下的相对密度；

m_1——比重瓶质量，g；

m_2——比重瓶与所盛满水的合计质量，g；

m_3——比重瓶质量，与所盛满试样的合计质量，g；

ρ_w——实验温度下水的密度，g/cm^3，15℃水的密度为 0.9991g/cm^3，25℃水的密度为 0.9971g/cm^3。

(2)实验报告：同一试样应进行平行实验 2 次，当 2 次实验结果的差值符合重复性实验允许误差要求时，以平均值作为沥青的密度实验结果，精确至 3 位小数，实验报告应注明实验温度。对黏稠石油沥青及液体沥青的密度，重复性实验的允许误差为 0.003g/cm^3，再现性实验的允许误差为 0.007g/cm^3。相对密度的允许误差要求与密度相同(无单位)。

沥青密度和相对密度无合格性判定，相关规范也没有规定某沥青的密度和相对密度值，实测量值是多少就是多少。

测定沥青密度，可供沥青储存期间体积与质量换算用，密度测定过程中能够测定出沥青相对密度。测定沥青相对密度，可供沥青混合料配合比设计用。

7.6　沥青薄膜加热实验

7.6.1　实验原理

沥青薄膜加热实验目的，是通过测定道路石油沥青、聚合物改性沥青薄膜加热后的质量变化，并根据需要，测定薄膜加热后残留物的针入度、延度、软化点、黏度等性质变化，以评定沥青的耐老化性能。沥青薄膜加热实验，依据《公路工程沥青及沥青混合料试验规程》(JTJ E20—2011)进行。此实验还可以采用沥青旋转薄膜加热实验，两个实验是同一性质的实验，可以互相代替。不过，二者仪器设备等实验条件有所不同。

7.6.2　实验仪器

(1)薄膜加热烘箱：工作温度范围可达 200℃，控温的准确度为 1℃，装有温度调节器和可转动的圆盘架。圆盘直径 360~370mm，上有浅槽 4 个，供放置盛样皿，转盘中心由一垂直轴悬挂于烘箱的中央，由传动机构使转盘水平转动为 5.5r/min±1r/min。门为双层，两层之间留有间隙，内层门为玻璃制，只要打开外门，便可通过玻璃窗读取烘箱中温度计的读数。烘箱应能自动通风，为此在烘箱底部及顶部分别设有空气入口和出口，以供热空气和蒸汽的逸出和空气进入。

（2）盛样皿：用不锈钢或铝制成，不少于 4 个，在使用中不变形。

（3）温度计：量程 0~200℃，感量 0.5℃（允许由普通温度计代替）。

（4）分析天平：感量不大于 1mg。

（5）其他器具：干燥器、计时器等。

7.6.3　实验步骤

7.6.3.1　实验准备工作

将洁净、烘干、冷却后的盛样皿编号，称其质量（m_0），准确至 1mg。

按照规范准备 4 份 50g±0.5g 沥青试样，分别注入 4 个已称质量的盛样皿中，并形成沥青厚度均匀的薄膜，放入干燥器中冷却至室温后称取质量（m_1），准确至 1mg。同时，按规定方法测定沥青试样薄膜加热实验前的针入度、黏度、软化点、脆点及延度等性质。根据实验项目需要，预计沥青数量不够时，可增加盛样皿数目，但不允许将不同品种或不同标号的沥青同时放在一个烘箱中进行实验。

将温度计垂直悬挂于转盘轴上，位于转盘中心，水银球应在转盘顶面上的 6mm 处，并将烘箱加热并保持至 163℃±1℃。

7.6.3.2　沥青薄膜加热实验步骤

（1）把烘箱调整水平，使转盘在水平面上以 5.5r/min±1r/min 的速度旋转，转盘与水平面倾斜角不大于 3°，温度计位置距转盘中心和边缘距离相等。

（2）烘箱达到恒温 163℃后，迅速将盛有试样的盛样皿放入烘箱内的转盘上，关闭烘箱门并开动转盘架；使烘箱内温度回升至 162℃时开始计时，并在 163℃±1℃温度下保持 5h。从放置试样开始至实验结束的时间，不得超过 5.25h。

（3）实验结束后，从烘箱中取出盛样皿，如果不需要测定试样的质量变化，按第（5）步骤进行；如果需要测定试样的质量变化，随机取两个盛样皿放入干燥器中冷却至室温后，分别称其质量（m_2），准确至 1mg。

（4）试样称量后，将盛样皿放回 163℃±1℃的烘箱中转动 15min；取出试样，立即按照第（5）步骤进行工作。

（5）将每个盛样皿内的试样用刮刀或刮铲刮入一适当的容器内，置于加热炉上加热，并适当搅拌使其充分熔化并达到流动状态，倒入针入度盛样皿或延度、软化点等试模内，并按规定方法进行针入度等各项薄膜加热实验后残留物的相应实验。

7.6.4　实验结果处理

7.6.4.1　计算

（1）沥青薄膜加热实验后质量变化：按式（7.8）计算，准确至 3 位小数（质量减少为负值，质量增加为正值）。

$$L_T = \frac{m_2 - m_1}{m_1 - m_0} \times 100 \qquad (7.8)$$

式中：L_T——试样薄膜加热质量变化，%；

　　　m_0——盛样皿质量，g；

m_1——薄膜烘箱加热前盛样皿与试样合计质量，g；

m_2——薄膜烘箱加热后盛样皿与试样合计质量，g。

（2）沥青薄膜加热实验后，残留物针入度比：按式（7.9）计算。

$$K_P = \frac{P_2}{P_1} \times 100 \tag{7.9}$$

式中：K_P——试样旋转薄膜加热后残留物针入度比，%；

P_1——薄膜加热前原试样的针入度，0.1mm；

P_2——薄膜加热后残留物的针入度，0.1mm。

（3）沥青薄膜加热实验的残留物软化点增值：按式（7.10）计算。

$$\Delta T = T_2 - T_1 \tag{7.10}$$

式中：ΔT——薄膜加热实验后软化点增值，℃；

T_1——薄膜加热实验前软化点，℃；

T_2——薄膜加热实验后软化点，℃。

（4）沥青薄膜加热实验黏度比：按式（7.11）计算。

$$K_\eta = \frac{\eta_2}{\eta_1} \tag{7.11}$$

式中：K_η——薄膜加热实验前后60℃黏度比；

η_1——薄膜加热实验前60℃黏度，Pa·s；

η_2——薄膜加热实验后60℃黏度，Pa·s。

（5）沥青的老化指数：按式（7.12）计算。

$$C = \lg\lg(\eta_2 \times 10^3) - \lg\lg(\eta_1 \times 10^3) \tag{7.12}$$

式中：C——沥青薄膜加热实验的老化指数；

其余符号意义同前。

7.6.4.2 实验报告

（1）质量变化：当两个盛样皿的质量变化符合重复性实验允许误差要求时，取其平均值作为实验结果，准确至3位小数。

（2）报告内容：根据需要报告残留物的针入度及针入度比、软化点及软化点增值、黏度及黏度比、老化指数、延度、脆点等各项性质的变化。

（3）允许误差：

①当薄膜加热后质量变化小于或等于0.4%时，重复性实验的允许误差为0.04%，再现性实验的允许误差为0.16%。

②当薄膜加热后质量变化大于0.4%时，重复性实验的允许误差为平均值的8%，再现性实验的允许误差为平均值的40%。

③残留物针入度、软化点、延度、黏度等性质实验的允许误差应符合相应的实验方法规定。

7.6.4.3 沥青薄膜加热实验结果处理

沥青薄膜加热实验数据中，质量变化、残留针入度比、残留延度等指标不超过规范规定（表7.3），则表示沥青薄膜加热实验相应指标合格。

7.7　沥青闪点与燃点实验——克利夫兰开口杯法

7.7.1　实验原理

沥青闪点与燃点实验目的，是利用克利夫兰开口杯(简称COC)测定黏稠石油沥青、聚合物改性沥青及闪点在79℃以上的液体石油沥青的闪点和燃点，以评定施工的安全性。沥青闪点与燃点实验，可以依据《石油产品闪点和燃点的测定克利夫兰开口杯法》(GB/T 3536—2008)和《公路工程沥青及沥青混合料试验规程》(JTJ E20—2011)进行。本实验依据《公路工程沥青及沥青混合料试验规程》(JTJ E20—2011)。

7.7.2　实验仪器

(1)克利夫兰开口杯闪点仪：由克利夫兰开口杯、加热板、温度计、点火器和铁支架组成。

①克利夫兰开口杯：用黄铜或铜合金制成，内口径63.5mm±0.5mm，深33.6mm±0.5mm，在内壁与杯上口的距离为9.4mm±0.4mm处刻有一道环状标线，带一个弯柄把手。

②加热板：黄铜或铸铁制，直径145~160mm，上有石棉垫板，中心有个与标准试焰大小相当的直径为4.0mm±0.2mm电镀金属小球，供火焰调节的对照使用。

③温度计：量程0~360℃，感量2℃。

④点火器：金属管制，端部为产生火焰的尖嘴，端部外径1.6mm，内径为0.7~0.8mm，与可燃气体压力容器(如液化丙烷气或天然气)连接，火焰大小可调节。点火器可在150mm半径水平旋转，且端部恰好通过坩埚中心上方2.0~2.5mm，也可采用电动旋转点火用具，但火焰通过克利夫兰开口杯的时间为1.0s左右。

⑤铁支架：高约500mm，附有温度计夹及试样杯支架，支脚为高度调节器，使加热顶保持水平。

(2)防风屏：金属薄板制，三面将仪器围住挡风，内壁涂成黑色，高约600mm。

(3)加热源：加热源为附有调节器的1kW电炉或燃气炉，根据需要，可以控制加热试样的升温速度为14~17℃/min、5.5~0.5℃/min。

7.7.3　实验步骤

7.7.3.1　实验准备工作

将试样杯用溶剂洗净、烘干，装置于支架上。加热板放在可调节电炉上，如用燃气炉时，加热板距炉口约50mm，接好可燃气管道或电源。

安装温度计、垂直插入试样杯中，温度计的水银球距杯底约6.5mm，位置在与点火器相对一侧距杯边缘约16mm处。

按照规定方法准备沥青试样，注入试样杯中至标线处，并使试样杯外部不沾有沥青。

全部装置应置于室内光线较暗且无显著空气流通的地方，并用防风屏三面围护。

将点火器转向一侧，实验点火，调节火苗成标准球的形状或成直径为 4.0mm±0.8mm 的火球，并位于坩埚上方 2.0~2.5mm 处。

7.7.3.2 沥青闪点与燃点实验步骤

(1)开始加热试样，升温速度迅速地达到 14~17℃/min。待试样温度达到预期闪点前 56℃时，调整加热器降低升温速度，以便在预期闪点前 28℃时能使升温速度控制在 5.5℃/min±0.5℃/min。

(2)试样温度达到预期闪点前 28℃时开始，每隔 2℃将点火器的试焰沿实验杯口中心以 150mm 半径作弧水平扫过一次；从实验杯口的一边至另一边所经过的时间约 1s。此时应确认点火器的试焰为直径 4.0mm±0.8mm 的火球，并位于坩埚口上方 2.0~2.5mm 处。

(3)当试样液面上最初出现一瞬即灭的蓝色火焰时，立即从温度计上读记温度，作为试样的闪点。

(4)继续加热，保持试样升温速度 5.5℃/min±0.5℃/min，并按上述操作要求用点火器点火实验。

(5)当试样接触火焰时立即着火，并能继续燃烧不少于 5s 时，停止加热，并读记温度计上的温度，作为试样的燃点。

7.7.4 实验结果处理

(1)同一试样至少平行实验两次，两次测定结果的差值不超过重复性实验允许误差 8℃时，取其平均值的整数作为实验结果。

(2)实验数据修正：当实验时大气压在 95.3kPa(715mmHg)以下时，应对闪点或燃点的实验结果进行修正；当大气压为 95.3~84.5kPa(715~634mmHg)时，修正值增加 2.8℃；当大气压为 84.5~73.3kPa(634~550mmHg)时，修正值增加 5.5℃。

(3)允许误差：

①重复性实验的允许误差为：闪点 8℃，燃点 8℃。

②再现性实验的允许误差为：闪点 16℃，燃点 14℃。

沥青闪点与燃点实验主要针对黏稠石油沥青、聚合物改性沥青及闪点在 79℃以上的液体石油沥青。

沥青闪点实验数据与规范(表 7.3)的闪点对照比较，不小于规定值，沥青闪点合格。

7.8 沥青蜡含量实验——蒸馏法

7.8.1 实验原理

沥青中蜡含量增加，将降低石油沥青的黏结性和塑性，温度稳定性变差，降低沥青路面的使用性能，因此必须严格控制沥青中的蜡含量。

蜡含量实验(蒸馏法)目的，是采用裂解法测定道路石油沥青中的蜡含量。依据《公路工程沥青及沥青混合料试验规程》(JTJ E20—2011)进行蜡含量实验。

7.8.2   实验仪器与材料

(1)蒸馏烧瓶：采用耐热玻璃制成。

(2)自动制冷装置：冷浴槽可容纳 3 套蜡冷却过滤装置，冷却温度能达到-30℃，并且能控制在-30℃±0.1℃。冷却液介质可采用工业酒精或乙二醇的水溶液等。

(3)蜡冷却过滤装置：由砂芯过滤漏斗、吸滤瓶、试样冷却筒、柱杆塞等组成，砂芯过滤漏斗(P16)的孔径系数为 10~16μm。

(4)蜡过滤瓶：类似锥形瓶，有一个分支，能够进行真空抽吸。

(5)立式可调高温炉：恒温 550℃±10℃。

(6)分析天平：感量不大于 0.1mg、0.1g 各 1 台。

(7)温度计：量程-30℃~+60℃，感量 0.5℃。

(8)锥形瓶：150mL 或 250mL 数个。

(9)玻璃漏斗：直径 40mm。

(10)真空泵。

(11)烘箱：控制温度 100℃±5℃。

(12)无水乙醚、无水乙醇：分析纯。

(13)石油醚：60~90℃，分析纯。

(14)工业酒精。

(15)干燥器。

(16)蒸馏水。

(17)其他器具：电热套、量筒、烧杯、冷凝管、燃气灯管等。

7.8.3   实验步骤

7.8.3.1   实验准备工作

(1)将蒸馏烧瓶洗净、烘干后称其质量，准确至 0.1g，置于干燥箱中备用。

(2)将 150mL 或 250mL 锥形瓶洗净、烘干、编号后称其质量，准确值 0.1mg，然后置于干燥器中备用。

(3)将冷却装置各部洗净、干燥，其中砂芯过滤漏斗用洗液浸泡后再用蒸馏水冲洗干净，然后烘干备用。

(4)将高温炉预加热并控制炉内恒温 550℃±10℃。

(5)在烧杯内备好碎冰水。

7.8.3.2   具体步骤

(1)向蒸馏烧瓶中装入沥青试样(m_b)50g±1g，准确至 0.1g。用软木塞盖严蒸馏瓶。用已知质量的锥形瓶作接收器，浸在装有碎冰的烧杯中。

(2)将盛有试样的蒸馏烧瓶置于恒温 550℃±10℃的高温炉中，蒸馏烧瓶支管与置于冰水中的锥形瓶连接。随后蒸馏烧瓶底将渐渐烧红。如用燃气灯时，应调节火焰高度将蒸馏烧瓶周围包住。

(3)调节加热强度(即调节蒸馏烧瓶至高温炉间距离或火燃气灯火焰大小)，从加热开始起 5~8min 内开始初馏（支管端口流出第一滴馏分）；然后以每秒两滴（4~5L/min）的流出速度继续蒸馏至无馏分油，瓶内蒸馏残留物完全形成焦炭为止。全部蒸馏过程必须在 25min 内完成。蒸馏完后支管中残留的馏分不应流入接收器中。

（4）将盛有馏分油的锥形瓶从冰水中取出，擦干瓶外水分，置室温下冷却称其质量，得到馏分油总质量（m_1），准确至 0.05g。

（5）将盛有馏分油的锥形瓶盖上盖，稍加热熔化，并摇晃锥形瓶使试样均匀。加热时温度不要太高，避免有蒸发损失；然后，将熔化的馏分油注入另一已知质量的锥形瓶（250mL）中，称取用于脱蜡的馏分油质量 1~3g（m_2），准确至 0.1mg。估计蜡含量高的试样馏分油数量宜少取，反之需多取，使其过滤后能得到 0.05~0.1g 蜡，但取样量不得超过 10g。

（6）准备好符合控温精度的自动制冷装置，向冷浴中注入冷液（工业酒精），其液面比试样冷却筒内液面（无水乙醚-无水乙醇）高 100mm，设定制冷温度，使冷浴温度保持在 −20℃±0.5℃。把温度计浸没在冷浴 150mm 深处。

（7）将吸滤瓶、玻璃过滤漏斗、试样冷却筒和柱杆塞组成冷冻过滤组件，按要求组装好。

（8）将盛有馏分油的锥形瓶注入 10mL 无水乙醚，使其充分溶解；然后注入试样冷却筒中，再用 15mL 无水乙醚分两次清洗盛油的锥形瓶，并将清洗液倒入试样冷却筒中；再将 25mL 无水乙醚注入试样冷却筒内与无水乙醚充分混合均匀。

（9）将冷冻过滤组件放入已经预冷的冷浴中，冷却 1h，使蜡充分结晶。在带有磨口塞的试管中装入 30mL 无水乙醚-无水乙醇（体积比 1∶1）混合液（作洗液用），并放入冷浴中冷却至 −20℃±0.5℃，恒冷 15min 以后再使用。

（10）当试样冷却筒中溶液冷却结晶后，拔起柱杆塞，过滤结晶析出的蜡，并将柱杆塞用适当方法悬吊在试样冷却筒中，保持自然过滤 30min。

（11）当砂芯过滤漏斗内看不到液体时，启动真空泵，使滤液的过滤速度为每秒 1 滴左右，抽滤至无液体滴落；再将已冷却的无水乙醚-无水乙醇（体积比 1∶1）混合液一次加入，洗涤蜡层、柱杆塞及试样冷却筒内壁；继续过滤，当溶剂在蜡层上看不见时，继续抽滤 5min，将蜡中的溶剂抽干。

（12）从冷浴中取出冷冻过滤组件，取下吸滤瓶，将其中溶液倾入一回收瓶中。吸滤瓶也用无水乙醚-无水乙醇混合液冲洗 3 次，每次用 10~15mL，洗液并入回收瓶中。

（13）将冷冻过滤组件（不包括吸滤瓶）装在蜡过滤瓶上，用 30mL 已预热至 30~40℃ 的石油醚将砂芯过滤漏斗、试样冷却筒和柱杆塞的蜡溶解；拔起柱杆塞，待漏斗中无溶液后，再用热石油醚溶解漏斗中的蜡两次，每次用量 35mL；然后立即用真空泵吸滤，至无液体滴落为止。

（14）将吸滤瓶中蜡溶液倾入已称质量的锥形瓶中，并用常温石油醚分 3 次清洗吸滤瓶，每次用量 5~10mL。洗液倒入锥形瓶的蜡溶液中。

（15）将盛有蜡溶液的锥形瓶放在适宜的热源上蒸馏到石油醚蒸发尽后，将锥形瓶置于温度为 105℃±5℃ 的烘箱中除去石油醚；然后放入真空干燥箱（105℃±5℃、残压 21~35kPa）中 1h，再置于干燥器中冷却 1h 后称其质量，得到析出蜡的质量（m_w），准确至 0. 1mg。

（16）同一沥青试样蒸馏后，应从馏分油中取两个以上试样进行平行实验。当取两个试样实验的结果超出重复性实验允许误差要求时，需追加实验。当为仲裁性实验时，平行实验数量应为 3 个。

7.8.4　实验结果处理

（1）沥青试样的蜡含量计算：见式（7.13）。

$$P_P = \frac{m_1 \times m_w}{m_b \times m_2} \times 100 \tag{7.13}$$

式中：P_P——蜡含量，%；

m_b——沥青试样质量，g；

m_1——馏分油质量，g；

m_2——用于测定蜡的馏分油质量，g；

m_w——析出蜡的质量，g。

（2）实验测定值确定：

①所进行的平行实验结果的最大值与最小值之差，符合重复性实验误差要求时，取其平均值作为蜡含量结果，准确至 1 位小数。

②当超过重复性实验误差时，以分离得到的蜡质量为横轴，蜡的质量百分率为纵轴，按直线关系回归求出蜡质量为 0.075g 时蜡的质量百分率，作为蜡含量结果，准确至 0.1%。关系直线方向系数应为正值，否则应重新实验。

（3）实验误差：蜡含量测定时重复性或再现性实验的允许误差应符合表 7.5 的要求。

（4）实验结果判定：沥青蜡含量实验数据确定后，与《公路沥青路面施工技术规范》（JTG F40—2004）对照。沥青蜡含量实验值不超过规定，判定该沥青蜡含量合格。

表 7.5　沥青蜡含量实验允许误差　　　　　　　　　　　　　　　　　%

蜡含量	重复性	再现性
0~1.0	0.1	0.3
1.0~3.0	0.3	0.5
>3.0	0.5	1.0

7.9　沥青与粗集料的黏附性实验

7.9.1　实验原理

由于沥青混合料的水稳定性与沥青和粗集料的黏结性密切相关，因此需要进行沥青与粗集料的黏附性实验。

实验方法包括水煮法、水浸法、光电比色法及搅动水净吸附法等，其中水煮法和水浸法是目前道路工程中的常用方法，但采用水煮法或水浸法评价沥青与粗集料黏附性等级时受人为因素影响较大。此外，一些满足黏附性等级要求的沥青混合料在使用时仍有可能发生水损害，实验结果存在一定的局限性。综上可知，这类实验仅可以初步评价沥青与粗集料的黏附性，还必须结合沥青混合料的水稳定性实验结果做出综合评价。

沥青与粗集料的黏附性实验适用于沥青与粗集料表面的黏附性及评定粗集料的抗水剥离能力，依据为《公路工程沥青及沥青混合料试验规程》(JTJ E20—2011)中的 T 0616—1993 沥青与粗集料的黏附性实验。最大粒径大于 13.2mm 的粗集料采用水煮法实验；对于最大粒径小于或等于 13.2mm 的粗集料，采用水浸法实验。当同一种料源最大粒径既有大于又有小于 13.2mm 的粗集料时，取大于 13.2mm 水煮法实验为标准，细粒式沥青混合料应以水浸法实验为标准。

7.9.2 实验仪器

(1)天平：感量不大于 0.01g。

(2)恒温水槽：能保持温度 80℃±1℃。

(3)拌和用小型容器：500mL。

(4)烧杯：1000mL。

(5)实验架。

(6)细线：尼龙线或棉线、铜丝线。

(7)铁丝网。

(8)标准筛：方孔筛，9.5mm、13.2mm、19mm 各 1 个。

(9)烘箱：装有自动温度调节器。

(10)电炉、燃气炉。

(11)玻璃板：200mm×200mm 左右。

(12)搪瓷盘：300mm×400mm 左右。

(13)其他器具：拌和铲、石棉网、纱布、手套等。

7.9.3 水煮法实验

7.9.3.1 实验准备工作

(1)将集料过 13.2mm、19mm 筛，取粒径 13.2~19mm 形状接近立方体的规则粗集料 5 个，用洁净水洗净，置于 105℃±5℃的烘箱中烘干，然后放在干燥器中备用。

(2)大烧杯中盛水，并置于加热炉的石棉网上煮沸。

7.9.3.2 实验步骤

(1)将粗集料逐个用细线在中部系牢，再置于 105℃±5℃的烘箱中烘干 1h，按 7.1.2 小节《沥青试样准备方法》准备沥青试样。

(2)逐个用线提起加热的矿料颗粒，浸入预先加热的沥青(石油沥青 130~150℃)中 45s 后，轻轻拿出，使粗集料颗粒完全为沥青膜所裹覆。

(3)将裹覆沥青的粗集料颗粒悬挂于实验架上，下面垫一张纸，使多余的沥青流掉，并在室温下冷却 15min。

(4)待粗集料颗粒冷却后，逐个用线提起，浸入盛有煮沸水的大烧杯中央，调整加热炉，使烧杯中的水保持微沸状态，但不允许有沸开的泡沫(图 7.7)。

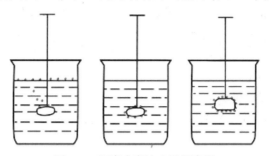

图 7.7　沥青水煮法实验示意图

(5)浸煮 3min 后，将粗集料从水中取出，适当冷却，然后放入一个盛有常温水的纸杯等容器中，在水中观察矿料颗粒上沥青膜的剥落程度，并按表 7.6 评定其黏附性等级。

表 7.6　沥青与粗集料的黏附性等级

实验后粗集料表面上沥青膜剥落情况	黏附性等级
沥青膜完全保存，剥离面积百分率接近于 0	5
沥青膜少部分为水所移动，厚度不均匀，剥离面积百分率小于 10%	4
沥青膜局部明显地为水所移动，基本保留在粗集料表面上，剥离面积百分率小于 30%	3
沥青膜大部分为水所移动，局部保留在粗集料表面上，剥离面积百分率大于 30%	2
沥青膜完全为水所移动，粗集料基本裸露，沥青全浮于水面上	1

(6)同一试样应平行实验 5 个粗集料颗粒，并由两名以上经验丰富的实验人员分别评定后，取平均等级作为实验结果。

7.9.4　水浸法实验

7.9.4.1　实验准备工作

将集料过 9.5mm、13.2mm 筛，取粒径 9.5~13.2mm 形状规则的粗集料 200g 用洁净水洗净，并置于 105℃±5℃的烘箱中烘干，然后放在干燥器中备用。

按规定准备沥青试样，加热至沥青混合料的拌和温度，见表 7.7。

表 7.7　沥青混合料拌和压实时温度参考表　　　　　　　　　　　　　　℃

沥青混合料种类	拌和温度	压实温度
石油沥青	140~160	120~150
改性沥青	160~175	140~170

将煮沸过的热水注入恒温水槽中，并维持温度 80℃±1℃。

7.9.4.2　实验步骤

(1)按照四分法称取集料颗粒(9.5~13.2mm)100g 置于搪瓷盘中，连同搪瓷盘一起放入已升温至沥青拌和温度以上 5℃的烘箱中持续加热 1h。

(2)按每 100g 集料加入沥青 5.5g±0.2g 的比例称取沥青，准确至 0.1g，放入小型拌和容器中，一起置入同一烘箱中加热 15min。

（3）将搪瓷盘中的集料倒入拌和容器的沥青中后，从烘箱中取出拌和容器，立即用金属铲均匀拌和 1~1.5min，使集料完全被沥青薄膜裹覆；然后立即将裹有沥青的集料取 20 个，用小铲移至玻璃板上摊开，并置于室温下冷却 1h。

（4）将放有集料的玻璃板浸入温度为 80℃±1℃ 的恒温水槽中，保持 30min，并将剥离及浮于水面的沥青用纸片捞出。

（5）从水中小心取出玻璃板，浸入水槽内的冷水中，仔细观察裹覆集料的沥青薄膜的剥落情况。由两名以上经验丰富的实验人员分别目测，评定剥离面积的百分率，评定后取平均值。

注：为使估计的剥离面积百分率较为正确，宜先制取若干不同剥离率的样本，用比照法目测评定。不同剥离率的样本，可用加不同比例抗剥离剂的改性沥青与酸性集料拌和后浸水得到，也可由同一种沥青与不同集料品种拌和后浸水得到，逐个仔细计算得出样本的剥离面积百分率。

（6）由剥离面积百分率评定沥青与集料黏附性的等级。

7.9.5　实验结果处理

通过粗集料与沥青的黏附性实验，确定沥青与粗集料黏附等级。利用沥青与粗集料实验的黏附等级，与《公路沥青路面施工技术规范》（JTG F40—2004）规定的黏附等级对照比较，实验黏附等级不小于规定的黏附等级，则判定该粗集料与沥青的黏附性合格。

7.10　沥青动力黏度实验——真空减压毛细管法

7.10.1　实验原理

沥青动力黏度实验（真空减压毛细管法），采用真空减压毛细管黏度计测定黏稠石油沥青的动力黏度，实验温度 60℃，真空度 40kPa。本实验依据为《公路工程沥青及沥青混合料试验规程》（JTJ E20—2011）中的沥青动力黏度实验（真空减压毛细管法）。

7.10.2　实验仪器与材料

（1）真空减压毛线管黏度计：一组 3 支毛细管，通常采用美国沥青学会式（AI 式）毛细管，如图 7.8 所示。

（2）温度计：两侧 50~100℃，感量 0.1。

（3）恒温水槽：采用硬玻璃制成，高度需使黏度计置入时，最高一条时间标线在液面下至少 20mm，内设有加热和温度自动控制器，能使水温保持在实验温度（误差±0.1℃），并有搅拌器及夹持设备。水槽中不同位置的温度差不得大于±0.1℃。

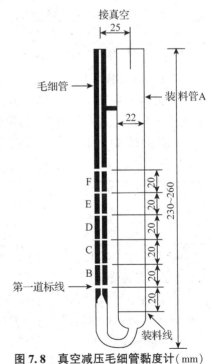

图 7.8　真空减压毛细管黏度计（mm）

(4)真空减压系统：能使真空度达到 40kPa±66.5Pa(300mmHg±0.5mmHg)。各连接处不得漏气，以保证密闭。在开启毛细管减压阀进行测定时，应不产生水银柱降低情况。在开口端连接水银压力计，可读至 133Pa(1mmHg)的刻度，用真空泵或吸气泵抽真空，如图 7.9 所示。

(5)秒表：2 个，感量 0.1s，总量程 15min 的误差±0.05%。

(6)烘箱：有自动温度控制器。

(7)三氯乙烯：化学纯。

(8)蒸馏水、洗液等。

图 7.9　真空减压系统

7.10.3　实验步骤

7.10.3.1　实验准备工作

(1)预估试样的黏度，根据试样流经规定体积的时间是否在 60s 以上，来选择真空减压毛细管黏度计的型号。

(2)将真空减压毛细管黏度计用三氯乙烯等溶剂洗净。如黏度计沾有油污，可用洗液、蒸馏水等洗涤。洗涤后置烘箱中烘干或用通过棉花的热空气吹干。

(3)按照规定方法准备沥青试样，将脱水过筛的试样仔细加热至充分流动状态，在加热时，予以适当搅拌，以保证加热均匀。然后将试样倾倒入另一个便于灌入毛细管的小盛样皿中，数量约 50mL，并用盖子盖好。

(4)将水槽加热，调节恒温在 60℃±0.1℃。

(5)将选用的真空减压毛细管黏度计和试样放在烘箱中加热 30min，烘箱温度保持在135℃±5℃。

7.10.3.2　具体步骤

(1)将加热的真空减压毛细管黏度计置于容器中，然后将热沥青试样自装料管 A 注入真空减压毛细管黏度计,并使试样液面在 E 标线处(误差±2mm)。

(2)将装好试样的真空减压毛细管黏度计放回烘箱,在 135℃±5℃ 中保温 10min±2min,以使管中试样所产生气泡溢出。

(3)从烘箱中取出 3 支真空减压毛细管黏度计,在室温下冷却 2min,安装在保持实验温度的恒温水槽中,其位置应使 I 标线在水槽液面以下至少 20mm。自烘箱中取出真空减压毛细管黏度计,至装好放入恒温水槽的操作时间应控制在 5min 之内。

(4)将真空系统与真空减压毛细管黏度计连接,关闭活塞或阀门。

(5)开动真空泵,真空度在 40kPa±66.5Pa(300mmHg±0.5mmHg)。

(6)真空减压毛细管黏度计在恒温水槽中保持 30min 后,打开连接减压系统阀门,当试样吸到第一标线时同时开动两个秒表,测定通过连续的一对标线间隔时间,准确至 0.1s,记录第一个超过 60s 的标线符号及间隔时间。

(7)按上述步骤,对另两支真空减压毛细管黏度计做平行实验。

实验结束,按照规定方法和顺序清洗毛细管、烧杯等。

7.10.4 实验结果处理

(1)计算:沥青试样的动力黏度按式(7.14)计算。

$$\eta = K \times t \tag{7.14}$$

式中:η——沥青试样在测定温度下的动力黏度,Pa·s;

K——选择的第一对超过 60s 的标线间的黏度计常数,Pa·s/s;

t——通过第一对超过 60s 标线的时间间隔,s。

(2)实验报告:一次实验的 3 支真空减压毛细管黏度计平行实验结果的误差不大于平均值的 7%时,以 3 支真空减压毛细管黏度计测定结果的算术平均值作为该沥青动力黏度的实测量值。否则,应重新实验。

重复性实验的允许误差为 7%,再现性实验允许误差为 10%。

(3)实验结果判定:通过沥青动力黏度实验(真空减压毛细管法)的实测量值,与《公路沥青路面施工技术规范》(JTG F40—2004)规定的 60℃动力黏度对照比较,实测动力黏度不小于规定的动力黏度,则判定该沥青的 60℃动力黏度合格。

7.11 沥青溶解度实验

7.11.1 实验原理

沥青溶解度实验目的,是测定道路石油沥青、聚合物改性沥青、液体石油沥青或乳化沥青蒸发后残留物的溶解度。沥青溶解度实验的溶剂为三氯乙烯。沥青溶解度实验可以采用《石油沥青溶解度测定法》(GB/T 11148—2008)和《公路工程沥青及沥青混合料试验规程》(JTJ E20—2011)。本实验依据为《公路工程沥青及沥青混合料试验规程》(JTJ E20—2011)。

7.11.2　实验仪器与材料

（1）分析天平：感量不大于 0.1mg。

（2）锥形瓶：250mL。

（3）古氏坩埚：50mL。

（4）玻璃纤维滤纸：直径 2.0cm，最小过滤孔 0.6μm。

（5）过滤瓶：250mL。

（6）洗瓶。

（7）量筒：10mL。

（8）干燥器。

（9）烘箱：装有温度自动调节器。

（10）水槽。

（11）三氯乙烯：化学纯。

7.11.3　实验步骤

7.11.3.1　实验准备工作

（1）按照规定方法准备沥青试样。

（2）将玻璃纤维滤纸置于洁净的古氏坩埚中的底板上，用溶剂冲洗滤纸和坩埚，溶剂挥发后，置于 105℃±5℃ 的烘箱内干燥至恒重（一般 15min），然后移入干燥器中冷却，冷却时间不少于 30min，称其质量（m_1），准确至 0.1mg。

（3）称取已烘干的锥形瓶和玻璃棒的质量（m_2），准确至 0.1mg。

7.11.3.2　沥青溶解度实验步骤

（1）用预先干燥的锥形瓶称取沥青试样（m_3）2g，准确至 0.1mg。

（2）在不断摇动下，分次加入三氯乙烯 100mL，直至试样溶解后盖上瓶塞，并在室温下放置至少 15min。

（3）将称好质量的滤纸及古氏坩埚安装在过滤烧瓶上，用少量的三氯乙烯润湿玻璃纤维滤纸；然后，将沥青溶液沿玻璃棒倒入滤纸中，并以连续滴状速度进行过滤，直至溶液全部滤完；用少量溶剂分次清洗锥形瓶，将全部不溶物移至坩埚中；再用溶剂洗涤坩埚中的滤纸，直至滤液无色透明为止。

（4）取出古氏坩埚，置于通风处，直至无溶剂气味为止；将古氏坩埚移入 105℃±5℃ 的烘箱中烘至少 20min；同时，将原锥形瓶、玻璃棒等也置于烘箱中烘干至恒重。

（5）取出古氏坩埚及锥形瓶等置于干燥器冷却 30min±5min 后，分别称其质量（m_4、m_5），直至连续称量的差不大于 0.3mg 为止。

7.11.4　实验结果处理

（1）计算：沥青试样的可溶物含量按式（7.15）计算。

$$S_b = \left[1 - \frac{(m_4 - m_1) + (m_5 - m_2)}{m_3 - m_2}\right] \times 100 \tag{7.15}$$

式中：S_b——沥青试样的溶解度，%；

　　　m_1——古氏坩埚与玻璃纤维滤纸合计质量，g；

　　　m_2——锥形瓶与玻璃棒合计质量，g；

　　　m_3——锥形瓶玻璃棒与沥青试样合计质量，g；

　　　m_4——古氏坩埚、玻璃纤维滤纸与不溶物合计质量，g；

　　　m_5——锥形瓶、玻璃棒与黏附不溶物合计质量，g。

（2）实验报告：同一试样至少平行实验两次，当两次结果之差不大于 0.1% 时，取其平均值作为实验结果。对于溶解度大于 99.0% 的实验结果，准确至 0.01%；对于溶解度小于或等于 99.0% 的实验结果，准确至 0.1%。

（3）允许误差：当实验结果平均值大于 99.0% 时，重复性实验的允许误差为 0.1%，再现性实验的允许误差为 0.26%。

（4）实验结果判定：通过沥青溶解度实验的实测量值，与《公路沥青路面施工技术规范》（JTG F40—2004）规定的溶解度对照比较，实测溶解度不小于规定的溶解度 99.5%，则判定该沥青的溶解度合格。

7.12　沥青旋转黏度实验——布洛克菲尔德黏度计法

7.12.1　实验原理

沥青旋转黏度实验（布洛克菲尔德黏度计法）目的，是采用布洛克菲尔德黏度计（Brookfield，简称布氏黏度计）旋转法，测定道路沥青在 45℃ 以上温度的表观黏度，单位为 Pa·s。

沥青旋转黏度实验（布洛克菲尔德黏度计法），测定的不同温度的黏度曲线用于确定各种沥青混合料的拌和温度和压实温度。

7.12.2　实验仪器

（1）布洛克菲尔德黏度计：具有直接显示黏度、扭矩、剪切应力、剪变率、转速和实验温度等项目的功能，如图 7.10 所示。

布洛克菲尔德黏度计主要由下列部分组成：

①适用于不同黏度范围的标准高温黏度测量系统：如 LV、RV、HA 或 HB 型系列等，其量程应满足被测改性沥青黏度的要求。

②不同型号的转子：根据沥青黏度选用。

③自动温度控温系统：包括恒温控制器、盛样筒（为试管形状）、温度传感器等。

④数据采集和显示系统、绘图记录设备等。

（2）烘箱：有自动温度控制器，控温的准确度为 ±1℃。

（3）标准温度计：感量 0.1℃。

（4）秒表。

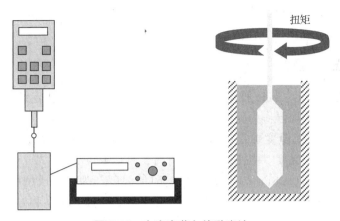

图 7.10　布洛克菲尔德黏度计

7.12.3　实验步骤

(1)准备沥青试样,分装在盛样容器中,在烘箱中加热至软化点以上,100℃左右保湿 30~60min 备用,对改性沥青尤应注意去除气泡。

(2)仪器在安装时必须调至水平,使用前应检查仪器的水准器气泡是否对中。开启黏度计温度控制器电源,设定温度控制系统至要求的实验温度。此系统的控温准确度应在使用前严格标定。

(3)根据估计的沥青黏度,按仪器说明书规定的不同型号的转子所适用的速率和黏度范围,选择适宜的转子。

(4)取出沥青盛样容器,适当搅拌,按转子型号所要求的体积向黏度计的盛样筒中添加沥青试样。根据试样的密度换算成质量。加入沥青试样后的液面应符合不同型号转子的规定要求,试样体积应与系统标定时的标准体积一致。

(5)将转子与盛样筒一起置于已控温至实验温度的烘箱中保温,维持 1.5h。

(6)取出转子和盛样筒,安装在黏度计上,降低黏度计,使转子插进盛样筒的沥青液面中,至规定的高度。

(7)使沥青试样在恒温容器中保温 15min,达到实验所需的平衡温度。

(8)按仪器说明书的要求选择转子速率,如在 135℃测定时,对 RV、HA、HB 型黏度计可采用 20r/min,对 LV 型黏度计可采用 12r/min,在 60℃测定可选用 0.5r/min 等。开动布洛克菲尔德黏度计,观察读数,扭矩读数应在 10%~98% 范围内。在整个测量黏度过程中,不得改变设定的转速。仪器在测定前是否需要归零,可按操作说明书规定进行。

(9)观测黏度变化,当小数点后面 2 位读数稳定后,在每个实验温度下,每隔 60s 读数一次,连续读数 3 次,以 3 次读数的算术平均值作为测定值。

(10)对每个要求的实验温度,重复以上过程进行实验。实验温度宜从低到高进行,盛样筒和转子的恒温时间应不小于 1.5h。

(11)如果在实验温度下的扭矩读数不在 10%~98%的范围内,必须更换转子或降低转子转速后重新实验。

（12）利用布洛克菲尔德黏度计测定不同温度的表观黏度，绘制黏温曲线。一般可采用135℃和175℃的表观黏度，根据需要也可以采用其他温度。

7.12.4 实验结果处理

（1）实验测定值确定：同一种试样至少平行实验两次，两次测定结果符合重复性实验允许误差要求时，以平均值作为测定值。

（2）拌和温度和施工温度确定：将在不同温度条件下测定的黏度，绘于黏温曲线中，确定沥青混合料的施工温度。当使用石油沥青时，宜以黏度为 $0.17Pa \cdot s \pm 0.02Pa \cdot s$ 时的温度作为拌和温度；以 $0.28Pa \cdot s \pm 0.03Pa \cdot s$ 时的温度作为压实成型温度。图7.11为由沥青结合料的黏温曲线确定施工温度，采用的是半对数坐标，黏度和温度的指数关系曲线在半对数坐标中显示为线性关系；图7.12采用的是普通坐标，黏度和温度的关系显示为常规的指数关系；二者计算石油沥青的试件（施工）温度均很方便。

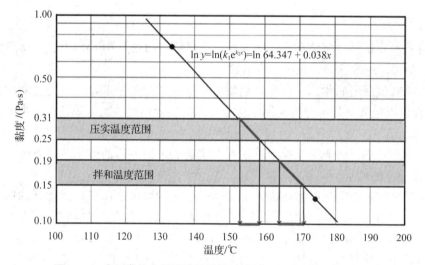

图7.11 由沥青结合料的黏温曲线确定施工温度（半对数坐标）

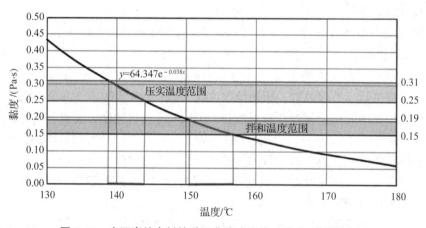

图7.12 由沥青结合料的黏温曲线确定施工温度（普通坐标）

（3）报告实验温度、转子的型号和转速。

（4）绘制黏温曲线，给出推荐的拌和及压实施工温度范围。

（5）允许误差：重复性和再现性实验的允许误差，分别为平均值的 3.5% 和 14.5%。

（6）结果处理：规范没有规定沥青的表观黏度值。沥青旋转黏度实验测定出的表观黏度，用于绘制不同温度的黏度曲线，用于确定各种沥青混合料的拌和温度和压实温度。

7.13　沥青运动黏度实验——毛细管法

7.13.1　实验原理

沥青运动黏度实验（毛细管法）目的，是采用毛细管黏度计测定黏稠石油沥青、液体石油沥青及其蒸馏后残留物的运动黏度。

沥青运动黏度实验（毛细管法）实验温度：135℃（黏稠石油沥青）、60℃（液体石油沥青）。

7.13.2　实验仪器与材料

（1）毛细血管黏度计：通常采用坎芬式（Cannon-Fenske）逆流毛细管黏度计，也可采用国外通用的其他类型，如翟富斯横臂式（Zeitfuchs Cross-Arm）、兰特兹-翟富斯（Lantz-Zeit-fuchs）型逆流式黏度计及 BS/IP/RTU 型逆式黏度计等毛细管黏度计进行测定。坎芬式黏度计的形状如图 7.13 所示，其型号和尺寸见表 7.8。

（2）恒温水槽或油浴：具有透明壁或装有观测

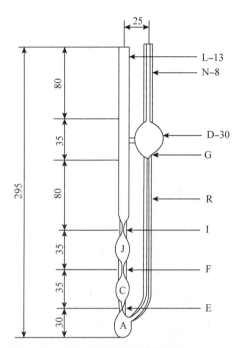

图 7.13　坎芬式逆流毛细管黏度计（mm）

孔，容积不小于 2L，并能使毛细管距浴壁的距离及试样距浴面至少为 20mm，并装有加热温度调节器、自动搅拌器及带夹具的盖子等，其控温度能达到测定要求。

（3）温度计：感量 0.1℃。

表 7.8　坎芬式逆流毛细管黏度计尺寸及适用的运动黏度范围

型号	近似测定常数/（mm²/s²）	运动黏度范围/（mm²/s）	R 管内径/mm，±2%	N、G、E、F、I、管内径/mm，±5%	球 A、C、J 容积/mL，±5%	球 D 容积/mL，±5%
200	0.1	6~100	1.02	3.2	2.1	11
300	0.25	15~200	1.26	3.4	2.1	11
350	0.5	30~500	1.48	3.4	2.1	11
400	1.2	72~1200	1.88	3.4	2.1	11
450	2.5	150~2500	2.20	3.7	2.1	11
500	8	48~8000	3.10	4.0	2.1	11
600	20	120~20 000	4.00	4.7	2.1	13

(4)烘箱：装有温度自动控制调节器。

(5)秒表：感量 0.1s，15min 的误差不超过±0.05%。

(6)水流泵或橡皮球。

(7)硅油或闪点高于215℃的矿物油。

(8)三氯乙烯：化学纯。

(9)洗液、蒸馏水等。

7.13.3 实验步骤

7.13.3.1 实验准备

(1)估计试样的黏度，根据试样流经毛细管规定体积的时间是否大于60s来选择黏度计的型号。

(2)将黏度计用三氯乙烯等溶剂洗涤干净。如黏度计沾有油污，应用洗液、蒸馏水或无水乙醚等仔细洗涤。洗涤后置于105℃±0.5℃的烘箱中烘干，或用通过棉花过滤的热空气吹干，然后预热至要求的测定温度。

(3)将液体沥青在室温下充分搅拌30min，注意勿带入空气形成气泡。如液体沥青黏度过大可将试样置于60℃±3℃的烘箱中，加热30min。按《公路工程沥青及沥青混合料试验规程》(JTG E20—2011)中的T0602准备黏稠沥青试样，均匀加热至实验温度±5℃后倾入一个小盛样器中，其容积不少于20mL，并用盖子盖好。

(4)调节恒温水槽或油浴的液面及温度，使温度保持在实验温度±0.1℃。

7.13.3.2 沥青运动黏度实验步骤

(1)将黏度计预热至实验温度后取出垂直倒置，使毛细管N通过橡皮管浸入沥青试样中。在管L的管口接一橡皮球(或水流泵)吸气，使试样经毛细管N充满D球并充满至G处后，用夹子夹住N管上的橡皮管，取出N管并迅速揩干N管口外部所黏附试样，并将黏度计倒转恢复到正常位置。然后用夹子夹紧L管上橡皮球的皮管。

(2)将黏度计移入恒温水槽或油浴(实验温度±0.1℃)中，用橡皮夹子将L管夹持固定，并使L管保持垂直。夹持时，D球需浸入水或油面下至少20mm。

(3)放松L管夹子，使试样流入A球达一半时夹住夹子，试样停止流动。然后在恒温浴中保温30min后，放松L管夹子，让试样依靠重力流动。当试样弯液面达到标线E时，开动秒表，当试样液面流经标线F及J时，读取秒表，分别记录试样流经标志E到F和F到J的时间，准确至0.1s。如试样流经时间小于60s，应改选另一个毛细管直径较小的黏度计，重复上述操作。

7.13.4 实验结果处理

(1)计算

①按式(7.16)、式(7.17)分别计算流经C、J测定球的运动黏度。

$$v_C = C_C \times t_C \quad (7.16)$$
$$v_J = C_J \times t_J \quad (7.17)$$

式中：v_C、v_J——试样流经C、J测定球的运动黏度，mm^2/s；

C_C、C_J——C、J 测定球的黏度记标定常数，mm^2/s^2；

t_C、t_J——试样流经 C、J 测定球的时间，s。

②当 v_C 及 v_J 之差不超过平均值的 3% 时，试样的运动黏度按式(7.18)计算；当 v_C 及 v_J 之差超过平均值的 3% 时，重新进行实验。

$$v_T = \frac{v_C + v_J}{2} \tag{7.18}$$

式中：v_T——试样在温度 T℃时的运动黏度，mm^2/s；

v_C——试样流经 C 测定球的运动黏度，mm^2/s；

v_J——试样流经 J 测定球的运动黏度，mm^2/s。

(2)实验值确定：同一试样至少用两根毛细管平行实验两次，取平准值作为实验结果。

(3)允许误差

①重复性实验的允许误差：对黏稠沥青，重复性实验允许误差为 3%；对液体沥青，重复性实验允许误差，见表 7.9。

②再现性实验的允许误差：对于黏稠沥青，为平均值的 8.8%。对于液体沥青，允许误差见表 7.10。

表 7.9　重复性实验的允许误差

60℃运动黏稠范围/(mm^2/s)	允许误差/%
<3000	1.5
3000~6000	2.0
>6000	8.9

表 7.10　再现性实验的允许误差

60℃运动黏稠范围/(mm^2/s)	允许误差/%
<3000	3.0
3000~6000	9.0
>6000	10.0

(4)实验结果判定：通过沥青运动黏度实验(毛细管法)实测的运动黏度，与《公路沥青路面施工技术规范》(JTG F40—2004)规定的改性沥青的运动黏度对照，实测运动黏度不大于规定的运动黏度 3%(135℃)，则判定该改性沥青的运动黏度合格。

7.14　沥青弹性恢复实验

7.14.1　实验原理

沥青弹性恢复实验目的，是通过测定用延度实验仪拉长一定长度后的可恢复变形的百分率，评价热塑性橡胶类聚合物 SBS 改性沥青的弹性恢复性能。实验温度为 25℃，拉伸速率为 5cm/min±0.25cm/min。

7.14.2　实验仪器

（1）试模：采用延度实验所用试模，但中间部分换为直线侧模，如图 7.14 所示。制作的试件截面积为 $1cm^2$。

（2）水槽：能保持规定的实验温度，变化不超过 0.1℃。水槽的容积不小于 10L，高度应满足试件浸没深度不小于 10cm，离水槽底部不少于 5cm 的要求。

（3）延度试验机：同 7.3 沥青延度实验的延度仪。

（4）其他器具：温度计和剪刀等。

图 7.14　弹性恢复实验用直线延度试模

7.14.3　实验步骤

（1）按 7.3 沥青延度实验方法浇灌改性沥青试样、制模，最后将试样在 25℃ 水槽中保温 1.5h。

（2）将试样安装在滑板上，按延度实验方法以规定的 5cm/min 的速率拉伸试样达 10cm±0.25cm 时停止拉伸。

（3）拉伸一停止就立即用剪刀在中间将沥青试样剪断，保持试样在水中 1h，并保持水温不变。注意在停止拉伸后至剪断试样之间不得有时间间歇，以免使拉伸应力松弛。

（4）取下两个半截的回缩的沥青试样轻轻捋直，但不得施加拉力，移动滑板使改性沥青试样的尖端刚好接触，测量试件的残留长度 X。

7.14.4　实验结果处理

（1）计算：按式(7.19)计算弹性恢复率。

$$D = \frac{10 - X}{X} \times 100 \tag{7.19}$$

式中：D——试样的弹性恢复率，%；

　　　X——试样的残留长度，cm。

（2）实验结果判定：沥青弹性恢复实验实测的热塑性橡胶类聚合物 SBS 改性沥青的弹性恢复率，与《公路沥青路面施工技术规范》(JTG F40—2004)规定的 SBS 改性沥青的弹性恢复率对照。SBS 改性沥青的弹性恢复率实测量值不小于规定值，则判定该改性沥青弹性恢复合格。

第8章 沥青混合料实验

8.1 概述

8.1.1 沥青混合料必检项目

目前我国公路路面多是柔性路面(沥青类路面),配套教材《土木工程材料》第 12 章梳理了不同类型的沥青混合料配合比设计,列举热拌沥青混合料中的 AC 连续级配热拌沥青混合料(含 TAB)、SMA 沥青混合料和 PAC 排水沥青混合料的配合比设计。一般来说,沥青混合料相关实验包含在沥青混合料配合比设计当中,沥青混合料配合比设计与沥青混合料实验相互依存。

依据《公路沥青路面施工技术规范》(JTG F40—2004),沥青混合料有渗水系数、马歇尔稳定度、动稳定度、沥青含量、密度、弯曲实验、冻融劈裂抗拉强度比、谢伦堡沥青析漏损失、肯塔堡飞散损失 9 类必检项目,见表 8.1。其中,马歇尔稳定度分为马歇尔实验和浸水马歇尔实验,实验检测指标包括空隙率、稳定度、流值、矿料间隙、饱和度等;弯曲实验检测指标包括抗弯拉强度、最大弯拉应变、弯曲劲度模量。

这些项目实验,依据《公路工程沥青及沥青混合料试验规程》(JTG E20—2011)。本章重点围绕沥青混合料必检项目实验进行介绍。

表 8.1　沥青混合料必检项目

序号	检测项目	参数实验规程	取样数量出处	抽检频率出处
1	渗水系数	《公路工程沥青及沥青混合料试验规程》(JTGE20—2011)P298	《公路工程沥青及沥青混合料试验规程》(JTG E20—2011)P187 表 T 0701-1	《公路沥青路面施工技术规范》(JTG F40—2004)P65 表 11.4.5-1
2	马歇尔稳定度	《公路工程沥青及沥青混合料试验规程》(JTG E20—2011)P224	《公路工程沥青及沥青混合料试验规程》(JTG E20—2011)P187 表 T 0701-1	《公路沥青路面施工技术规范》(JTG F40—2004)P64 表 11.4.4
3	动稳定度	《公路工程沥青及沥青混合料试验规程》(JTGE20—2011)P265	《公路工程沥青及沥青混合料试验规程》(JTG E20—2011)P187 表 T 0701-1	《公路沥青路面施工技术规范》(JTG F40—2004)P64 表 11.4.4
4	沥青含量(矿料级配)	《公路工程沥青及沥青混合料试验规程》(JTG E20—2011)P276	《公路工程沥青及沥青混合料试验规程》(JTG E20—2011)P187 表 T 0701-1	《公路沥青路面施工技术规范》(JTG F40—2004)P64 表 11.4.4

（续）

序号	检测项目	参数实验规程	取样数量出处	抽检频率出处
5	密度	《公路工程沥青及沥青混合料试验规程》（JTG E20—2011）P214	《公路工程沥青及沥青混合料试验规程》（JTG E20—2011）P187 表 T 0701-1	—
6	弯曲实验	《公路工程沥青及沥青混合料试验规程》（JTG E20—2011）P249	《公路工程沥青及沥青混合料试验规程》（JTG E20—2011）P187 表 T 0701-1	—
7	冻融劈裂抗拉强度比	《公路工程沥青及沥青混合料试验规程》（JTGE20—2011）P294	《公路工程沥青及沥青混合料试验规程》（JTG E20—2011）P187 表 T 0701-1	—
8	谢伦堡沥青析漏损失	《公路工程沥青及沥青混合料试验规程》（JTGE20—2011）P303	《公路工程沥青及沥青混合料试验规程》（JTG E20—2011）P187 表 T 0701-1	—
9	肯塔堡飞散损失	《公路工程沥青及沥青混合料试验规程》（JTGE20—2011）P306	《公路工程沥青及沥青混合料试验规程》（JTG E20—2011）P187 表 T 0701-1	—

8.1.2 沥青混合料实验报告

沥青混合料实验包含在沥青混合料配合比设计过程中，本章为读者准备了相关配合比设计报告（含沥青混合料实验）。当然，根据工程实际需要，施工现场也有沥青混合料随机抽检及相应的实验内容的实验报告，这里不再单列。

8.2 沥青混合料取样方法

8.2.1 实验原理

在拌和厂及道路施工现场采集热拌沥青混合料或常温沥青混合料试样，供施工过程中的质量检验或在实验室测定沥青混合料的各项物理力学性质。所取的试样应有充分的代表性。

8.2.2 实验仪器

（1）铁锹。

（2）手铲。

（3）搪瓷盘或金属盛样容器、塑料编织袋。

（4）温度计：量程 0~300℃，感量 1℃。宜采用有金属插杆的插入式数显温度计，金属插杆的长度不小于 150mm。

（5）标签、溶剂（煤油）、棉纱等。

8.2.3　取样方法

8.2.3.1　取样数量

（1）试样数量由实验目的决定，不少于实验用量的 2 倍。一般情况下可按表 8.2 取样。

（2）取样材料用于仲裁实验时，取样数量除应满足本取样方法规定外，还应多取一份备用样，保留到仲裁结束。

表 8.2　常用沥青混合料实验项目的样品数量

实验项目	目的	最少试样量/kg	取样量/kg
马歇尔实验、抽提筛分	施工质量检验	12	20
车辙实验	高温稳定性检验	40	60
浸水马歇尔实验	水稳定性检验	12	20
冻融劈裂实验	水稳定性检验	12	20
弯曲实验	低温性能检验	15	25

8.2.3.2　取样方法

（1）沥青混合料应随机取样，并具有充分的代表性。用以检查拌和质量（如油石比、矿料级配）时，应从拌和机一次放料的下方或提升斗中取样，不得多次取样混合后使用。用以评定混合料质量时，必须分几次取样，拌和均匀后作为代表性试样。

（2）热拌沥青混合料在不同地方取样的要求

①在沥青混合料拌和厂取样：在拌和厂取样时，宜用专用的容器（一次可装 5~8kg）装在拌和机卸料斗下方（图 8.1），每放一次料取一次样，依次装入试样容器中，每次倒在清扫干净的平板上，连续几次取样，混合均匀，按四分法取样至足够数量。

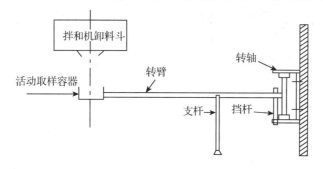

图 8.1　装在拌和机上的沥青混合料取样装置

②在沥青混合料运料车上取样：在运料车上取沥青混合料样品时，宜在汽车装料一半后，分别用铁锹从不同方向的 3 个不同高度处取样；然后混在一起用手铲适当拌和均匀，取出规定数量。在施工现场的运料车上取样时，应在卸料一半后从不同方向取样，样品宜从 3 辆不同的车上取样混合使用。

注意：在运料车上取样时不得仅从满载的运料车车顶上取样，且不允许只在一辆车上取样。

③在道路施工现场取样：在施工现场取样时，应在摊铺后未碾压前，摊铺宽度两侧的

1/3~1/2 位置处取样，用铁锹取该摊铺层的料。每摊铺一车料取一次样，连续 3 车取样后，混合均匀按四分法取样至足够数量。

（3）热拌沥青混合料每次取样时，都必须用温度计测量温度，准确至 1℃。

（4）乳化沥青常温混合料试样的取样方法与热拌沥青混合料相同，但宜在乳化沥青破乳水分蒸发后装袋，袋装常温沥青混合料亦可直接从储存的混合料中随机取样。取样袋数不少于 3 袋，使用时将 3 袋混合料倒出做适当拌和，按四分法取出规定数量试样。

（5）液体沥青、常温沥青混合料的取样方法同上。当用汽油稀释时，必须在溶剂挥发后方可封袋保存；当用煤油或柴油稀释时，可在取样后即装袋保存，保存时应特别注意防火安全。

（6）从碾压成型的路面上取样时，应随机选取 3 个以上不同地点，钻孔、切割或刨取该层混合料。需重新制作试件时，应加热拌匀按四分法取样至足够数量。

8.2.3.3 试样的保存与处理

（1）热拌热铺的沥青混合料试样送至中心实验室或质量检测机构做质量评定时（如车辙实验），由于二次加热会影响实验结果，必须在取样后趁高温立即装入保温桶内，送到实验室后立即成型试件，试件成型温度不得低于规定要求。

（2）热混合料需要存放时，可在温度下降至 60℃ 后装入塑料编织袋内，扎紧袋口，并宜低温保存，应防止潮湿、淋雨等，且保存时间不宜太长。

（3）在进行沥青混合料质量检验或进行物理力学性质实验时，当采集的试样温度下降或结成硬块不符合温度要求时，宜用微波炉或烘箱加热至符合压实的温度，加热时间通常不宜超过 4h，且只允许加热一次，不得重复加热。不得用电炉或燃气炉明火局部加热。

8.2.4 样品的标记

（1）取样后当场实验时，可将必要的项目一并记录在实验记录报告上。此时，实验报告必须包括取样时间、地点混合料温度、取样数量、取样人等栏目。

（2）取样后转送实验室实验或存放后用于其他项目实验时，应附有样品标签。标签应记载下列内容：

①工程名称、拌和厂名称。

②沥青混合料种类及摊铺层次、沥青品种、标号、矿料种类、取样时混合料温度及取样位置或用以摊铺的路段桩号等。

③试样数量及试样单位。

④取样人、取样日期。

⑤取样目的或用途。

8.3 沥青混合料试件制作方法——击实法

8.3.1 实验原理

《公路工程沥青及沥青混合料试验规程》(JTG E20—2011)推荐的沥青混合料试件制作

方法有击实法、轮碾法和静压法。其中，击实法成型的试件，主要是用作马歇尔实验、密度实验，轮碾法成型的试件主要是用作车辙实验，静压法成型的试件则用得较少。

击实法实验目的，是采用标准击实法或大型击实法制作沥青混合料试件，以供实验室进行沥青混合料物理力学性质实验使用。

标准击实法，适用于标准马歇尔实验、间接抗拉实验(劈裂法)等所使用的 $\phi101.6mm$ ×63.5mm 圆柱体试件的成型。大型击实法，适用于大型马歇尔实验和 $\phi152.4mm×95.3mm$ 大型圆柱体试件的成型。

沥青混合料试件制作时的条件及试件数量应符合下列规定：

(1)当集料公称最大粒径小于或等于 26.5mm 时，采用标准击实法。一组试件的数量不少于 4 个。

(2)当集料公称最大粒径大于 26.5mm 时，采用大型击实法。一组试件的数量不少于 6 个。

8.3.2　实验仪器

(1)自动击实仪：击实仪应具有自动记数、控制仪表、按钮设置、复位及暂停等功能。按其用途可分为以下两种。

①标准击实仪：由击实锤、$\phi98.5mm±0.5mm$ 平圆形压实头及带手柄的导向棒组成。用机械将压实锤提升，至 457.2mm±1.5mm 高度沿导向棒自由落下连续击实，标准击实锤质量为 4536g±9g。

②大型击实仪：由击实锤、$\phi149.4mm±0.1mm$ 平圆形压实头及带手柄的导向棒组成。用机械将压实锤提升，至 457.2mm±2.5mm 高度沿导向棒自由落下击实，大型击实锤质量为 10 210g±10g。

(2)实验室用沥青混合料拌和机：能保证拌和温度并充分拌和均匀，可控制拌和时间，容量不小于 10L，如图 8.2 所示。搅拌叶自转速度 70~80r/min，公转速度 40~50r/min。

(3)试模：由高碳钢或工具钢制成，几何尺寸如下。

①标准击实仪试模的内径为 101.6mm±0.2mm，圆柱形金属筒高 87mm，底座直径约 120.6mm，套筒内径 104.8mm、高 70mm。

②大型击实仪的试模与套筒尺寸(图 8.3)：套筒外径 165.1mm，内径 155.6mm，总高 83mm；试模内径 152.4mm，总高 115mm；底座板厚 12.7mm，直径 172mm。

(4)脱模器：电动或手动，应能无破损地推出圆柱体试件，备有标准试件及大型试件尺寸的推出环。

(5)烘箱：大、中型各 1 台，应有温度调节器。

(6)天平或电子秤：用于称量沥青的，感量不大于 0.1g；用于称量矿料的，感量不大于 0.5g。

(7)布洛克菲尔德黏度计。

(8)插刀或大螺丝刀。

(9)温度计：量程 0~300℃，感量 1℃。宜采用有金属插杆的插入式数显温度计，金属插杆的长度不小于 150mm。

图 8.2　沥青混合料拌和机

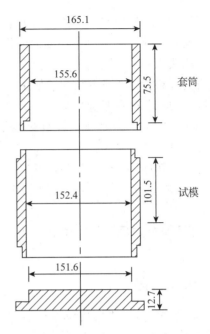

图 8.3　大型击实仪的试模与套筒(mm)

(10)其他器具：电炉或煤气炉、沥青熔化锅、拌和铲、标准筛、滤纸(或普通纸)、胶布、卡尺、秒表、粉笔、棉纱等。

8.3.3　准备工作

(1)确定制作沥青混合料试件的拌和温度与压实温度。

①按《公路工程沥青及沥青混合料试验规程》(JTG E20—2011)测定沥青的黏度,绘制黏温曲线。按要求(表 8.3)确定适于沥青混合料拌和及压实的等黏温度。

②当缺乏沥青黏度测定条件时,试件的拌和温度与压实温度可按表 8.4 选用,并根据沥青品种和标号做适当调整。针入度小、稠度大的沥青取高限;针入度大、稠度小的沥青取低限;一般取中值。

③对改性沥青,应根据实践经验、改性剂的品种和用量,适当提高混合料的拌和温度和压实温度;对大部分聚合物改性沥青,通常在普通沥青的基础上提高 10~20℃;掺加纤维时,须再提高 10℃左右。

表 8.3　沥青混合料拌和及压实的沥青等黏温度　　　　　　　　Pa·s

沥青结合料种类	适宜拌和的沥青结合料黏度	适宜压实的沥青结合料黏度
石油沥青	0.17±0.02	0.28±0.03

注：液体沥青混合料的压实成型温度按石油沥青要求执行。

表 8.4　沥青混合料拌和及压实温度参考表　　　　　　　　℃

沥青结合料种类	拌和温度	压实温度
石油沥青	140~160	120~150
改性沥青	160~175	140~170

④常温沥青混合料的拌和及压实在常温下进行。

（2）沥青混合料试件的制作条件

①在拌和厂或施工现场采取沥青混合料制作试样时，将试样置于烘箱中加热或保温，在混合料中插入温度计测量温度，待混合料温度符合要求后成型。需要拌和时可倒入已加热的室内沥青混合料拌和机中适当拌和，时间不超过 1min。不得在电炉或明火上加热炒拌。

②在实验室人工配制沥青混合料时，将各种规格的矿料置于 105℃±5℃ 的烘箱中烘干至恒重（一般不少于 4~6h）。将烘干分级的粗、细集料，按每个试件设计级配要求称其质量，在一金属盘中混合均匀，矿粉单独放入小盆里；然后置烘箱中加热至沥青拌和温度以上约 15℃（采用石油沥青时通常为 163℃；采用改性沥青时通常为 180℃）备用。一般按一组试件（每组 4~6 个）备料，但进行配合比设计时宜对每个试件分别备料。常温沥青混合料的矿料不应加热。将采取的沥青试样用烘箱加热至规定的沥青混合料拌和温度，但不得超过 175℃。当不得已采用燃气炉或电炉直接加热进行脱水时，必须使用石棉垫隔开。

8.3.4　拌制沥青混合料

（1）拌制黏稠石油沥青混合料

①用蘸有少许黄油的棉纱擦净试模、套筒及击实座等，置于 100℃ 左右烘箱中加热 1h 备用。常温沥青混合料用试模不加热。

②将沥青混合料拌和机提前预热至拌和温度±10℃。

③将加热的粗细集料置于拌和机中，用小铲子适当混合；然后加入需要数量的沥青（如沥青已称量在一专用容器内时，可在倒掉沥青后用一部分热矿粉将黏在容器壁上的沥青擦拭掉并一起倒入拌和锅中），开动拌和机一边搅拌一边使拌和叶片插入混合料中拌和 1~1.5min；暂停拌和，加入加热的矿粉，继续拌和至均匀为止，并使沥青混合料保持在要求的拌和温度（通过黏温曲线确定）范围内。标准的总拌和时间为 3min。

（2）拌制液体石油沥青混合料：将每组（或每个）试件的矿料置于已加热至 55~100℃ 的沥青混合料拌和机中，注入要求数量的液体沥青，并将混合料边加热边拌和，使液体沥青中的溶剂挥发至 50% 以下。拌和时间应由事先试拌决定。

（3）拌制乳化沥青混合料：将每个试件的粗、细集料置于沥青混合料拌和机（不加热，也可用人工炒拌）中；注入计算的用水量（阴离子乳化沥青不加水）后，拌和均匀并使矿料表面完全湿润；再注入设计的沥青乳液用量，在 1min 内使混合料拌匀；然后加入矿粉后迅速拌和，直至混合料拌成褐色为止。

8.3.5　成型方法

（1）将拌好的沥青混合料用小铲拌和均匀，称取一个试件所需的用量（标准马歇尔试件约 1200g，大型马歇尔试件约 4050g）。当已知沥青混合料的密度时，可根据试件的标准尺寸计算并乘以 1.03 得到混合料数量。当一次拌和几个试件时，宜将其倒入经预热的金属盘中，用小铲适当拌和后均匀分成几份，分别取用。在试件制作过程中，为防止混合料温度下降，应连盘放在烘箱中保温。

（2）从烘箱中取出预热的试模及套筒，用蘸有少许黄油的棉纱擦拭套筒、底座及击实锤底面。将试模装在底座上，放一张圆形吸油性少的纸，用小铲将混合料铲入试模，用插刀沿周边插捣 15 次，中间插捣 10 次。插捣后将沥青混合料表面整平。对大型击实法的试件，混合料分两次加入，每次插捣次数同上。

（3）插入温度计至混合料中心附近，检查混合料温度。

（4）待混合料温度符合要求的压实温度（通过黏温曲线确定）后，将试模连同底座一起放在击实台上固定。在装好的混合料上面垫一张吸油性小的圆纸，再将装有击实锤及导向棒的压实头放入试模中。开启电机，使击实锤从 457mm 的高度自由落下到击实规定的次数（75 次或 50 次）。对大型试件，击实次数为 75 次（相应于标准击实的 50 次）或 112 次（相应于标准击实 75 次）。

（5）试件击实一面后，取下套筒，将试模翻面，装上套筒；然后以同样的方法和次数击实另一面。

乳化沥青混合料试件在两面击实后，将一组试件在室温下横向放置 24h；另一组试件置于 105℃ ±5℃ 的烘箱中养生 24h。将养生试件取出后再立即两面锤击各 25 次。

（6）试件击实结束后，立即用镊子取掉上下面的纸，用卡尺量取试件离试模上口的高度并由此计算出试件高度。高度不符合要求时，试件应作废，并按式（8.1）调整试件的混合料质量，以保证高度符合 63.5mm±1.3mm（标准试件）或 95.3mm±2.5mm（大型试件）的要求。

$$调整后混合料质量 = \frac{要求试件高度 \times 原用混合料质量}{所得试件的高度} \qquad (8.1)$$

卸去套筒和底座，将装有试件的试模横向放置冷却至室温后（不少于 12h），置脱模机上脱出试件。用作现场马歇尔指标检验的试件，在施工质量检验过程中如急需实验，允许采用电风扇吹冷 1h 或浸水冷却 3min 以上的方法脱模；但浸水脱模法不能用于测量密度、空隙率等各项物理指标。

将试件置于干燥洁净的平面上，供实验用。

8.4 沥青混合料试件制作方法——轮碾法

8.4.1 实验原理

沥青混合料试件制作方法（轮碾法）的目的，是在实验室用轮碾法制作沥青混合料试件，以供进行沥青混合料物理力学性质实验时使用。轮碾法试件常用作车辙实验。

轮碾法，适用于长×宽×厚 = 300mm×300mm×（50～100）mm 的板块试模成型，此试件可用切割机切制成棱柱体试件，或在实验室用取芯机钻取试样。成型试件的密度应符合马歇尔标准击实试样密度，误差±1%。

沥青混合料试件制作时的试件厚度，可根据集料粒径大小及工程需要进行选择。对于集料公称最大粒径小于或等于 19mm 的沥青混合料，宜采用长×宽×厚 = 300mm×300mm×50mm 的板块试模成型；对于集料公称最大粒径大于或等于 26.5mm 的沥青混合料，宜采用长×宽×厚＝300mm×300mm×(80~100)mm 的板块试模成型。

8.4.2　实验仪器

(1)轮碾成型机：如图 8.4 所示，具有与钢筒式压路机相似的圆弧形碾压轮，轮宽 300mm，压实线荷载为 300N/cm，碾压行程等于试件长度，经碾压后的板块状试件可达到马歇尔实验标准击实密度的 100%±1%。

(2)实验室用沥青混合料拌和机：能保证拌和温度并充分拌和均匀，可控制拌和时间，宜采用容量大于 30L 的大型沥青混合料拌和机，也可采用容量大于 10L 的小型拌和机。

(3)试模：由高碳钢或工具钢制成，试模尺寸应保证成型后符合关于试件尺寸的规定。实验室制作车辙实验板块状试件的标准试模如图 8.5 所示。内部平面尺寸为长×宽×厚＝300mm×300mm×(50~100)mm。

图 8.4　轮碾成型机　　　　图 8.5　车辙实验试模

(4)切割机：实验室用金刚石锯片锯石机(单锯片或双锯片切割机)或现场用路面切割机，有淋水冷却装置，其切割厚度不小于试件厚度。

(5)钻孔取芯机：用电力、汽油机或柴油机驱动，有淋水冷却装置。金刚石钻头的直径根据试件直径的大小选择(100mm 或 150mm)。钻孔深度不小于试件厚度，钻头转速不小于 1000r/min。

(6)烘箱：大、中型各 1 台，装有温度调节器。

(7)台秤、天平或电子秤：称量 5kg 以上的，感量不大于 1g；称量 5kg 以下的，用于称量矿料的感量不大于 0.5g，用于称量沥青的感量不大于 0.1g。

(8)沥青黏度测定设备：布洛克菲尔德黏度计、真空减压毛细管。

(9)小型击实锤：钢制端部断面 80mm×80mm，厚 10mm，带手柄，总质量 0.5kg 左右。

(10)温度计：量程 0~300℃，感量 1℃。宜采用有金属插杆的插入式数显温度计，金属插杆的长度不小于 150mm。

(11)其他器具：电炉或煤气炉、沥青熔化锅、拌和铲、标准筛、滤纸、胶布、卡尺、秒表、粉笔、垫木、棉纱等。

8.4.3 准备工作

(1)按照 8.3 节方法,确定制作沥青混合料试件的拌和与压实温度。常温沥青混合料的拌和及压实在常温下进行。

(2)在拌和厂或施工现场采取代表性的沥青混合料,如混合料温度符合要求,可直接用于成型。常温沥青混合料的矿料不加热。

(3)将金属试模及小型击实锤等置于 100℃左右烘箱中加热 1h 备用。常温沥青混合料用试模不加热。

(4)按照 8.3 节方法,拌制沥青混合料。

当采用大容量沥青混合料拌和机时,宜一次拌和;当采用小型混合料拌和机时,可分两次拌和。混合料质量及各种材料数量由试件的体积按马歇尔标准密度乘以 1.03 的系数求得。常温沥青混合料的矿料不加热。

8.4.4 成型方法

(1)在实验室用轮碾成型机制备试件:试件尺寸可为长×宽×厚 = 300mm×300mm×(50~100)mm,试件的厚度可根据集料粒径大小选择,同时根据需要厚度也可以采用其他尺寸,但混合料一层碾压的厚度不得超过 100mm。

①将预热的试模从烘箱中取出,装上试模框架;在试模中铺一张裁好的普通纸(可用报纸),使底面及侧面均被纸隔离;将拌和好的全部沥青混合料(注意不得散失,分两次拌和的应倒在一起)用小铲稍加拌和后均匀地沿试模由边至中按顺序转圈装入试模,中部要略高于四周。

②取下试模框架,用预热的小型击实锤由边至中转圈夯实一遍,整平成凸圆弧形。

③插入温度计,待混合料达到规定的压实温度(为使冷却均匀,试模底下可用垫木支起)时,在表面铺一张裁好尺寸的普通纸。

④成型前将碾压轮预热至 100℃左右;然后,将盛有沥青混合料的试模置于轮碾机的平台上,轻轻放下碾压轮,调整总荷载为 9kN(线荷载 300N/cm)。

⑤启动轮碾机,先在一个方向碾压 2 个往返(4 次);卸荷;再抬起碾压轮,将试件调转方向;再加相同荷载碾压至马歇尔标准密实度 100%±1% 为止。试件正式压实前,应经试压,测定密度后,确定试件的碾压次数。对普通沥青混合料,一般 12 个往返(24 次)左右可达要求(试件厚为 50mm)。

⑥压实成型后,揭去表面的纸,用粉笔在试件表面标明碾压方向。

⑦盛有压实试件的试模,置室温下冷却,至少 12h 后方可脱模。

(2)在工地制备试件

①按照 8.2 节取样方法,取代表性的沥青混合料样品,数量需多于 3 个试件的需要量。

②按实验室方法称取一个试样混合料数量装入符合要求尺寸的试模中,用小锤均匀击实。试模应不妨碍碾压成型。

③碾压成型：在工地上，可用小型振动压路机或其他适宜的压路机碾压，在规定的压实温度下，每一遍碾压 3~4s，约 25 次往返，使沥青混合料压实密度达到马歇尔标准密度 100%±1%。

④如将工地取样的沥青混合料送往实验室成型时，混合料必须放在保温桶内，不使其温度下降，且在抵达实验室后立即成型；如温度低于要求，可适当加热至压实温度后，用轮碾成型机成型。如属于完全冷却后经二次加热重塑成型的试件，必须在实验报告上注明。

8.4.5　用切割机切制棱柱体试件

实验室用切割机切制棱柱体试件的步骤如下：

(1)按实验要求的试件尺寸，在轮碾成型的板块状试件表面规划切割试件的数目，但边缘 20mm 部分不得使用。

(2)切割顺序如图 8.6 所示。首先在与轮碾法成型垂直的方向，沿 A—A 切割第一刀作为基准面，再在垂直的 B—B 方向切割第二刀，精确量取试件长度后切割 C—C，使 A—A 及 C—C 切下的部分大致相等。使用金刚石锯片切割时，一定要开放冷却水。

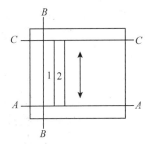

图 8.6　切割棱柱体
试件的顺序

(3)仔细量取试件切割位置，按图顺碾压方向（B—B 方向）切割试件，使试件宽度符合要求。锯下的试件应按顺序放在平玻璃板上排列整齐，然后再切割试件的底面及表面。将切割好的试件立即编号，供弯曲实验用的试件应用胶布贴上标记，保持轮碾机成型时的上下位置，直至弯曲实验时上下方向始终保持不变，试件的尺寸应符合各项实验的规格要求。

(4)将完全切割好的试件放在玻璃板上，试件之间留有 10mm 以上的间隙，试件下垫一层滤纸，并经常挪动位置，使其完全风干。如急需使用，可用电风扇或冷风机吹干，每隔 1~2h 挪动试件一次，使试件加速风干，风干时间宜不少于 24h。在风干过程中，试件的上下方向及排序不能搞错。

8.4.6　用钻芯法钻取圆柱体试件

在实验室用取芯机从板块状试件钻取圆柱体试件的步骤如下：

①将轮碾成型机成型的板块状试件脱模，成型的试件厚度应不小于圆柱体试件的厚度。

②在试件上方作出取样位置标记，板块状试件边缘部分的 20mm 内不得使用。根据需要，可选用直径 100mm 或 150mm 的金刚石钻头。

③将板块状试件置于钻机平台上固定，钻头对准取样位置；开放冷却水，开动钻机，均匀地钻透试块。为保护钻头，在试块下可垫上木板等。

④提起钻机，取出试件。

⑤吹干试件备用。

根据需要，可再用切割机切去钻芯试件的一端或两端，达到要求的高度，但必须保证端面与试件轴线垂直且保持上下平行。

8.5 压实沥青混合料密度实验——表干法

8.5.1 概述

本实验依据为《公路工程沥青及沥青混合料试验规程》(JTG E20—2011),沥青混合料密度实验方法有表干法、水中重法、蜡封法和体积法。其中,常用表干法(最常用)和水中重法,蜡封法和体积法用得较少。表干法适用条件:吸水率不大于2%的各种沥青混合料试件的毛体积相对密度或毛体积密度。水中重法适用条件:吸水率小于0.5%的密实沥青混合料试件的表观相对密度或表观密度。蜡封法适用条件:吸水率大于2%的沥青混凝土或沥青碎石混合料试件的毛体积相对密度或毛体积密度。体积法适用于不能用表干法、蜡封法测定的空隙率较大的沥青碎石混合料及大空隙透水性开级配沥青混合料(OGFC、PAC)等。

总之,通过压实沥青混合料密度实验,测定出各种沥青混合料试件的毛体积相对密度和毛体积密度,可以供后续沥青混合料配合比设计使用,计算沥青混合料试件的空隙率、矿料间隙率等各项体积指标。

这里的密度还有一个重要用途,那就是通过实验测定的密度(毛体积密度/表观密度)作为计算压实度的依据。根据《公路工程质量检验评定标准 第一册 土建工程》(JTG F80/1—2017),沥青混凝土面层和沥青碎(砾)石面层的压实度检测,其压实度计算公式中的分子就是现场取样或钻芯取样按照本实验测得的毛体积密度。其压实度计算公式中的分母有标准密度、最大理论密度、实验段密度3种密度,由建设单位指定,一般对每天的实验室马歇尔试件的标准密度和最大理论密度进行双控。

本实验介绍压实沥青混合料密度实验(表干法)。

8.5.2 实验原理

压实沥青混合料密度实验(表干法)目的,是测定吸水率不大于2%的各种沥青混合料试件,包括密级配沥青混凝土、沥青玛蹄脂碎石混合料(SMA)和沥青稳定碎石等沥青混合料试件的毛体积相对密度和毛体积密度。标准温度为25℃±0.5℃。

表干法测定的毛体积相对密度和毛体积密度用于计算沥青混合料试件的空隙率、矿料间隙率等各项体积指标。

8.5.3 实验仪器

(1)浸水天平或电子天平:称量3kg以下的,感量不大于0.1g;称量3kg以上的,感量不大于0.5g。

(2)网篮。

(3)溢流水箱:如图8.7所示,使用洁净水,有水位溢流装置,保持试件和网篮浸入水中后的水位稳定。能调整水温并保持在25℃±0.5℃。

(4)试件悬吊装置:天平下方悬吊网篮及试件的装置,吊线应采用不吸水的细尼龙线绳,并有足够的长度。轮碾成型机成型的板块状试件可用铁丝悬挂。

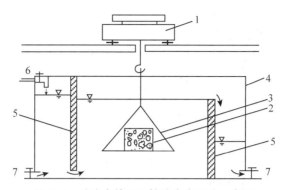

图 8.7 溢流水箱及下挂法水中重法示意图

1-浸水天平或电子天平；2-试件；3-网篮；4-溢流水箱；5-水位搁板；6-注入口；7-放水阀门

（5）秒表。

（6）毛巾。

（7）电风扇或烘箱。

8.5.4 实验步骤

（1）准备试件：可以采用室内成型的试件，也可以采用工程现场钻芯、切割等方法获得的试件。实验前试件宜在阴凉处保存（温度不宜高于 35℃），且放置在水平的平面上，注意不要使试件产生变形。

（2）选择适宜的浸水天平或电子天平，最大称量应满足试件质量的要求。

（3）除去试件表面的浮粒，称取干燥试件的空中质量（m_a），根据天平的感量读数，准确至 0.1g。

（4）天平调平并复零，把试件置于网篮中（注意不要晃动水）浸入水中 3~5min，称取水中质量（m_w），若天平读数持续变化，不能很快达到稳定，说明试件吸水较严重，不适用于此法测定，应改用蜡封法测定。

（5）从水中取出试件，用洁净柔软的潮湿毛巾轻轻擦去试件的表面水（不得吸走空隙内的水），称取试件的表干质量（m_f）。从试件拿出水面到擦拭结束不宜超过 5s，称量过程中流出的水不得再次擦拭。

（6）从工程现场钻取的非干燥试件，可先称取水中质量（m_w）和表干质量（m_f），然后用电风扇将试件吹干至恒重（一般不少于 12h，当不需进行其他实验时，也可用 60℃±5℃烘箱烘干至恒重），再称取空中质量（m_a）。

8.5.5 实验结果处理

（1）计算

①按式（8.2）计算试件的吸水率，取 1 位小数。

$$S_a = \frac{m_f - m_a}{m_f - m_w} \times 100 \tag{8.2}$$

式中：S_a——试件的吸水率，%；

m_a——干燥试件的空中质量，g；

m_w——试件的水中质量，g；

m_f——试件的表干质量，g。

②按式(8.3)和式(8.4)计算试件的毛体积相对密度和毛体积密度，取 3 位小数。

$$\gamma_f = \frac{m_a}{m_f - m_w} \qquad (8.3)$$

$$\rho_f = \gamma_f \times \rho_w = \frac{m_a}{m_f - m_w} \times \rho_w \qquad (8.4)$$

式中：γ_f——试件毛体积相对密度；

ρ_f——试件毛体积密度，g/cm³。

ρ_w——25℃时水的密度，取 0.9971g/cm³。

③按式(8.5)计算试件的空隙率，取 1 位小数。

$$VV = \left(1 - \frac{\gamma_f}{\gamma_t}\right) \times 100 \qquad (8.5)$$

式中：VV——试件的空隙率，%；

γ_t——沥青混合料理论最大相对密度；

γ_f——试件的毛体积相对密度，通常采用表干法测定；当试件吸水率 $S_a > 2\%$ 时，宜采用蜡封法测定；当按规定容许采用水中重法测定时，也可用表观相对密度代替。

④按式(8.6)计算矿料的合成毛体积相对密度，取 3 位小数。

$$\gamma_{Sb} = \frac{100}{\dfrac{P_1}{\gamma_1} + \dfrac{P_2}{\gamma_2} + \cdots + \dfrac{P_n}{\gamma_n}} \qquad (8.6)$$

式中：γ_{Sb}——矿料的合成毛体积相对密度；

P_1，P_2，$\cdots$，P_n——各种矿料占矿料总质量的百分率，%，其和为 100；

γ_1，γ_2，$\cdots$，γ_n——各种矿料的相对密度；采用《公路工程集料试验规程》(JTG E42—2005)的方法进行测定。

⑤按式(8.7)计算矿料的合成表观相对密度，取 3 位小数。

$$\gamma_{Sa} = \frac{100}{\dfrac{P_1}{\gamma'_1} + \dfrac{P_2}{\gamma'_2} + \cdots + \dfrac{P_n}{\gamma'_n}} \qquad (8.7)$$

式中：γ_{Sa}——矿料的合成表观相对密度；

γ'_1，γ'_2，$\cdots$，γ'_n——各种矿料的表观相对密度。

⑥确定矿料的有效相对密度，取 3 位小数。

对非改性沥青混合料，采用真空法实测理论最大相对密度，取平均值。按式(8.8)计算合成矿料的有效相对密度 γ_{Se}。

$$\gamma_{Se} = \frac{100 - P_b}{\dfrac{100}{\gamma_t} - \dfrac{P_b}{\gamma_b}} \qquad (8.8)$$

式中：γ_{Se}——合成矿料的有效相对密度；

$\quad P_b$——沥青用量，即沥青质量占沥青混合料总质量的百分比，%；

$\quad \gamma_t$——实测的沥青混合料理论最大相对密度；

$\quad \gamma_b$——25℃时沥青的相对密度。

对改性沥青及 SMA 等难以分散的混合料，有效相对密度宜直接由矿料的合成毛体积相对密度与合成表观相对密度按式(8.9)计算确定，其中沥青吸收系数 C 值根据材料的吸水率由式(8.10)求得，合成矿料的吸水率按式(8.11)计算。

$$\gamma_{Se} = C \times \gamma_{Sa} + (1 - C) \times \gamma_{Sb} \tag{8.9}$$

$$C = 0.033W_x^2 - 0.2936W_x + 0.9339 \tag{8.10}$$

$$W_x = \left(\frac{1}{\gamma_{Sb}} - \frac{1}{\gamma_{Sa}}\right) \times 100 \tag{8.11}$$

式中：C——沥青吸收系数；

$\quad W_x$——合成矿料的吸水率，%；

$\quad$ 其余符号意义同前。

⑦确定沥青混合料的理论最大相对密度，取 3 位小数。

对非改性的普通沥青混合料，采用真空法实测沥青混合料的理论最大相对密度 γ_t。

对改性沥青或 SMA 混合料宜按式(8.12)或式(8.13)计算沥青混合料对应油石比的理论最大相对密度。

$$\gamma_t = \frac{100 + P_a}{\dfrac{100}{\gamma_{Se}} + \dfrac{P_a}{\gamma_b}} \tag{8.12}$$

$$\gamma_t = \frac{100 + P_a + P_x}{\dfrac{100}{\gamma_{Se}} + \dfrac{P_a}{\gamma_b} + \dfrac{P_x}{\gamma_x}} \tag{8.13}$$

式中：γ_t——计算沥青混合料对应油石比的理论最大相对密度；

$\quad P_a$——油石比，即沥青质量占矿料总质量的百分比，%，$P_a = [P_b/(100 - P_b)] \times 100$；

$\quad P_x$——纤维用量，即纤维质量占矿料总质量的百分比，%；

$\quad \gamma_x$——25℃时纤维的相对密度，由厂方提供或实测得到；

$\quad \gamma_{Se}$——合成矿料的有效相对密度；

$\quad \gamma_b$——25℃时沥青的相对密度。

对旧路面钻取芯样的试件缺乏材料密度、配合比及油石比的沥青混合料，可以采用真空法实测沥青混合料的理论最大相对密度 γ_t。

⑧按式(8.14)~式(8.16)计算试件的空隙率、矿料间隙率和有效沥青的饱和度，取 1 位小数。

$$VV = \left(1 - \frac{\gamma_f}{\gamma_t}\right) \times 100 \tag{8.14}$$

$$VMA = \left(1 - \frac{\gamma_f}{\gamma_{Sb}} \times \frac{P_S}{100}\right) \times 100 \tag{8.15}$$

$$VFA = \frac{VMA - VV}{VMA} \times 100 \tag{8.16}$$

式中：VV——沥青混合料试件的空隙率，%；

VMA——沥青混合料试件的矿料间隙率，%；

VFA——沥青混合料试件的有效沥青饱和度，%；

其余符号意义同前。

⑨按式(8.17)~式(8.19)计算沥青结合料被矿料吸收的比例及有效沥青含量、有效沥青体积百分率，取1位小数。

$$P_{ba} = \frac{\gamma_{Se} - \gamma_{Sb}}{\gamma_{Se} \times \gamma_{Sb}} \times \gamma_b \times 100 \tag{8.17}$$

$$P_{be} = P_b - \frac{P_{ba}}{100} \times P_S \tag{8.18}$$

$$V_{be} = \frac{\gamma_f \times P_{be}}{\gamma_b} \tag{8.19}$$

式中：P_{ba}——沥青混合料中被矿料吸收的沥青质量占矿料总质量的百分率，%；

P_{be}——沥青混合料中的有效沥青含量，%；

V_{be}——沥青混合料试件中的有效沥青体积百分率，%；

其余符号意义同前。

⑩按式(8.20)计算沥青混合料的粉胶比，取1位小数。

$$FB = \frac{P_{0.075}}{P_{be}} \tag{8.20}$$

式中：FB——粉胶比，沥青混合料的矿料中0.075mm通过率与有效沥青含量的比值；

$P_{0.075}$——矿料级配中0.075mm的通过百分率(水洗法)，%；

其余符号意义同前。

⑪按式(8.21)计算集料的比表面积，按式(8.22)计算沥青混合料沥青膜的有效厚度。各种集料粒径的表面积系数按表8.5取用。

$$SA = \sum (P_i \times FA_i) \tag{8.21}$$

$$DA = \frac{P_{be}}{\rho_b \times P_S \times SA} \times 1000 \tag{8.22}$$

式中：SA——集料的比表面积，m²/kg；

P_i——集料各粒径的质量通过百分率，%；

FA_i——各筛孔对应集料的表面积系数，m²/kg，按表8.5确定；

DA——沥青膜有效厚度，μm；

ρ_b——沥青25℃时的密度，g/cm；

其余符号意义同前。

表 8.5 集料表面积系数及比表面积计算示例

筛孔尺寸/mm	19	16	13.2	9.5	4.75	2.36	1.18	0.6	0.3	0.15	0.075
表面积系数 FA_i/(m²/kg)	0.0041	—	—	—	0.0041	0.0082	0.0164	0.0287	0.0614	0.1229	0.3277
集料各粒径的质量通过百分率 P_i/%	100	92	85	76	60	42	32	23	16	12	6
集料的比表面积 $FA_i×P_i$/(m²/kg)	0.41	—	—	—	0.25	0.34	0.52	0.66	0.98	1.47	1.97
集料比表面积总和 SA/(m²/kg)						$SA=0.41+0.25+0.34+0.52+0.66+0.98+1.47+1.97=6.60$					

表 8.5 中，矿料级配中大于 4.75mm 集料的表面积系数 FA 均取 0.0041。计算集料比表面积时，大于 4.75mm 集料的比表面积只计算一次，只计算最大粒径对应部分。例如，$SA=6.60$m²/kg，若沥青混合料的有效沥青含量为 4.65%，沥青混合料的沥青用量为 4.8%，沥青的密度 1.03g/cm³，$P_S=95.2$，则沥青膜厚度 $DA=4.65/(95.2×1.03×6.60)×1000=7.19$（μm）。

⑫粗集料骨架间隙率可按式(8.23)计算，取 1 位小数。

$$VCA_{mix} = 100 - \frac{\gamma_f}{\gamma_{ca}} × P_{ca} \tag{8.23}$$

式中：VCA_{mix}——粗集料骨架间隙率，%；

P_{ca}——矿料中所有粗集料质量占沥青混合料总质量的百分率，%；

其余符号意义同前。

按式(8.23)计算得到式(8.24)。

$$P_{ca} = P_S × PA_{4.75}/100 \tag{8.24}$$

式中：$PA_{4.75}$——矿料级配中 4.75mm 筛余量，即 100 减去 4.75mm 通过率；

其余符号意义同前。

$PA_{4.75}$ 对于一般沥青混合料为矿料级配中 4.75mm 筛余量，对于公称最大粒径不大于 9.5mm 的 SMA 混合料为 2.36mm 筛余量，对于特大粒径根据需要可以选择其他筛孔。

⑬矿料中所有粗集料的合成毛体积相对密度 γ_{ca}，按式(8.25)计算。

$$\gamma_{ca} = \frac{P_{1c} + P_{2c} + \cdots + P_{nc}}{\dfrac{P_{1c}}{\gamma_{1c}} + \dfrac{P_{2c}}{\gamma_{2c}} + \cdots + \dfrac{P_{nc}}{\gamma_{nc}}} \tag{8.25}$$

式中：P_{1c}，P_{2c}，$\cdots$，P_{nc}——矿料中各种粗集料占矿料总质量的百分比，%；

γ_{1c}，γ_{2c}，$\cdots$，γ_{nc}——矿料中各种粗集料的毛体积相对密度。

(2)实验报告：应在实验报告中注明沥青混合料的类型及测定密度采用的方法。必要时，写出计算过程。

(3)允许误差：试件毛体积密度实验重复性的允许误差为 0.020g/cm³。试件毛体积相对密度实验重复性的允许误差为 0.020。

(4)实验结果判定：通过压实沥青混合料密度实验(表干法)，测定出各种沥青混合料试件的毛体积相对密度和毛体积密度，规范没有统一的合格标准，以实测数据为准，供后续沥青混合料配合比设计使用，计算沥青混合料试件的空隙率、矿料间隙率等各项体积指标。现场取样或钻芯取样试件测定的毛体积密度还可以作为计算压实度依据。

8.6 压实沥青混合料密度实验——水中重法

8.6.1 实验原理

压实沥青混合料密度实验(水中重法)目的,是测定吸水率小于 0.5% 的密实沥青混合料试件的表观相对密度或表观密度。标准温度为 25℃ ±0.5℃。

当试件很密实,几乎不存在与外界连通的开口孔隙时,可采用本方法(水中重法)测定的表观相对密度代替干法测定的毛体积相对密度,并据此计算沥青混合料试件的空隙率、矿料间隙率等各项体积指标。

8.6.2 实验仪器

(1)浸水天平或电子天平:称量 3kg 以下的,感量不大于 0.1g;称量 3kg 以上的,感量不大于 0.5g。

(2)网篮。

(3)溢流水箱:使用洁净水,有水位溢流装置,保持试件和网篮浸入水中后的水位稳定。能调整水温并保持在 25℃ ±0.5℃。

(4)试件悬吊装置:天平下方悬吊网篮及试件的装置,吊线应采用不吸水的细尼龙线绳,并有足够长度。轮碾成型机成型的板块状试件可用铁丝悬挂。

(5)秒表。

(6)电风扇或烘箱。

8.6.3 实验步骤

(1)选择适宜的浸水天平或电子天平,最大称量应满足试件质量的要求。

(2)除去试件表面的浮粒,称取干燥试件的空中质量(m_a),根据天平的感量读数,准确至 0.1g。

(3)挂上网篮,浸入溢流水箱的水中,调节水位,将天平调平并复零。把试件置于网篮中(注意不要使水晃动),待天平稳定后立即读数,称取水中质量(m_w)。若天平读数持续变化,不能在数秒钟内达到稳定,则说明试件有吸水情况,不适用于此法测定,应改用其他方法测定。

(4)从施工现场钻取的非干燥试件,可先称取水中质量(m_w),然后用电风扇将试件吹干至恒重(一般不少于 12h,当不需进行其他实验时,也可用 60℃ ±5℃ 烘箱烘干至恒重),再称取空中质量(m_a)。

8.6.4 实验结果处理

(1)计算

①按式(8.26)及式(8.27)计算用水中重法测定的沥青混合料试件的表观相对密度及

表观密度，取 3 位小数。

$$\gamma_a = \frac{m_a}{m_a - m_w} \tag{8.26}$$

$$\rho_a = \gamma_a \times \rho_w = \frac{m_a}{m_a - m_w} \times \rho_w \tag{8.27}$$

式中：γ_a——在 25℃温度条件下试件的表观相对密度；

　　　ρ_a——在 25℃温度条件下试件的表观密度，cm^3；

　　　m_a——干燥试件的空中质量，g；

　　　m_w——试件的水中质量，g；

　　　ρ_w——在 25℃温度条件下水的密度，取 0.9971g/cm^3。

②当试件的吸水率小于 0.5%时，以表观相对密度代替毛体积相对密度，计算试件的理论最大相对密度及空隙率、沥青的体积百分率、矿料间隙率、粗集料骨架间隙率、沥青饱和度等各项体积指标。

（2）实验报告：应在实验报告中注明沥青混合料的类型及测定密度的方法。

（3）实验结果判定：通过压实沥青混合料密度实验(水中重法)，测定出各种沥青混合料试件的表观相对密度及表观密度，规范没有统一的合格标准，以实测数据为准，供后续沥青混合料配合比设计使用，计算沥青混合料试件的空隙率、矿料间隙率等各项体积指标。现场取样或钻芯取样试件测定的毛体积密度，还可以作为计算压实度依据。

8.7　沥青混合料马歇尔稳定度实验

8.7.1　实验原理

击实成型一般作为马歇尔试件、密度用试件，轮碾成型一般作为车辙试件。

沥青混合料马歇尔稳定度实验目的，主要是通过马歇尔稳定度实验和浸水马歇尔稳定度实验，方便进行沥青混合料的配合比设计或沥青路面施工质量检验。具体来说，就是测定马歇尔稳定度、流值、马歇尔模数，以及试件尺寸、密度、空隙率、沥青用量、沥青体积百分率、沥青饱和度、矿料间隙率等各项物理指标。

浸水马歇尔稳定度试样(根据需要也可进行真空饱水马歇尔实验)供检验沥青混合料受水损害时抵抗剥落的能力时使用，通过测试其水稳定性检验配合比设计的可行性。

沥青混合料马歇尔稳定度实验，适用于标准马歇尔试件圆柱体和大型马歇尔试件圆柱体。

马歇尔实验与浸水马歇尔实验的异同点：二者的实验步骤和实验方法基本相同；标准试件的马歇尔实验在恒温水槽中保温时间为 30~40min，大型试件的马歇尔实验在恒温水槽中保温时间为 45~60min。

浸水马歇尔实验在已达到规定温度的恒温水槽中的保温时间为 48h。

8.7.2　实验仪器与材料

（1）沥青混合料马歇尔实验仪(图 8.8)：分为自动式和手动式。自动式马歇尔实验仪

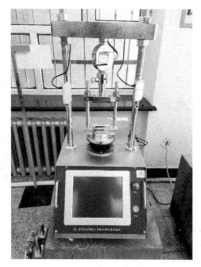

图 8.8 马歇尔实验仪

具备控制装置、记录荷载—位移曲线、自动测定荷载与试件的垂直变形、能自动显示和存储或打印实验结果等功能。手动式马歇尔实验仪由人工操作,实验数据通过操作者目测后读取数据。

对用于高速公路和一级公路的沥青混合料宜采用自动式马歇尔实验仪。

①当集料公称最大粒径小于或等于 26.5mm 时,宜采用 φ101.6mm×63.5mm 的标准马歇尔试件,实验仪最大荷载不得小于 25kN,读数准确至 0.1kN,加载速率应能保持 50mm/min±5mm/min。钢球直径 16mm±0.05mm,上下压头曲率半径为 50.8mm±0.08mm。

②当集料公称最大粒径大于 26.5mm 时,宜采用 φ152.4mm×95.3mm 大型马歇尔试件,实验仪最大荷载不得小于 50kN,读数准确至 0.1kN。上下压头的曲率内径为 152.4mm±0.2mm,上下压头间距 19.05mm±0.1mm。

(2)恒温水槽:控温准确至 1℃,深度不小于 150mm。

(3)真空饱水容器:包括真空泵及真空干燥器。

(4)烘箱。

(5)天平:感量不大于 0.1g。

(6)温度计:感量 1℃。

(7)卡尺。

(8)棉纱、黄油。

8.7.3　标准马歇尔实验方法

8.7.3.1　实验准备工作

(1)标准马歇尔试件尺寸应符合直径 101.6mm±0.2mm,高 63.5mm±1.3mm 的要求。大型马歇尔试件,尺寸应符合直径 152.4mm±0.2mm,高 95.3mm±2.5mm 的要求。一组试件的数量不得少于 4 个。

(2)量测试件的直径及高度:用卡尺测量试件中部的直径,用马歇尔试件高度测定器或用卡尺在十字对称的 4 个方向量测离试件边缘 10mm 处的高度,准确至 0.1mm,并以其平均值作为试件的高度。如试件高度不符合 63.5mm±1.3mm 或 95.3mm±2.5mm 要求或两侧高度差大于 2mm,此试件应作废。

(3)按《公路工程沥青及沥青混合料试验规程》(JTG E20—2011)规定的方法测定试件的密度,并计算空隙率、沥青体积百分率、沥青饱和度、矿料间隙率等体积指标。

(4)将恒温水槽调节至要求的实验温度,对黏稠石油沥青或烘箱养生过的乳化沥青混合料来说,实验温度为 60℃±1℃,对煤沥青混合料为 33.8℃±1℃,对空气养生的乳化沥青或液体沥青混合料为 25℃±1℃。

8.7.3.2　实验步骤

(1)将试件置于已达规定温度的恒温水槽中保温,标准马歇尔试件保温时间需 30~

40min，大型马歇尔试件需 45~60min。试件之间应有间隔，底部应垫起，距水槽底部不小于 5cm。

（2）将马歇尔实验仪的上下压头放入水槽或烘箱中达到同样温度。将上下压头从水槽或烘箱中取出并擦拭干净内面。为使上下压头滑动自如，可在下压头的导棒上涂抹少量黄油。将试件取出置于下压头上，盖上上压头，然后装在加载设备上。

（3）在上压头的球座上放稳钢球，并对准荷载测定装置的压头。

（4）当采用自动马歇尔实验仪时，将自动马歇尔实验仪的压力传感器、位移传感器与计算机或 X-Y 记录仪正确连接，调整好适宜的放大比例，压力和位移传感器调零。

（5）当采用压力环和流值计时，将流值计安装在导棒上，使导向套管轻轻地压住上压头，同时将流值计读数调零。调整压力环中百分表，归零。

（6）启动加载设备，使试件承受荷载，加载速度为 50mm/min±5mm/min。计算机或 X-Y 记录仪自动记录传感器压力和试件变形曲线并将数据自动存入计算机。

（7）当实验荷载达到最大值的瞬间，取下流值计，同时读取压力环中百分表读数及流值计的流值读数。

（8）从恒温水槽中取出试件至测出最大荷载值的时间，不得超过 30s。

8.7.4　浸水马歇尔实验方法

浸水马歇尔实验与标准马歇尔实验方法的不同之处在于，浸水马歇尔试件在已达规定温度恒温水槽中的保温时间为 48h，其余步骤均与标准马歇尔实验方法相同。

8.7.5　真空饱水马歇尔实验方法

试件先放入真空干燥器中，关闭进水胶管，开动真空泵，使干燥器的真空度达到 97.3kPa（730mmHg）以上，维持 15min；然后打开进水胶管，靠负压进入冷水流使试件全部浸入水中，浸水 15min 后恢复常压，取出试件再放入已达规定温度的恒温水槽中保温 48h。其余步骤均与标准马歇尔实验方法相同。

8.7.6　实验结果处理

（1）试件的稳定度及流值

①当采用自动马歇尔实验仪时，将计算机采集的数据绘制成压力和试件变形曲线，或由 X-Y 记录仪自动记录的荷载—变形曲线，按图 8.9 所示的方法在切线方向延长曲线与横坐标相交于 O_1，将 O_1 作为修正原点，从 O_1 起量取相应于荷载最大值时的变形作为流值（FL），以 mm 计，准确至 0.1mm。最大荷载即为稳定度（MS），以 kN 计，准确至 0.01kN。

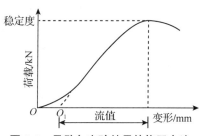

图 8.9　马歇尔实验结果的修正方法

②采用压力环和流值计测定时，根据压力环标定曲线，将压力环中百分表的读数换算为荷载值，或者由荷载测定装置读取的最大值即为试件的稳定度，以 kN 计，准确至 0.01kN。由流值计及位移传感器测定装置读取的试件垂直变形，即为试件的流值，以 mm

计，准确至 0.1mm。

（2）计算

①试件的马歇尔模数按式（8.28）计算。

$$T = \frac{MS}{FL} \qquad (8.28)$$

式中：T——试件的马歇尔模数，kN/mm；

FL——试件的流值；

MS——试件的稳定度，kN。

②试件的浸水残留稳定度按式（8.29）计算。

$$MS_0 = \frac{MS_1}{MS_2} \times 100 \qquad (8.29)$$

式中：MS_0——试件的浸水残留稳定度，%；

MS_1——试件浸水 48h 后的稳定度，kN；

MS_2——试件真空饱水后浸水 48h 后的稳定度，kN。

③试件的真空饱水残留稳定度按式（8.30）计算。

$$MS'_0 = \frac{MS_2}{MS} \times 100 \qquad (8.30)$$

式中：MS'_0——试件的真空饱水残留稳定度，%；

其余符号意义同前。

（3）实测量值确定：当一组测定值中某个测定值与平均值之差大于标准差的 k 倍时，该测定值应舍弃，并以其余测定值的平均值作为实验结果。当试件数目 n 为 3、4、5、6 时，k 值分别为 1.15、1.46、1.67、1.82。

（4）实验报告：需列出马歇尔稳定度、流值、马歇尔模数，以及试件尺寸、密度、空隙率、沥青用量、沥青体积百分率、沥青饱和度、矿料间隙率等各项物理指标。当采用自动马歇尔实验时，实验结果应附上荷载—变形曲线原件或自动打印结果。

（5）实验结果判定：《公路沥青路面施工技术规范》（JTG F40—2004）规定了密级配沥青混凝土混合料马歇尔实验技术标准（表 8.6）、沥青稳定碎石混合料马歇尔实验配合比设计技术标准、SMA 混合料马歇尔实验配合比设计技术要求等。

一般来说，马歇尔实验测量值与批准的沥青混合料配合比设计报告上的指标进行比较，以判定沥青混合料的配合比设计合理性，或判定现场沥青混合料施工质量是否符合设计和规范要求。

表 8.6　密级配沥青混凝土混合料马歇尔实验技术标准

实验指标	单位	高速公路、一级公路				其他等级公路	行人道路
		夏炎热区（1-1、1-2、1-3、1-4 区）		夏热区及夏凉区（2-1、2-2、2-3、2-4、3-2 区）			
		中轻交通	重载交通	中轻交通	重载交通		
击实次数（双面）	次	75				50	50

（续）

实验指标		单位	高速公路、一级公路				其他等级公路	行人道路
			夏炎热区 （1-1、1-2、1-3、1-4 区）		夏热区及夏凉区 （2-1、2-2、2-3、2-4、3-2 区）			
			中轻交通	重载交通	中轻交通	重载交通		
试件尺寸		mm	$\phi 101.6 \times 63.5$					
空隙率 VV	深约 90mm 以内	%	3~5	4~6	2~4	3~5	3~6	2~4
	深约 90mm 以下	%	3~6		2~4	3~6	3~6	—
稳定值 MS，≥		kN	8				5	3
流值 FL		mm	2~4	1.5~4	2~4.5	2~4	2~4.5	2~5
矿料间隙率 VMA/ %，≥	设计空隙率/ %	相应于以下公称最大粒径（mm）的最小 VMA 及 VFA 技术要求/%						
		26.5	19	16	13.2	9.5	4.75
	2	10	11	11.5	12	13	15
	3	11	12	12.5	13	14	16
	4	12	13	13.5	14	15	17
	5	13	14	14.5	15	16	18
	6	14	15	15.5	16	17	19
沥青饱和度 VFA/%			55~70		65~75		70~85	

8.8　沥青混合料车辙实验

8.8.1　实验原理

车辙，指车辆在路面上行驶留下车轮的压痕。车辙是路面周期性评价及路面养护中的一个重要指标。车辙深度直接反映车辆行驶的舒适度及路用性能。

沥青混合料车辙实验，又称为动稳定度实验。车辙实验目的，是测定动稳定度，即测定沥青混合料的高温抗车辙能力，车辙实验可供沥青混合料配合比设计时的高温稳定性检验使用，也可用于现场沥青混合料的高温稳定性检验。

本实验依据为《公路工程沥青及沥青混合料试验规程》（JTG E20—2011）。

车辙实验条件：车辙实验的温度为 60℃，轮压为 0.7MPa。根据需要，在寒冷地区，车辙温度可采用 45℃，高温条件下可采用 70℃，但应在报告中注明。计算动稳定度的视距原则上为实验开始后 45~60min。

8.8.2　实验仪器

（1）车辙试验机：如图 8.10 所示。车辙试验机由下面几部分组成。

①试件台：可牢固安装两种宽度（300mm 及 150mm）规格尺寸的试件。

②实验轮：橡胶制的实心轮胎，外径 200mm，轮宽 50mm，橡胶层厚 15mm。橡胶硬

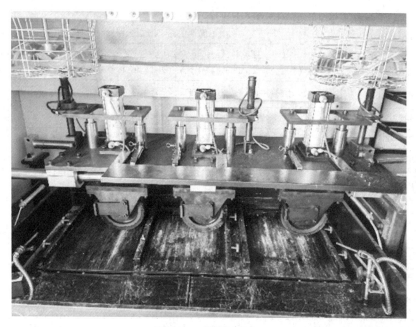

图8.10 车辙试验机

度应符合国际标准硬度：20℃时为84±4；60℃时为78±2。实验轮行走距离230mm±10mm，往返碾压速度42次/min±1次/min。

③加载装置：一般实验轮与试件的接触压强在60℃时为0.7MPa±0.05MPa，施加中荷载为780N。

④试模：钢板制作，由底板及侧板组成，内侧尺寸长×宽×厚＝300mm×300mm×(50~100)mm。

⑤试件变形测量装置：能够自动采集车辙变形并记录曲线的装置，常用位移传感器LVDT或非接触式位移计。位移测量范围0~130mm。

⑥温度检测装置：能够自动检测并自动连续记录试件表面及恒温室内温度的温度传感器。

(2)恒温室：恒温室内应加装加热器、气流循环装置及自动温度控制设备，同时能保温3块试件并同时进行3块试件实验的基本条件。

(3)台秤：称量15kg，感量不大于5g。

8.8.3 实验步骤

(1)实验准备工作：实验轮接地压强测定，在60℃实验温度下进行，在实验台上放置一块50mm厚的钢板，钢板上铺上一张毫米方格纸，再在上面铺一张新的复写纸，用规定的700N荷载后实验轮静压复写纸，即可在方格纸上得出轮压面积，并计算相应的接地压强，压强应在0.7MPa±0.05MPa范围内。

按照8.4节沥青混合料试件制作方法(轮碾法)制作车辙实验试件。在实验室或工地制备的成型车辙试件，应符合长×宽×厚＝300mm×300mm×(50~100)mm尺寸规格。

试件成型后，连同试模一起在常温下放置的时间不得少于 12h。对于聚合物改性沥青混合料，放置时间宜为 48h，使改性沥青充分固化后再进行车辙实验，室温放置时间不得长于 1 周。

（2）车辙实验步骤

①将试件连同试模一起，置于已经达到实验温度 60℃±1℃ 的恒温室中，保温 5~12h。在试件的实验轮不行走的部位，粘贴一个热电偶温度计，控制试件温度在 60℃±0.5℃。

②将试件连同试模置于车辙试验机的实验台上，实验轮在试件的中央部位，其行走方向需与试件碾压或行走方向一致。开动车辙变形记录仪，然后启动试验机，使得实验轮往返行走，时间约 1h，或最大变形达到 25mm 时停止实验。实验过程中，记录仪自动记录变形曲线及试件温度，如图 8.11 所示。

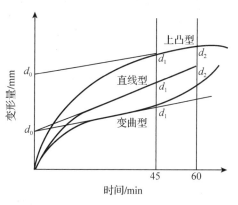

图 8.11　车辙实验自动记录的变形曲线

8.8.4　实验结果处理

（1）计算

①提取实验数据：在实际车辙实验自动记录的变形曲线（图 8.11）上，分别读取 45min（t_1）和 60min（t_1）相应的车辙变形量 d_1 和 d_2，精确至 0.01mm。

②计算动稳定度：沥青混合料试件的动稳定度，按式（8.31）计算。

$$DS = \frac{(t_2 - t_1) \times N}{d_2 - d_1} \times C_1 \times C_2 \tag{8.31}$$

式中：DS——沥青混合料的动稳定度，次/mm；

　　　d_1——对应于时间 t_1 的变形量，mm；

　　　d_2——对应于时间 t_2 的变形量，mm；

　　　C_1——试验机类型系数，曲柄连杆驱动加载轮往返运行方式，取 1.0；

　　　C_2——试件系数，实验室制备宽 300mm 的试件，取 1.0；

　　　N——实验轮往返碾压速度，一般为 42 次/min。

（2）实验数据确定及报告：同一沥青混合料或同一路段路面，至少平行实验 3 个试件。当 3 个试件动稳定度变异系数不大于 20% 时，取平均值作为实验结果。当变异系数大于 20% 时，应分析原因，并追加实验。当动稳定度值大于 6000 次/mm，记录为：>6000 次/mm。

实验报告应注明实验温度、实验轮接地压强、试件密度、空隙率及试件制作方法等。

（3）实验结果判定：根据沥青混合料车辙实验（动稳定度）的实验数据与《公路沥青路面施工技术规范》（JTG F40—2004）规定值（表 8.7）对照比较。动稳定度实测量值不小于规范规定值，则该沥青混合料动稳定度合格。

表 8.7　沥青混合料车辙实验动稳定度技术要求

气候条件与技术指标		相应于下列气候分区所要求的动稳定度/(次/mm)				
7月平均最高气温(℃)及气候分区		>30		20~30		<20
		1. 夏炎热区		2. 夏热区		3. 夏凉区
		1-1/1-2	1-3/1-4	2-1/2-2	2-3/2-4	3-2
普通沥青混合料，不小于		800	1000	600	800	600
改性沥青混合料，不小于		2400	2800	2000	2400	1800
SMA 混合料	非改性，不小于	1500				
	改性，不小于	3000				
OGFC 混合料		1500(一般交通)、3000(重交通)				

8.9　沥青混合料中沥青含量实验——离心分离法

8.9.1　实验原理

沥青在沥青混合料中的含量，通常有两种方法表示，即沥青含量和油石比。沥青含量，指沥青质量占沥青混合料总质量的百分比。油石比，指沥青与矿料的质量比。

沥青含量(或油石比)是沥青混合料配合比设计的关键指标，也是沥青混合料现场施工需要控制的关键指标。

《公路工程沥青及沥青混合料试验规程》(JTG E20—2011)推荐的沥青混合料中沥青含量实验方法有射线法和离心分离法(又称抽提法)。工程上常用离心分离法(又称抽提法)。本章仅介绍沥青混合料中沥青含量实验(离心分离法)。

沥青混合料中沥青含量实验(离心分离法)目的，是测定黏稠石油沥青拌制的沥青混合料中的沥青含量(或油石比)，该实验也适用于热拌热铺沥青混合料路面施工时的沥青用量检测，以评定拌和厂产品质量。此法还适用于旧路调查时检测沥青混合料的沥青用量。

沥青抽提实验与矿粉分离实验，存在下列逻辑关系：

①沥青含量实验，采用抽提仪，判断沥青含量是否符合要求。

②抽提后，采用离心机分离矿粉，测定矿粉含量，判断矿粉含量是否符合要求。

③矿粉测定后，筛分(矿料级配)实验判断矿料级配是否符合要求。一般沥青抽提实验，同时应进行离心机分离矿粉，而颗粒级配则根据需求选择做还是不做。

8.9.2　实验仪器与材料

(1)离心抽提仪(图 8.12)：由试样容器及转速不小于 3000r/min 的离心分离器组成，分离器有备有滤液出口。容器盖与容器之间用耐油的圆环形滤纸密封。滤液通过滤纸排出后从出口注入回收瓶中。仪器必须安放稳固并有排风装置。

图 8.12　沥青含量实验(离心分离法)用离心抽提仪

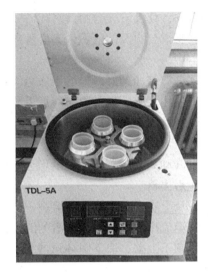
图 8.13　分离矿粉的离心机

(2)分离矿粉的离心机:《公路工程沥青及沥青混合料试验规程》(JTG E20—2011)未明确分离矿粉的离心机,在分离沥青混合料中的矿料的矿粉时需要分离矿粉的离心机,如图 8.13 所示。

(3)圆环形滤纸。

(4)回收瓶:容量 1700mL 以上。

(5)压力过滤装置。

(6)天平:感量不大于 0.01g、1mg 各 1 台。

(7)三氯乙烯:工业用。

(8)碳酸铵饱和溶液:供燃烧法测定滤纸中的矿粉含量用。采用离心机分离矿粉时不需要碳酸铵饱和溶液。

(9)其他器具:小铲子、金属盘、大烧杯等。

8.9.3　实验步骤

虽然《公路工程沥青及沥青混合料试验规程》(JTG E20—2011)未列出分离机矿粉的离心机和实验步骤,本实验步骤仍然依据该规范进行介绍。需要说明的是,采用离心机分离矿粉更为简便快捷,不少检测单位已经采用。

(1)实验准备工作

①按照 8.2 节规定的方法取样沥青混合料,在拌和厂从运料车采取沥青混合料试样,放在金属盘中适当拌和,待温度稍微下降至 100℃ 以下时,用大烧杯取混合料试样质量 1000~1500g,精确至 0.1g。

②当试样在施工现场用钻芯机或切割机取得时,应用电风扇吹风使其干燥,并置于烘箱中适当加热后成松散状态取样,不得用锤击,以防试样破碎。

(2)沥青混合料中沥青含量实验(离心分离法)的实验步骤

①向装有试样的烧杯中注入三氯乙烯溶剂,将其浸没,浸泡 30min,用玻璃棒适当搅

动混合料，使沥青充分溶解。

②将混合料及溶液倒入离心分离器，用少量溶剂将烧杯及玻璃棒上的黏附物全部洗入分离器中。

③称取洁净的圆环形滤纸质量，精确至 0.01g。注意滤纸不宜多次反复使用，有破损的不能使用，有石粉黏附时应用毛刷清除干净。

④将滤纸垫在分离器边缘上，加盖紧固，在分离器出口处放上回收瓶，上口应注意密封，防止流出液成雾状散失。

⑤开动离心机，转速逐渐增至 3000r/min，沥青溶液通过排出口注入回收瓶中，待流出停止后停机。

⑥从上盖的孔中加入新溶剂，数量大体相同，稍停 3~5min 后，重复上述操作，如此数次直至流出的抽提液成清澈的淡黄色为止。

⑦卸下上盖，取下圆环形滤纸，在通风橱或室内空气中蒸发干燥，然后放入 105℃±5℃ 的烘箱中烘干，称取质量，其增重部分(m_2)则为矿粉的质量。

⑧将容器中的集料仔细取出，在通风橱或室内空气中蒸发后，放入 105℃±5℃ 的烘箱中烘干(一般需要 4h)，然后放入大干燥器中冷却至室温，称取集料质量(m_1)。

⑨用压力过滤器过滤回收瓶中的沥青溶液，由滤纸的增重(m_3)，得出泄露入滤液中的矿粉。无压力过滤器时也可用燃烧法测定。

(3)用燃烧法测抽提液中矿粉质量的步骤

①将回收瓶中的抽提液倒入量筒中，量取体积(V_a)。

②充分搅匀抽提液，取出 10mL(V_b)放入坩埚中，在热浴上适当加热使溶液试样变成暗黑色，置于高温炉(500~600℃)中烧成残渣，取出坩埚冷却。

③向坩埚中按 1g 残渣 5mL 的用量比例，注入碳酸钙饱和溶液，静置 1h，放入 105℃±5℃ 的烘箱中干燥。

④取出坩埚放在干燥器中冷却，称取残渣质量(m_4)，精确至 1mg。

8.9.4 实验结果处理

(1)计算

①沥青混合料中矿料的总质量，按式(8.32)计算。

$$m_a = m_1 + m_2 + m_3 \tag{8.32}$$

式中：m_a——沥青混合料中矿料部分的总质量，g；

  m_1——容器中留下的集料干燥质量，g；

  m_2——圆环形滤纸在实验前后的增量，g；

  m_3——泄漏入抽提液中的矿粉质量，g。

用燃烧法时，m_3 可按式(8.33)计算。

$$m_3 = m_4 \times \frac{V_a}{V_b} \tag{8.33}$$

式中：V_a——抽提液总量，mL；

  V_b——取出的燃烧干燥的抽提液数量，mL；

m_4——坩埚中燃烧干燥的残渣质量，g。

②沥青混合料中的沥青含量按式(8.34)计算，油石比按式(8.35)计算。

$$P_b = \frac{m - m_a}{m} \qquad (8.34)$$

$$P_a = \frac{m - m_a}{m_a} \qquad (8.35)$$

式中：P_b——沥青混合料的沥青含量，%；

m——沥青混合料的总质量，g；

P_a——沥青混合料的油石比，%；

其余符号意义同前。

(2)实验数据确定：同一沥青混合料试样至少平行 2 次实验，2 次实验结果的差值小于 0.3%时，取 2 次实验结果的平均值。当 2 次实验结果大于 0.3%且小于 0.5%时，应补偿平行实验 1 次，以 3 次实验的平均值作为实验结果。3 次实验的最大值与最小值之差不得大于 0.5%。

(3)实验结果判定：将实验值与该沥青混合料配合比(生产配合验证)对照比较，依据《公路沥青路面施工技术规范》(JTG F40—2004)规定(表 8.8)，通过沥青含量实验(离心分离法)实测沥青含量误差不超过规定(表 8.8)范围，则判定该沥青混合料中沥青含量合格。

表 8.8　热拌沥青混合料沥青用量的检测频率和质量

项目	检测频率	质量要求允许偏差		实验方法
		高速、一级公路	其他等级公路	
沥青用量	逐盘在线监测	±0.3%	—	电脑采集数据计算
	逐盘检测，每天汇总 1 次取平均值评定	±0.1%	—	总量检验方法
	每台拌和机每天 1~2 次，以 2 个试样的平均值评定	±0.3%	±0.4%	沥青含量实验

8.10　沥青混合料弯曲实验

8.10.1　实验原理

本实验依据为《公路工程沥青及沥青混合料试验规程》(JTG E20—2011)。弯曲实验目的，是测定热拌沥青混合料在规定温度和加载速率时弯曲破坏的力学性能。具体来说，就是测定通过弯曲实验测定试件的破坏强度、破坏应变、破坏劲度模量等指标。实验温度 15℃±0.5℃，加载速度 50mm/min。当用于评价沥青混合料低温拉伸性能时，采用实验温度-10℃±0.5℃。

8.10.2　实验仪器

(1)万能材料试验机或压力机：荷载由传感器测定，最大荷载应不超过其量程的 80%

且不小于量程的 20%。试验机具有梁式支座，下支座中心距为 200mm，上压头位置居中，上压头及支座为半径 10mm 的圆弧形固定钢棒，上压头可以活动并与试件紧密接触。

（2）跨中位移测定装置：LVDT 位移传感器。

（3）数据采集系统或 X-Y 记录仪：能自动采集传感器及位移计的电测信号，在数据采集系统中储存或在 X-Y 记录仪上绘制荷载与跨中挠度曲线。

（4）恒温水槽：用于试件保温。

8.10.3　实验步骤

（1）实验准备工作：按照 8.4 节沥青混合料轮碾法成型的板块试件，用切割法制作棱柱体试件，长×宽×厚= 250mm×30mm×35mm，每边误差±2.0mm。在跨中及两支点断面用卡尺量取试件尺寸，当两支点断面的高度（或宽度）之差超过 2mm 时，该试件作废。根据混合料类型按规范方法测量试件的密度、空隙率等各项物理指标。将试件置于规定的恒温水槽中保温不少于 45min，直至试件内部温度达到实验温度。使试验机环境温度达到要求的实验温度。将试验机梁式试件支座准确安放好，测定支点间距为 200mm，使上压头与下压头保持平行，两侧等距离，然后将其位置固定。

（2）沥青混合料弯曲实验步骤

①将试件从恒温水槽中取出，立即对称安放在支座上，试件上、下方向应与试件成型时方向一致。

②在梁跨下缘正中央安放位移测定装置，支座固定在试验机上。位移计测头支于试件跨中下缘中央或两侧（用两个位移计）。位移计应选择适宜的量程，有效量程应大于预计最大挠度的 1.2 倍。

③将荷载传感器、位移计与数据采集系统或 X-Y 记录仪连接，以 X 轴为位移，Y 轴为荷载，选择适宜量程并调整至 0。跨中挠度可采用 LVDT 位移传感器测定。当以高精密度电液伺服试验机压头的位移作为小梁挠度时，可以由加载速率及 X-Y 记录仪记录的时间求得挠度。当采用 50mm/min 速率加载时，X-T 记录仪的 X 轴走纸速度（或扫描速度）根据实验温度确定。

④开动压力机以规定速率在跨径中央施以集中荷载，直至试件破坏。记录仪同时记录荷载—跨中挠度曲线，如图 8.14 所示。

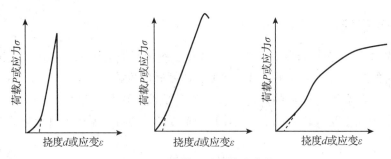

图 8.14　荷载—跨中挠度曲线

8.10.4　实验结果处理

(1)计算

①从图中读取最大荷载和跨中挠度。在图 8.14 中的荷载—跨中挠度曲线的直线段，按图示方法延长与横坐标相交，作为曲线的原点，由图中量取峰值时的最大荷载 P_B、跨中挠度 d。

②试件破坏时的抗弯拉强度 R_B、破坏时的梁底最大弯拉应变 ε_B 及破坏时的弯曲劲度模量 S_B 分别按式(8.36)~式(8.38)计算。

$$R_B = \frac{3 \times L \times P_B}{2 \times b \times h^2} \tag{8.36}$$

$$\varepsilon_B = \frac{6 \times h \times d}{L^2} \tag{8.37}$$

$$S_B = \frac{R_B}{\varepsilon_B} \tag{8.38}$$

式中：R_B——试件破坏时的弯拉强度，MPa；

　　　ε_B——试件破坏时的弯拉应变；

　　　S_B——试件破坏时的弯曲劲度模量，MPa；

　　　b——跨中断面试件的宽度，mm；

　　　h——跨中断面试件的高度，mm；

　　　L——试件的跨径，mm；

　　　P_B——试件破坏时的最大荷载，N；

　　　d——试件破坏时的跨中挠度，mm。

③计算加载过程中任一加载时刻的应力、应变、劲度模量的方法同上，只需读取该时刻的荷载及变形代替上式的最大荷载及破坏变形即可。

④当记录的荷载—变形曲线在小变形区有一定的直线段时，可以 $(0.1 \sim 0.4)P_B$ 范围内的直线段的斜率计算弹性阶段的劲度模量，或以此范围内各测定的 σ、ε 数据计算的 $S = \sigma/\varepsilon$ 的平均值作为劲度模量。σ、ε 和 S 的计算公式采用式(8.36)~式(8.38)。

(2)实验数据确定：当一组测定值均较为平均时，取平均值作为实验结果。当一组测定值中某个数据与平均值之差大于标准差的 k 倍时，该测定值应予以舍弃，并以其余测定值的平均值作为实验结果。当实验数目 n 为 3、4、5、6 时，k 值分别为 1.51、1.46、1.67、1.82。

实验结果应注明试件尺寸、成型方法、实验温度和加载速率。

(3)实验结果判定：《公路工程沥青及沥青混合料试验规程》(JTG E20—2011)明确，宜对密级配沥青混合料在温度 -10℃、加载速度 50mm/min 的条件下进行弯曲实验，测定破坏强度、破坏应变、破坏劲度模量，并根据应力应变曲线的形状，综合评价沥青混合料的低温抗裂性能。其中，沥青混合料的破坏应变宜不小于表 8.9 的规定。

表 8.9　热拌沥青混合料低温弯曲实验破坏应变计算指标

气候条件与技术指标	相应于下列气候分区所要求的破坏应变 $\mu\varepsilon$			
年极端最低气温(℃)及气候分区	<-37.0	-37.0~-21.5	-21.5~-9.0	>-9.0
	1. 冬严寒区	2. 冬寒区	3. 冬冷区	4. 冬温区
	1-1/2-1	1-2/2-2/3-2	1-3/2-3	1-4/2-4
普通沥青混合料，不小于	2600	2300	2000	
改性沥青混合料，不小于	3000	2800	2500	

将沥青混合料弯曲实验的破坏应变与《公路沥青路面施工技术规范》(JTG F40—2004)对照比较，破坏应变实验值不小于规定值(表 8.9)，则判定该沥青混合料低温弯曲破坏应变指标合格。

8.11　沥青混合料冻融劈裂实验

8.11.1　实验原理

沥青混合料冻融劈裂实验，适用于在规定条件下对沥青混合料进行冻融循环，测定混合料试件在受到水损害前后劈裂破坏的强度比，以评价沥青混合料的水稳定性。实验温度为 25℃，加载速率为 50mm/min。

沥青混合料冻融劈裂实验，采用马歇尔击实法成型的圆柱体试件，击实次数为双面各50 次，集料公称最大粒径不得大于 26.5mm。

8.11.2　实验仪器

(1)试验机：能保持规定加载速率的材料试验机，也可采用马歇尔实验仪。试验机负荷应满足最大测定荷载不超过其量程的 80% 且不小于其量程的 20% 的要求，宜采用 40kN 或 60kN 传感器，读数准确至 0.01kN。

(2)恒温冰箱：能保持温度为-18℃。当缺乏专用的恒温冰箱时，可采用家用电冰箱的冷冻室代替，控温准确至±2℃。

(3)恒温水槽：用于试件保温，温度范围能满足实验要求，控温准确至±0.5℃。

(4)压条：上下各 1 根。试件直径 100mm 时，压条宽度为 12.7mm，内侧曲率半径为50.8mm。压条两端均应磨圆。

(5)劈裂实验夹具：下压条固定在夹具上，压条可上下自由活动。

(6)其他器具：塑料袋、卡尺、天平、记录纸、胶皮手套等。

8.11.3　实验步骤

(1)制作圆柱体试件。用马歇尔击实仪双面击实各 50 次，试件数目不少于 8 个。

(2)按《公路工程沥青及沥青混合料试验规程》(JTG E20—2011)规定的方法测定试件的直径及高度，准确至 0.1mm。试件尺寸应符合直径 101.6mm±0.25mm、高 63.5mm±

1.3mm 的要求。在试件两侧通过圆心画上对称的十字标记。

（3）按《公路工程沥青及沥青混合料试验规程》（JTG E20—2011）规定的方法测定试件的密度、空隙率等各项物理指标。

（4）将试件随机分成两组，每组不少于 4 个。将第一组试件置于平台上，在室温下保存备用。

（5）将第二组试件按标准的饱水实验方法真空饱水，在真空度为 97.3~98.7kPa（730~740mmHg）条件下保持 15min；然后打开阀门，恢复常压，试件在水中放置 0.5h。

（6）取出试件放入塑料袋中，加入约 10mL 的水，扎紧袋口，将试件放入恒温冰箱（或家用冰箱的冷冻室），冷冻温度为 -18℃±2℃，保持 16h±1h。

（7）将试件取出后，立即放入已保温为 60℃±0.5℃ 的恒温水槽中，撤去塑料袋，保温 24h。

（8）将第一组与第二组试件浸入温度为 25℃±0.5℃ 的恒温水槽中不少于 2h，水温高时可适当加入冷水或冰块调节。保温时试件之间的距离不少于 10mm。

（9）取出试件，立即用 50mm/min 的加载速率进行劈裂实验，得到实验的最大荷载。

8.11.4　实验结果处理

（1）计算

①劈裂抗拉强度按式（8.39）及式（8.40）计算。

$$R_{T1} = \frac{0.006\,287P_{T1}}{h_1} \tag{8.39}$$

$$R_{T2} = \frac{0.006\,287P_{T2}}{h_2} \tag{8.40}$$

式中：R_{T1}——未进行冻融循环的第一组单个试件的劈裂抗拉强度，MPa；

R_{T2}——经受冻融循环的第二组单个试件的劈裂抗拉强度，MPa；

P_{T1}——第一组单个试件的实验荷载值，N；

P_{T2}——第二组单个试件的实验荷载值，N；

h_1——第一组每个试件的高度，mm；

h_2——第二组每个试件的高度，mm。

②冻融劈裂抗拉强度比按式（8.41）计算。

$$TSR = \frac{\bar{R}_{T2}}{\bar{R}_{T1}} \times 100 \tag{8.41}$$

式中：TSR——冻融劈裂实验强度比，%；

$\bar{R}_{T2}$——冻融循环后第二组有效试件劈裂抗拉强度平均值，MPa；

$\bar{R}_{T1}$——未冻融循环的第一组有效试件劈裂抗拉强度平均值，MPa。

（2）实验数据确定：每个实验温度下，一组实验的有效试件不得少于 3 个，取其平均值作为实验结果。当一组测定值中某个数据与平均值之差大于标准差的 k 倍时，该测定值应予以舍弃，并以其余测定值的平均值作为实验结果。当试件数目 n 为 3、4、5、6 时，k 值分别为 1.15、1.46、1.67、1.82。实验结果均应注明试件尺寸、成型方法、实验温度、加载速率。

（3）实验结果判定：将沥青混合料冻融劈裂实验测得的冻融劈裂抗拉强度比与《公路工程沥青及沥青混合料试验规程》（JTG E20—2011）对照比较，冻融抗拉强度比实验值不小于规定值（表8.10），则判定该沥青混合料冻融抗拉强度比指标合格。

表 8.10　冻融劈裂抗拉强度比指标　　　　　　　　　　　%

种类		冻融劈裂抗拉强度比	
普通沥青混合料，不小于		75	70
改性沥青混合料，不小于		80	75
SMA 混合料，不小于	普通沥青	75	
	改性沥青	80	

8.12　沥青混合料渗水实验

8.12.1　实验原理

沥青混合料渗水实验目的，是测定碾压成型的沥青混合料试件的渗水系数，以检验沥青混合料的设计配合比，也可以评价沥青路面的渗水性能。

一般说来，沥青混合料渗水实验不适用于 OGFC 和 PAC 等排水沥青路面，因为这类路面设计初衷就是希望渗水、排水效果较好。

8.12.2　实验仪器

（1）路面渗水仪：形状和尺寸如图8.15所示。上部盛水量筒由透明的有机玻璃制成，容积600mL，上有刻度，在100mL及500mL处有粗标线，下方通过直径为10mm的细管与底座相接，中间有一开关。量筒通过支架联结，底座下方开口内径150mm、外径220mm。仪器附不锈钢圈压重2个，每个质量约5kg，内径160mm。

（2）量筒及大漏斗。

（3）秒表。

（4）密封材料：防水腻子、油灰或橡皮泥。

（5）其他器具：水、粉笔、塑料圈、刮刀、扫帚等。

图 8.15　沥青混合料渗水仪

8.12.3　实验步骤

（1）实验准备工作：组合安装路面渗水仪。按照沥青混合料试件成型方法（轮碾法）制作沥青混合料试件，冷却到规定的时间后脱模，并揭去成型试件时垫在表面的纸。

（2）沥青混合料渗水实验步骤

①将试件放置于稳定的平面上，将塑料圈置于试件中央的测点上，用粉笔分别沿塑料

圈的内侧和外侧画上圈，外环和内环之间的部分就是需要用密封材料进行密封的区域。

②用密封材料对环状密封区域进行密封处理，注意不要使密封材料进入内圈；如密封材料不小心进入内圈，必须用刮刀将其刮走。然后将搓成拇指粗细的条状密封材料摞在环状密封区域的中央，并且摞成一圈。

③用适当的垫块或木块在左右两侧架起试件，试件下方放置一个接水容器。将渗水仪放在试件的测点上，注意使渗水仪的中心尽量和圆环中心重合，然后略微用力将渗水仪压在条状密封材料表面，再将配重加上，以防压力水从底座与试件间流出。

④将开关关闭，向量筒中注满水，然后打开开关，使量筒中的水下流排出渗水仪底部的空气，当量筒中水面下降速度变慢时，用双手轻压渗水仪，使渗水仪底部的气泡全部排出。关闭开关，并再次向量筒中注满水。

⑤将开关打开，待水面下降至 100mL 刻度时，立即开动秒表开始计时，每间隔 60s，读记仪器管的刻度一次，至水面下降 500mL 时为止。测试过程中，如水从底座与密封材料间渗出，说明底座与路面密封不好，应重新密封。当水面下降速度较慢，则测定 3min 的渗水量即可停止；如果水面下降速度较快，在不到 3min 的时间内到达了 500mL 刻度线，则记录到达了 500mL 刻度线时的时间；若水面下降至一定程度后基本保持不动，说明基本不透水或根本不透水，应在报告中注明。

8.12.4　实验结果处理

（1）计算：沥青混合料试件的渗水系数按式（8.42）计算，计算以水面从 100mL 下降到 500mL 所需的时间为准；若渗水时间过长，也可用 3min 通过的水量计算。

$$C_w = \frac{V_2 - V_1}{t_2 - t_1} \times 60 \tag{8.42}$$

式中：C_w——路面渗水系数，mL/min；

　　　　V_1——第一次计时时的水量，mL，通常为 100mL；

　　　　V_2——第二次计时时的水量，mL，通常为 500mL；

　　　　t_1——第一次计时的时间，s；

　　　　t_2——第二次计时的时间，s。

（2）实验数据确定：同一组制作 3 个试件进行实验，逐点报告每个试件的渗水系数及 3 个试件的平均值。若试件不透水，应在报告中注明。

（3）实验结果判定：将沥青混合料渗水实验测得的渗水系数与《公路沥青路面施工技术规范》（JTG F40—2004）对照比较，渗水系数实验值不大于规定值（表 8.11），则判定该沥青混合料渗水系数指标合格。

表 8.11　沥青混合料渗水系数指标

种类	渗水系数指标/（mL/min）
密级配沥青混合料，不大于	120
SMA 沥青混合料，不大于	80

8.13 沥青混合料谢伦堡沥青析漏实验

8.13.1 实验原理

沥青混合料谢伦堡沥青析漏实验目的，是检测沥青结合料在高温状态下从沥青混合料中析出多余的自由沥青数量，以确定 SMA 混合料、OGFC 混合料或沥青碎石混合料的最大沥青用量。本节依据《公路工程沥青及沥青混合料试验规程》(JTG E20—2011)编写。

沥青混合料谢伦堡沥青析漏实验和肯塔堡飞散实验独立指标：《公路沥青路面施工技术规范》(JTG F40—2004)规定两个相应指标的技术要求(表 8.12 和表 8.13)，规范仅仅对 SMA 和 OGFC 沥青混合料提出了指标要求，对基质沥青(如石油沥青)混合料则没有这方面的要求。

表 8.12　SMA 混合料马歇尔实验配合比设计技术指标　　　　%

种类	普通沥青	改性沥青
谢伦堡沥青析漏实验的结合料损失	不大于 0.2	不大于 0.1
肯塔堡飞散实验的混合料损失	不大于 20	不大于 20

表 8.13　OGFC 混合料马歇尔实验配合比设计技术指标　　　　%

种类	技术指标
谢伦堡沥青析漏实验的结合料损失	<0.3
肯塔堡飞散实验的混合料损失	<20

沥青混合料谢伦堡沥青析漏实验和肯塔堡飞散实验综合分析：除了《公路沥青路面施工技术规范》(JTG F40—2004)两个实验相应指标的 SMA 和 OGFC 的结合料损失指标以外，这两个实验还有一个极其重要的作用，那就是通过沥青混合料谢伦堡沥青析漏实验和肯塔堡飞散实验，综合确定最佳沥青含量(或最佳油石比)，如图 8.16 或图 8.17 所示。

最佳沥青用量(或最佳油石比)分析：谢伦堡析漏实验确定最大沥青用量，肯塔堡飞散实验确定最小沥青用量，最佳沥青用量就是介于最大沥青用量和最小沥青用量之间的沥青用量。

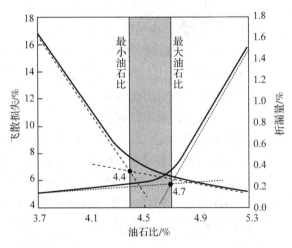

图 8.16　最佳油石比确定示意图(采用 1 个图时)

(至少 4 组)优选 1 组接近目标空隙率级配，按±0.5%、±1%变化油石比，分别进行析漏实验、飞散实验，将实验结果绘制成图，以飞散实验结果拐点为最小油石比(OAC1)，以析漏实验拐点为最大油石比(OAC2)。《排水沥青路面设计与施工技术规范》(JTG/T 3350-03—2022)条文说明:根据日本规范和经验,排水沥青混合料析漏实验,一般情况下以沥青含量为 4.0% ~ 6.0%,按 0.5% 的级差取 5 个量别的油石比实验,求出各自的析漏量。如果沥青含量为 4.0% ~ 6.0% 时,在析漏量曲线上的拐点不易判定,则在 4.0% 以下及 6.0% 以上以 0.5% 的级差追加实验点,直至拐点能确认为止。在 OAC1 ~ OAC2 范围内,再参照马歇尔实验的结果,选择尽量高的油石比作为最佳油石比。但当以该油石比制作试件能观察到沥青渗出现象时,则再由析漏实验求取的最大油石比与飞散实验求取的最小油石比之间择以适宜的油石比作为最佳油石比,如图 8.16 或图 8.17 所示。

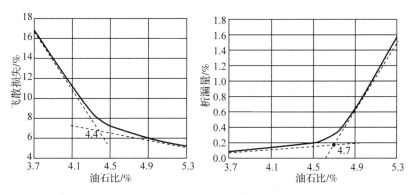

图 8.17　最佳油石比确定示意图(采用 2 个图时)

8.13.2　实验仪器

(1)烧杯:800mL。
(2)烘箱。
(3)小型沥青混合料拌和机。
(4)玻璃板。
(5)天平。

8.13.3　实验步骤

(1)根据实际使用的沥青混合料的配合比,对集料、矿粉、沥青、纤维稳定剂等按规定(8.3 节)方法用小型沥青混合料拌和机拌和混合料。拌和时纤维稳定剂应在加入粗集料后加入,并适当干拌分散,再加入沥青拌和至均匀。每次只能拌和一个试件。一组试件分别拌和 4 份,每份约 1kg。第一锅拌和后废弃不用。使拌和锅黏附一定数量的沥青混合料,以免影响后面 3 锅油石比的准确性。当为施工质量检验时,直接从拌和机中取样使用。

(2)洗净烧杯,干燥,称取烧杯质量(m_0),精确至 0.1g。

(3)将拌和好的 1kg 混合料,倒入 800mL 烧杯中,称烧杯及混合料的总质量(m_1),精确至 0.1g。

(4)在烧杯上加玻璃板盖,放入 170℃±2℃烘箱中,当为改性沥青 SMA 时温度宜为 185℃,烘干时间为 60min±1min。

(5)取出烧杯，不加任何冲击或振动，将混合料向下扣倒在玻璃板上，称取烧杯以及黏附在烧杯上的沥青混合料、细集料、玛蹄脂等的总质量(m_2)，精确至0.1g。

8.13.4 实验结果处理

(1)计算：沥青析漏损失按式(8.43)计算。

$$\Delta m = \frac{m_2 - m_0}{m_1 - m_0} \times 100 \tag{8.43}$$

式中：m_0——烧杯质量，g；

m_1——烧杯及实验用沥青混合料的总质量，g；

m_2——烧杯及黏附在烧杯上的沥青混合料、细集料、玛蹄脂等的总质量，g；

Δm——沥青析漏损失，%。

(2)实验数据确定：至少平行实验3次，取平均值作为实验结果。

(3)实验结果判定：沥青混合料谢伦堡沥青析漏实验实测量值与《公路沥青路面施工技术规范》(JTG F40—2004)规定值对照比较，实测量值不超过规范规定值(表8.12或表8.13)，则沥青析漏损失合格。

8.14 沥青混合料肯塔堡飞散实验

8.14.1 实验原理

沥青混合料肯塔堡飞散实验目的，是评价由于沥青用量或黏结性步骤，在交通荷载作用下，路面表面集料脱落而散失的程度。

标准飞散实验，还可用于确定沥青路面表面层使用的沥青玛蹄脂SMA混合料、排水式大孔隙沥青混合料、抗滑表层混合料、沥青碎石或乳化沥青碎石混合料所需的最小沥青用量。

沥青混合料肯塔堡浸水飞散实验，用以评价沥青混合料的水稳定性。

8.14.2 实验仪器

(1)沥青混合料马歇尔试件制作设备：参见8.3节。

(2)洛杉矶磨耗试验机。

(3)恒温水槽：水温控制在20℃。

(4)烘箱：大、中型各1台，装有温度调节器。

(5)天平或电子秤：用于称量矿料的感量不大于0.5g，用于称量沥青的感量不大于0.1g。

(6)插刀或螺丝刀。

(7)温度计：感量1℃。

(8)其他器具：电炉或煤气炉、沥青融化锅、标准筛等。

8.14.3　实验步骤

（1）实验准备工作：根据实际沥青混合料配合比，按照 8.3 节标准击实法成型的马歇尔试件，击实成型次数双面各 50 次。试件尺寸：直径 101.6mm±0.2mm、高 63.5mm±1.3mm，一组试件不少于 4 个。拌和时应事先在拌和锅中加入相当于拌和沥青混合料时在拌和锅内所黏附的沥青用量，以免影响沥青用量的准确度。

测量试件尺寸，精确至 0.1mm。试件误差不符合要求，试件作废。

按照规定的方法测定试件的密度、空隙率、沥青体积百分率、沥青饱和度、矿料间隙率等物理指标。

将恒温水槽调节至要求的实验温度。标准分散实验温度 20℃±0.5℃，浸水分散实验温度 60℃±0.5℃。

（2）沥青混合料肯塔堡飞散实验步骤

①将试件放入恒温水槽养护。标准飞散实验温度 20℃±0.5℃，养护 20h，浸水飞散实验温度 60℃±0.5℃，养护 48h。取出后，在室温中放置 24h。

②对标准飞散实验，从恒温水槽中取出试件，用洁净柔软的毛巾轻轻擦去试件表面上的水，逐个称取试件质量（m_0），精确至 0.1g。

③将一个试件放入洛杉矶试验机中，不加钢球，盖紧盖子，一次只能实验一个试件。

④开动洛杉矶试验机，以 30~33r/min 的速度旋转 300 转。

⑤打开试验机盖子，取出试件及碎块，称取试件的残留质量。当试件已经粉粹时，称取最大一块残留试件的混合料质量（m_1）。

⑥重复上述步骤，一种混合料的平行实验次数不少于 3 次。

8.14.4　实验结果处理

（1）计算：沥青混合料的飞散损失按式（8.44）计算。

$$\Delta S = \frac{m_0 - m_1}{m_0} \times 100 \tag{8.44}$$

式中：ΔS——沥青混合料的飞散损失，%；

　　m_0——实验前试件的质量，g；

　　m_1——实验后试件的残留质量，g。

（2）实验数据确定：至少进行平行实验 3 次，取平均值作为实验结果。

（3）实验结果判定：沥青混合料肯塔堡飞散实验实测量值与《公路沥青路面施工技术规范》（JTG F40—2004）规定值对照比较，实测量值不超过规范规定值（表 8.12 或表 8.13），则沥青飞散损失合格。

沥青混合料谢伦堡沥青析漏实验和肯塔堡飞散实验二者实验值，参照图 8.16 或图 8.17 方法，确定最佳沥青用量（或最佳油石比）。谢伦堡析漏实验确定最大沥青用量，肯塔堡飞散实验确定最小沥青用量，最佳沥青用量就是介于最大沥青用量和最小沥青用量之间的沥青用量。

8.15 沥青混合料理论最大相对密度实验——真空法

8.15.1 实验目的

本实验依据为《公路工程沥青及沥青混合料试验规程》(JTG E20—2011)。沥青混合料最大相对密度实验方法有真空法、计算法和溶剂法。其中，真空法和计算法是常用的方法。真空法针对的是基质沥青(石油沥青)的混合料，不适合聚合物改性沥青混合料。对于改性沥青及 SMA 等难以分散的混合料，有效相对密度宜直接由矿料的合成毛体积相对密度与合成表观密度规定公式计算得来，而不是直接由实验得来。

8.15.2 实验原理

沥青混合料理论最大相对密度实验(真空法)目的，是采用真空法测定沥青混合料理论最大相对密度，以供沥青混合料配合比设计、路况调查或路面施工质量管理计算空隙率、压实度等使用。

沥青混合料理论最大相对密度实验(真空法)，不适合吸水率大于 3% 的多孔性集料的沥青混合料。

8.15.3 实验仪器

(1)天平：称量 5kg 以上，感量不大于 0.1g；称量 2kg 以下，感量不大于 0.05g。

(2)负压容器：根据试样数量选用表 8.14 中的 A、B、C 任何一种类型。负压容器口带橡皮塞，上接橡胶管，管口下方有滤网，防止细料部分吸入胶管。为便于抽真空时观察气泡情况，负压容器至少有一面透明或者采用透明的密封盖。

表 8.14 负压容器类型

类型	容器	附属设备
A	耐压玻璃，塑料或金属制的罐，容积大于 2000mL	有密封盖，接真空胶管，分别与真空装置和压力表连接
B	真空容量瓶，容积大于 2000mL	带胶皮塞，接真空胶管，分别与真空装置和压力表连接
C	耐压真空皿或干燥器，4000mL	带胶皮塞，接真空胶管，分别与真空装置和压力表连接

(3)真空负压装置(图 8.18)组成

①真空泵：应使负压容器内产生 3.7kPa±0.3kPa(27.5mmHg±2.5mmHg)负压；真空表感量不得大于 2kPa。

②调压装置：应具备过压调节功能，以保持负压容器的负压稳定在要求范围内，同时还应具有卸除真空压力的功能。

③压力表：应标定，能够测定 0~4kPa(0~30mmHg)负压。压力表不得直接与真空装置连接，应单独与负压容器相接。

④干燥或积水装置：是为了防止负压容器内的水分进入真空泵内。

图 8.18 理论最大相对密度仪

(4)振动装置：实验过程中根据需要可以开启或关闭。

(5)恒温水槽：水温控制在 25℃±0.5℃。

(6)温度计：感量 0.5℃。

(7)其他器具：玻璃板、平底盘、铲子等。

8.15.4 实验步骤

8.15.4.1 实验准备工作

(1)沥青混合料理论最大相对密度实验，按以下方法获取沥青混合料试样，试样数量不少于规定(表 8.15)数量。

表 8.15 沥青混合料试样数量

公粒最大粒径/mm	试样最小质量/g	公粒最大粒径/mm	试样最小质量/g
4.75	500	26.5	2500
9.5	1000	31.5	3000
13.2、16	1500	37.5	3500
19	2000		

①拌制沥青混合料，分别拌制两个平行试样，放置于平底盘中。

②从拌和楼、运料车或者摊铺现场取样，趁热缩分成两个平行试样，分别放置于平底盘中。

③从沥青路面上钻芯取样或切割的试样，或者其他来源的冷沥青混合料，应置于 125℃±5℃烘箱中加热至变软、松散后，然后缩分成两个平行试样，分别放置于平底盘中。

(2)将平底盘中的热沥青混合料，在室温中冷却或者用电风扇吹，一边冷却一边将沥青混合料团块仔细分散，粗集料不破碎，细集料团块分散到小于 6.4mm。若混合料坚硬时可用烘箱适当加热后再分散，温度不超过 60℃。分散试样时可用铲子翻动、分散，在温度较低时应用手掰开，不得用锤打碎，防止集料破碎。当试样是从施工现场采取的非干燥混合料，应用电风扇吹干至恒重后再操作。

（3）负压容器标定方法：采用 A 类容器时，将容器全部浸入 25℃±0.5℃的恒温水槽中，负压容器完全浸没、恒温 10min±1min 后，称取容器的水中质量(m_1)。

采用 B、C 类负压容器时：

①大端口的负压容器，需要有大于负压容器端口的玻璃板。将负压容器和玻璃板放进水槽中，注意轻轻摇动负压容器使容器内气泡排出。恒温 10min±1min，取出负压容器和玻璃板，向负压容器内加满 25℃±0.5℃水至液面稍微溢出，用玻璃板先盖住容器端口 1/3，然后慢慢沿容器端口水平方向移动直至盖住整个端口，注意不要有气泡。擦除负压容器四周的水，称取盛满水的负压容器质量(m_b)。

②小口的负压容器，需要采用中间带垂直孔的塞子，其下部为凹槽，以便空气从孔中排出。将负压容器和塞子放进水槽中，注意轻轻摇动负压容器使容器内气泡排出。恒温 10min±1min，在水中将瓶塞塞进瓶口，使多余的水由瓶塞上的孔中挤出。取出负压容器，将负压容器用干净软布将瓶塞顶部擦拭一次，再迅速擦除负压容器外面的水分，最后称其质量(m_b)。

（4）将负压容器干燥、编号，称取其干燥质量。

8.15.4.2 沥青混合料理论最大相对密度实验步骤

（1）将沥青混合料试样装入干燥的负压容器中，称容器及沥青混合料总质量，得到试样的净质量(m_a)。试样质量应不小于上述规定的最小数量。

（2）在负压容器中注入 25℃±0.5℃的水，将混合料全部浸没，并较混合料顶面高出约 2cm。

（3）将负压容器放到实验仪上，与真空泵、压力表等连接，开动真空泵，使负压容器内负压在 2min 内达到 3.7kPa±0.3kPa(27.5mmHg±2.5mmHg)时，开始计时，同时开动振动装置和抽真空，持续 15min±2min。

为使气泡容易除去，实验前可在水中加 0.01%浓度的表面活性剂(如每 100mL 水中加0.01g 洗涤灵)。

（4）当抽真空结束后，关闭真空装置和振动装置，打开调压阀慢慢卸压，卸压速度不得大于 8kPa/s(通过真空表读数控制)，使负压容器内压力逐渐恢复。

（5）当负压容器采用 A 类容器时，将盛试样的容器浸入保温至 25℃±0.5℃的恒温水槽中，恒温 10min±1min 后，称取负压容器与沥青混合料的水中质量(m_2)。

（6）当负压容器采用 B、C 类容器时，将装有沥青混合料试样的容器浸入保温至 25℃±0.5℃的恒温水槽中，恒温 10min±1min 后(注意容器中不得有气泡)，擦净容器外的水分，称取容器、水和沥青混合料试样的总质量(m_c)。

8.15.5 实验结果处理

（1）计算

用 A 类容器时，沥青混合料的理论最大相对密度按式(8.45)计算。

$$\gamma_t = \frac{m_a}{m_a-(m_2-m_1)} \tag{8.45}$$

式中：γ_t——沥青混合料理论最大相对密度；

    m_a——干燥沥青混合料试样的空中质量，g；

    m_1——负压容器在25℃水中的质量，g；

    m_2——负压容器与沥青混合料在25℃水中的质量，g。

用B、C类容器作负压容器时，沥青混合料的理论最大相对密度按式(8.46)计算。

$$\gamma_t = \frac{m_a}{m_a + m_b - m_c} \tag{8.46}$$

式中：m_b——装满25℃水的负压容器质量，g；

    m_c——25℃时试样、水与负压容器的总质量，g。

沥青混合料25℃时的理论最大密度按式(8.47)计算。

$$\rho_t = \gamma_t \times \rho_w \tag{8.47}$$

式中：ρ_t——沥青混合料的理论最大密度，g/cm³；

    ρ_w——25℃时水的密度，0.9971g/cm³。

（2）实验数据确定：同一试样至少平行实验两次，计算平均值作为实验结果，取3位小数。采用修正实验时需要在报告中注明。重复性实验的允许误差为0.011g/cm³，再现性实验的允许误差为0.019g/cm³。

参考文献

陈惠敏，2001. 石油沥青产品手册[M]. 北京：石油工业出版社.

陈志源，李启令，2012. 土木工程材料[M]. 武汉：武汉理工大学出版社.

戴国欣，2020. 钢结构[M]. 武汉：武汉理工大学出版社.

黄维蓉，2020. 沥青与沥青混合料[M]. 北京：人民交通出版社.

黄显彬，陈伟，莫优，等，2020. 土木工程材料试验及检测[M]. 武汉：武汉理工大学出版社.

黄显彬，恩文海，2009. 成都市彭青公路后张法预应力混凝土空心梁板施工技术研究[J]. 建筑技术，40
（7）：595-597.

黄显彬，恩文海，2009. 先张法预应力混凝土空心梁板技术研讨[J]. 工业建筑，39(5)：68-70.

黄显彬，李静，2015. 建筑材料试验及检测[M]. 武汉：武汉理工大学出版社.

黄显彬，莫优，恩文海，2009. 都汶高速公路先张法预应力混凝土空心梁板施工技术研究[J]. 建筑技术，
40(8)：693-695.

黄显彬，邹祖银，郭子红，2018. 建筑材料[M]. 武汉：武汉理工大学出版社.

黄显彬，邹祖银，廖曼，等，2017. 土木工程材料课程试验与创新——以水泥混凝土抗渗试验为例[J].
高等建筑教育，26(2)：119-123.

李军，2015. 建筑材料与检测[M]. 武汉：武汉理工大学出版社.

李立寒，孙大权，朱兴一，等，2020. 道路工程材料[M]. 北京：人民交通出版社股份有限公司.

钱晓倩，詹树林，金南国，2009. 建筑材料[M]. 北京：中国建筑工业出版社.

申爱琴，2020. 道路工程材料[M]. 北京：人民交通出版社股份有限公司.

翟晓静，赵毅，2014. 道路建筑材料[M]. 武汉：武汉理工大学出版社.

张金升，贺中国，王彦敏，等，2013. 道路沥青材料[M]. 哈尔滨：哈尔滨工业大学出版社.

张令茂，2013. 建筑材料[M]. 北京：中国建筑工业出版社.

中国建材检验认证集团股份有限公司，国家水泥质量检验检测中心，2021. 水泥化验室工作手册[M]. 北
京：中国建筑工业出版社.

实验附录一览表

对应章节	编号	附录名称
第1章 材料基本性质实验	实验附录1	普通硅酸盐水泥 P.O45.2 密度实验报告
	实验附录2	机制砂的表观密度实验报告
第2章 金属材料实验	实验附录3	HPB300 钢筋拉伸报告(实验合格)
	实验附录4	HPB300 钢筋拉伸报告(实验不合格)
	实验附录5	HRB400E 钢筋拉伸报告(实验合格)
	实验附录6	HRB400E 钢筋拉伸报告(实验不合格)
	实验附录7	HPB300 钢筋弯曲报告(实验合格)
	实验附录8	HPB300 钢筋弯曲报告(实验不合格)
	实验附录9	HRB400E 钢筋弯曲报告(实验合格)
	实验附录10	HRB400E 钢筋弯曲报告(实验不合格)
	实验附录11	HPB300 钢筋电弧搭接焊接头拉伸实验报告(实验合格)
	实验附录12	HPB300 钢筋电弧搭接焊接头拉伸实验报告(实验不合格)
	实验附录13	HRB400E 钢筋电弧搭接焊接头拉伸实验报告(实验合格)
	实验附录14	HRB400E 钢筋电弧搭接焊接头拉伸实验报告(实验不合格)
	实验附录15	HRB400E 钢筋机械连接拉伸实验报告(Ⅰ级接头断于钢筋合格)
	实验附录16	HRB400E 钢筋机械连接拉伸实验报告(Ⅰ级接头断于钢筋不合格)
	实验附录17	HRB400E 钢筋机械连接拉伸实验报告(Ⅰ级接头断于套筒合格)
	实验附录18	HRB400E 钢筋机械连接拉伸实验报告(Ⅰ级接头断于套筒不合格)
	实验附录19	HRB400E 钢筋机械连接拉伸实验报告(Ⅱ级接头合格)
	实验附录20	HRB400E 钢筋机械连接拉伸实验报告(Ⅱ级接头不合格)
	实验附录21	HRB400E 钢筋机械连接拉伸实验报告(Ⅲ级接头合格)
	实验附录22	HRB400E 钢筋机械连接拉伸实验报告(Ⅲ级接头不合格)
第3章 集料实验	实验附录23	天然砂含泥量实验报告(C40 混凝土Ⅱ类砂合格)
	实验附录24	天然砂含泥量实验报告(C40 混凝土Ⅱ类砂不合格)
	实验附录25	天然砂筛分实验报告(2 区中砂合格)
	实验附录26	机制砂筛分实验报告(2 区中砂合格)
	实验附录27	天然砂含水量实验报告
	实验附录28	Ⅱ类机制砂亚甲蓝实验报告(实验合格)
	实验附录29	Ⅱ类机制砂亚甲蓝实验报告(实验不合格)
	实验附录30	Ⅱ类机制砂砂当量实验报告(实验合格)

（续）

对应章节	编号	附录名称
第3章　集料实验	实验附录31	Ⅱ类机制砂砂当量实验报告(实验不合格)
	实验附录32	碎石5~20(合成级配)筛分实验报告(实验合格)
	实验附录33	碎石5~20(合成级配)筛分实验报告(实验不合格)
	实验附录34	Ⅱ类碎石5~20针、片状颗粒含量实验报告(实验合格)
	实验附录35	Ⅱ类碎石5~20针、片状颗粒含量实验报告(实验不合格)
	实验附录36	Ⅱ类碎石5~20压碎值实验报告(实验合格)
	实验附录37	Ⅱ类碎石5~20压碎指标实验报告(实验不合格)
第4章　水泥实验	实验附录38	水泥通用分析报告表——化学指标实验
	实验附录39	水泥物理性质检验报告
	实验附录40	出厂水泥质量化验报告
	实验附录41	水泥用户——水泥实验报告
第5章　普通混凝土实验	实验附录42	南方-水泥混凝土 C50-桥梁上部结构-配合比设计报告
	实验附录43	南方-水泥混凝土 C30 泵送-隧道洞门-配合比设计报告
	实验附录44	北方-水泥混凝土 C50 抗冻抗渗-桥面铺装-配合比设计报告
	实验附录45	北方-水泥混凝土 5MPa(弯拉强度)-路面-配合比设计报告
	实验附录46	成都市彭青公路后张法预应力混凝土空心梁板施工技术研究《建筑技术》
	实验附录47	都汶高速公路先张法预应力混凝土空心梁板施工技术研究《建筑技术》
	实验附录48	先张法预应力混凝土空心梁板技术研讨《工业建筑》
	实验附录49	利用 Excel 确定水泥混凝土凝结时间——回归法原理和操作步骤
	实验附录50	利用 Excel 确定水泥混凝土凝结时间——Excel 计算表
	实验附录51	延伸阅读——实用新型专利：一种混凝土抗渗实验装置(圆柱体)
	实验附录52	延伸阅读——教改论文：土木工程材料课程实验与创新《高等建筑教育》
	实验附录53	延伸阅读——实用新型专利：一种混凝土抗渗实验装置(球体)
第6章　砂浆实验	实验附录54	M10砌筑砂浆配合比设计报告
第7章　沥青实验	实验附录55	沥青及沥青混合料检测项目一览表
	实验附录56	基质沥青(道路石油沥青)实验报告
	实验附录57	改性沥青实验报告
	实验附录58	延伸阅读——石油沥青黏温曲线上的温度计算/计算过程/操作过程
	实验附录59	石油沥青粘温曲线上的温度计算——Excel 计算表
第8章　沥青混合料实验	实验附录60	南方某高速公路 AC-20C 改性沥青混合料目标配合比设计报告
	实验附录61	北方某高速公路 AC-20 改性沥青混合料目标配合比设计检测报告
	实验附录62	南方某高速公路 ATB-25 改性沥青混合料生产配合比设计检测报告
	实验附录63	北方某高速公路 ATB-25 普通沥青混合料配合比设计检验报告
	实验附录64	南方某高速公路 SMA-13 改性沥青混合料生产配合比设计检测报告
	实验附录65	北方某高速公路 SMA-13 改性沥青混合料配合比设计检测报告
	实验附录66	南方某高速公路 PAC-13 排水高黏度改性沥青混合料目标配合比设计报告

注：有需要的读者，可联系主编(QQ：724439034)获取详细内容。